财政部和农业农村部：国家现代农业产业技术体系资助

胡 麻

◎张 辉 贾霄云 高凤云 周 宇 主编

中国农业科学技术出版社

图书在版编目（CIP）数据

胡麻 / 张辉等主编 .--北京：中国农业科学技术出版社，2021.10
ISBN 978-7-5116-5522-6

Ⅰ. ①胡…　Ⅱ. ①张…　Ⅲ. ①胡麻—栽培技术　Ⅳ. ① S565.9

中国版本图书馆 CIP 数据核字（2021）第 197814 号

责任编辑　崔改泵
责任校对　李向荣
责任印制　姜义伟　王思文

出 版 者　中国农业科学技术出版社
北京市中关村南大街 12 号　　邮编：100081
电　　话　（010）82109194（出版中心）
（010）82109702（发行部）
（010）82109709（读者服务部）
传　　真　（010）82109698
网　　址　http://www. castp. cn
经 销 者　各地新华书店
印 刷 者　河北鑫彩博图印刷有限公司
开　　本　148 mm×210 mm　1/32
印　　张　9.5
字　　数　219 千字
版　　次　2021 年 10 月第 1 版　　2021 年 10 月第 1 次印刷
定　　价　50.00 元

编委会

主　　编 张　辉　贾霄云　高凤云　周　宇

副 主 编 贾海滨　宋满刚　伊六喜　曹　彦

编　　者（以姓名笔画为序）

王　磊　王玉灵　王占贤　王利民　王树生
王雪娇　牛树君　邓乾春　叶应福　叶春雷
叶朝晖　吕忠诚　吕秋实　任龙梅　刘　文
刘　凯　刘金善　安维太　严兴初　李　强
李子钦　李志平　杨崇庆　汪　磊　张　更
张立华　张存霞　陈明哲　陈晓露　罗俊杰
金晓蕾　赵　玮　胡冠芳　高玉红　黄庆德
斯钦巴特尔　谢　锐　魏冬梅

组编单位 内蒙古自治区农牧业科学院

参编单位 中国农业科学院油料作物研究所
甘肃省农业科学院
甘肃农业大学
伊犁哈萨克自治州农业科学研究所
宁夏农林科学院固原分院
内蒙古农业大学
乌兰察布市农林科学研究所
鄂尔多斯市农牧业科学研究院

序

胡麻（*Linum usitatissimum* L., 油用亚麻）是一种古老的特色优质油料作物。胡麻籽中含有丰富的多不饱和脂肪酸、蛋白质、木酚素等功能性营养成分；特别是富含 α- 亚麻酸和抗氧化物质木酚素，具有降低血脂和胆固醇、预防心脑血管疾病、提高免疫力等功效，被誉为“血管清道夫”，广泛应用于保健品、医药、化工等行业。胡麻主要分布在加拿大、印度、中国、美国、阿根廷等大陆性气候国家。我国是胡麻主产国之一，仅次于加拿大和印度，居世界第三位。我国胡麻主要种植在甘肃、内蒙古、山西、河北、宁夏、新疆、陕西、青海等省（自治区），是西北和华北地区重要的食用油来源。大力发展我国胡麻生产，对推动乡村振兴、提高人民生活水平、促进特色油料产业发展均具有重要意义。

我国胡麻科学研究始于 20 世纪 50 年代，先后经历了几代科研工作者的共同努力和传承，科研队伍不断壮大，研发水平持续提高，目前已居世界先进水平。值得关注的是，2008 年我国启动了国家胡麻产业技术体系建设，在全国设立了 10 个岗位科学家团队，在主产区布局了 10 个综合试验站和 50 个示范县，显著提升了胡麻种质资源、遗传育种、耕作栽培、病虫草害防控、产品加工等科研条件和研发水平。“十三五”期间，农业农村部将芝麻、胡麻和向日葵体系融合建立了国家特色油料产业技术体系，增设了产品加工和产业经济功能研究室，进一步完善了学科研究领域、加强了条件建设、充实了科研团队，也提升了胡麻深层次的研发能力。十几年来，我国首次发现了显性雄性核不育胡麻材料，并用于群体改良，选育出了高产、优质、抗病的优良品种；我国成功创制出了世界上首个胡麻温敏型不育系，育成第一个胡麻杂交种；选育出一批优质、专用、抗病、抗逆胡麻新品种，提升了我国胡麻单产和品质；育成抗枯萎病新品种，有效地控制了胡麻枯萎病的大发生；研制出提质增效、绿色防控、产品加工、机械化作业等多项关键生产技术，为推动我国和世界胡麻产业发展提供了坚实的科技支撑。

为回顾我国胡麻研究历程，总结重大科研成果、推动胡麻产业技术研发进程、进一步提升胡麻生产水平，内蒙古农牧业科学院张辉研究员，怀着一份对胡麻事业的热爱，凭借 39 年的胡麻科研经历和工作积累，组织国内相关专家用 3 年的时间编撰了《胡麻》一书。全书共分为 6 章，主要介绍了胡麻起源、生产和贸易、生物学特性、种质资源、遗传育种、病虫草害防控、耕作栽培、加工综合利用等主要研究进展，展示了我国胡麻科研的丰硕成果。该书内容丰富，理论联系实际，具有极高的学术和应用价值。我相信《胡麻》一书的出版发行，必定为从事胡麻科研、教学、技术推广的科技工作者和农业院校师生提供一部具有重要指导和借鉴价值的优秀著作，也将为今后制定胡麻可持续产业发展规划提供必需的参考信息和技术支持。祝愿我国胡麻产业和科研工作蓬勃发展！

国家特色油料产业技术体系首席科学家

张海洋

二〇二一年八月十二日于郑州

前 言

亚麻属于亚麻科亚麻属一年生草本植物，根据用途亚麻分为纤维用亚麻、油纤兼用亚麻、油用亚麻（俗称胡麻）三种。胡麻是一种重要的油料作物，世界胡麻主要生产国有印度、加拿大、中国、美国、俄罗斯、阿根廷等。我国是世界胡麻主产国之一，种植面积居世界第三位，总产量居世界第二位。我国胡麻种植区域主要集中在甘肃、山西、内蒙古、河北、宁夏、新疆 6 省（自治区），种植面积相对集中，具有明显的区域优势。

胡麻的籽实可以提取胡麻油，是华北、西北地区居民的重要食用油来源，同时也是干燥性能极强的工业用油。胡麻油中富含的 α- 亚麻酸，具有降血脂、降胆固醇、防止心肌梗死和脑血栓的作用，被称为“草原上的深海鱼油”。胡麻籽表皮含有 8%～10%的亚麻胶，是天然植物胶之一，广泛应用于食品、化妆品、医药制品等行业。胡麻籽表皮及其根部含有木酚素，是其他植物的 75～800 倍。木酚素对预防乳腺癌和前列腺癌具有特殊意义。胡麻籽中含有 28%左右的膳食纤维，所以胡麻籽是膳食纤维的重要来源。胡麻籽含有 25%的蛋白质，是食品加工的优质添加剂。随着胡麻保健功能的不断深入研究，胡麻作为特色油料作物具有广阔的发展前景。

我国的胡麻研究始于 20 世纪 50 年代，经过几代科研工作者的共同努力和传承，胡麻科研工作取得了丰硕的成果，先后选育出优良品种 100 多个，在每一个发展阶段对胡麻生产发挥了重要的作用。抗枯萎病品种的选育成功，有效地控制了胡麻枯萎病的大发生；丰产、优质、专用、抗逆新品种的选育与推广，提升了胡麻的经济效益；提质增效栽培技术、病虫草害绿色防控技术、产品加工等技术的研发，确保了胡麻产业的稳定发展。

70 多年的胡麻科研成果，凝聚了几代科技人员的辛勤付出。第一代胡麻老专家杨万荣、陈鸿山、李心文、李秉衡、周祥椿、李延邦等开创了胡麻的研究工作。在胡麻资源收集利用、育种方法改进、品种选育、丰产栽培技术等研究领域作出了卓越的贡献。在老一辈科学家辛勤耕耘的基础上，第二代胡麻专家米君、安维太、张金、王振华、党占海、张辉等，传承了老一辈科学家的优良传统，奋发努力，勇于创新，使胡麻的研究水平不断提升，其中育种水平居世界先进水平，显性雄性核不育胡麻的利用研究、胡麻温敏型不育系的创制及胡麻杂交种的获得填补了国内外研究的空白，分别获省（自治区）科技进步一等奖。2008 年国家胡麻产业技术体系启动，“十三五”期间农业农村部将向日葵、芝麻、胡麻体系合并为国家特色油料产业技术体系，在党占海、张海洋两位首席专家的带领下，胡麻育种、栽培、病虫草害防控、加工、机械岗位专家及各综合试验站的专家们，对胡麻开展了更加系统、全面、深入的研究，在这期间选育出优质、专用、抗逆新品种 35 个，研发出多项提质、增效、病虫草害绿色防控、胡麻加工、机械化作业等关键技术，为特色油料胡麻产业的持续稳定发展提供了科技支撑。随着第二代胡麻专家的陆续退休，中青年一代专家们肩负起了发展胡麻事业的重任，正在攀登新的高峰！

为了系统全面地总结我国胡麻科研70多年取得的丰硕成果，传承历史，展望未来，我们组织编写了《胡麻》一书。该书共分6章，主要介绍了胡麻的起源及历史演变、世界及中国胡麻生产概况、胡麻贸易情况、胡麻的生物学特性和植物学特征、国内外胡麻育种概况、胡麻种质资源概况、胡麻育种途径及方法、胡麻育种成就及主推品种介绍、胡麻栽培技术研究、胡麻病虫草害研究概况及综合防控技术、胡麻综合利用与加工等内容。

该书于2019年开始制定编写大纲、任务分工、收集资料、撰写、修改，于2021年7月定稿，历时3年。参加编写的人员为胡麻岗位科学家、试验站站长及相关科技人员，张辉研究员负责统稿。感谢全体编写人员的积极参与和辛勤付出！感谢所有从事胡麻研究的科技人员为胡麻科研作出的贡献！感谢特色油料产业技术体系的各位专家对胡麻产业的大力支持！

由于编者水平有限，书中难免存在疏漏和错误，敬请各位同仁和读者斧正。

张辉

二〇二一年八月十八日

目 录

第三章 胡麻育种

第四章 胡麻栽培技术

第五章 胡麻主要病虫草害研究概况及综合防控技术

第一章　胡麻概述

亚麻属于亚麻科亚麻属一年生草本植物。生产上应用的为栽培亚麻（*Linum usitatissimum* L.），简称亚麻，根据用途亚麻分为纤维用亚麻、油纤兼用亚麻和油用亚麻 3 种。本书介绍的为油用亚麻，俗称胡麻。

胡麻主要生产国是印度、加拿大、中国、美国、俄罗斯、阿根廷等。我国胡麻主要分布在甘肃、内蒙古、山西、河北、宁夏、新疆、陕西、青海等省（自治区）。胡麻籽不仅具有重要的食用价值和营养价值，还具有独特的保健功能，广泛应用于食品、药品、化妆品、化工添加剂中。胡麻籽表皮含有 10% 的胶质，是世界上少有的几种天然植物胶，可取代进口的琼脂、果胶。胡麻籽中木酚素对人体前列腺癌、乳腺癌有显著的预防效果。胡麻籽富含 α- 亚麻酸，具有降血脂、降胆固醇、预防心肌梗死和脑血栓等作用，被誉为“血管清道夫”。胡麻油更因其独特的芳香气味，深受华北、西北地区消费者的喜爱。胡麻具有相对较高的经济价值，用途广泛，已成为我国华北、西北地区重要的经济作物。

第一节　胡麻的起源

胡麻属长日照、自花授粉植物，染色体数目为 $2n = 32$ 或

30。胡麻是人类最早栽培利用的农作物之一。考古发现，早在4 000 ~ 5 000年前，人类就开始利用胡麻，也有人认为8 000年前胡麻就已经被利用。我国是胡麻的起源地之一，最早是作中药材栽培，5 000多年前，开始作为油料栽培，部分地区也利用其纤维。胡麻最初在青海、陕西一带种植，如青海的土著人民就有用胡麻制作盘绣的传统，后来逐渐发展到宁夏、甘肃、云南及华北等地。关于胡麻的起源尚无定论。学者们主要有2种观点：世界胡麻多源说和中国胡麻系传入说。

一、世界胡麻多源说

持这种观点的学者认为一种生物的原产地不会只在一个地方，在环境条件大致相似或接近的不同地区，应当可以产生相似或接近的某种生物；而在同一地区，由于环境条件的具体差异，某种生物也会演化、变异形成不同类型。胡麻也是如此，应有多个起源。多数学者持这种观点，其代表人物德·康多尔得出结论：此数种亚麻，系在异地个别栽培，并非互相传输仿效。

对于胡麻的具体起源说法不一：有的主张胡麻原产于地中海沿岸，也有认为原产于中亚、西亚、近东等地。瓦维洛夫认为胡麻原产于亚洲的中、南部和地中海一带；培黎说可能原产于亚洲；《德国经济植物志》则明确指出原产于亚洲；对胡麻原产地研究较早和较多的德·康多尔认为埃及胡麻是从亚洲引种过去的；有的学者认为胡麻原产于亚洲热带；有的学者认为胡麻原产于中亚；还有学者认为胡麻原产于亚洲西部及欧洲东南部。以上各种说法都与亚洲有着千丝万缕的联系，也就是说世界范围内的胡麻，必有原产于亚洲的种类。

中国西北、华北地区至今还有不同类型的多年生、一年生匍匐、半匍匐多茎型的野生种胡麻，因此有不少学者认为中国也是胡麻起源国之一。中国胡麻栽培种系由野生种变化而来，而不是由张骞从西域传入的。敏凯维奇在《油料作物》一书中指出，根据古代东方历史文献的研究，确定在印度和中国把亚麻当作纤维作物，进一步作为油料作物引用到栽培中，要比棉花早，即约在5 000年以前。这个时期比张骞出使西域早得多，可见胡麻不是由张骞自西域带入中国。中国农学前辈丁颖先生也提出："亚麻变种很多，则我国种或为亚麻变种之一，而为我国原产亦未可知。惜未得实物以明之耳"。

二、中国胡麻系传入说

持这种观点的学者认为中国胡麻是由张骞出使西域时传入，距今已有2 000多年的历史，最初在青海、陕西一带种植，而早在山西一带种植的胡麻，又有"鸦麻"之称，以后逐渐发展到宁夏、甘肃及华北等地，以种植胡麻为主。

在3 000多年前德国的古代遗址中，发现有磨制得很粗的小麦、谷物和胡麻混合制成的面饼，说明此时胡麻已用作粮食。据历史上进一步考证：公元前4世纪在俄国外高加索和塔吉克，开始利用胡麻种子榨油，吃胡麻油制做的食品，穿亚麻纤维制作的衣服。公元15—16世纪，世界各大洲已开始较广泛种植胡麻，胡麻成为重要的油料作物之一，同时也开始了在印刷、油漆、造纸、医药、国防等方面的应用。

中国胡麻作为食物和药用已有上千年的历史。早在《诗经》中粮食作物就有麻；汉代董仲舒（公元前180年至公元前115年）说“麻是胡麻”；公元前1世纪史游也把麻列为粮食；《本草纲目》中说亚麻“今陕西人亦种之，即‘壁虱胡麻也’（胡麻籽臭虫），其实亦可榨油点灯”；公元16世纪《土方记》中记载：“亚麻仁可榨油，油色青绿，燃灯甚明，入蔬香美，皮可织布，秆可作薪，饼可肥田”。到了清朝中叶已有作坊榨油，到了清末已大面积栽培，胡麻已成为我国主要的油料作物之一。

关于胡麻的原产地，虽然争议较多，但可以肯定亚洲是其原产地之一，在中国华北、西北、西南地区均发现有大量野生胡麻品种。中国胡麻的栽培历史到底有多长，胡麻之名究竟因何而来，这些问题似乎在古代史书中没有明确记载。称胡麻来自胡地的主要理由之一是陶弘景的“本生胡中，故名胡麻”，后有沈括附会的张骞“自大宛得油麻之种，……故以胡麻别之”。王达和吴崇仪两位老先生对胡麻来自胡地持反对意见，主要有3个理由：第一，他们认为一种物品是否出自胡地，与有无冠以胡字并无必然联系。例如，明文载入史册来自胡地的汗血马、蒲陶（葡萄）、目宿（苜蓿），都未冠以胡字，相反《水游》上所说的胡梯,《晋书·庾亮传》《齐书·刘瓛传》等史料上所说的胡麻,《本草纲目》上说的胡豆，虽冠有胡字，但与胡地所产却风马牛不相及。“案胡字古亦云大，如诗言胡考是也，……中国及胡地皆有麻，中国之麻称胡麻者，自举其实之肥大者言之，……而说者以为张骞所得，故名胡麻，非是。”吴其浚在论证胡豆非来自胡地时亦指出：“古音义胡者多训大，后世辄以种出胡地，附会其说，皆无稽也。”第二，张骞自西域带回的作物，史籍上早有记载，如《前汉书 · 西域传》说："大宛国，……汉使采蒲陶、目宿归。"可是得胡麻事，不仅《前汉书》无载，公认为信史的《史记》也未提及，之后的后汉三国、两晋诸文献也无踪迹可寻。到 6 世纪才有贾思勰说："汉书张骞外国得胡麻"，据其描写的情况看似指芝麻。直至距张骞千余年后的沈括，始形成张骞自大宛带来胡麻种之论（大概亦指芝麻而言）。盛传胡麻外来说，更是较晚的事，这就甚为蹊跷。《尔雅谷名考》曾经指出："胡麻或出自周末，得从张骞之说，固不必尽信。"第三，敏凯维奇的《油料作物》指出，胡麻当作纤维作物进一步作油料作物引用到栽培中，约在 5 000 年以前。这个时期当比张骞出使西域早得多。

在国内，胡麻、油用亚麻、胡麻籽、亚麻籽、胡麻油、亚麻油等称谓在生产和科研上往往混用，除了导致文献上杂乱不清外，也使广大消费者对胡麻认知度不高，以至于消费者不清楚胡麻籽就是亚麻籽，胡麻油就是亚麻油。实际上，在国外同样存在类似问题。例如，在北美地区 flaxseed 主要指用于食用用途的胡麻籽，而 linseed 主要指用于工业用途的胡麻籽。而在欧洲 flaxseed 指的是纤维用胡麻品种，flaxseed 和 linseed 也经常混用。

第二节 胡麻的历史演变

目前，一般认为栽培胡麻和野生窄叶亚麻（*L. angustifolium*）亲缘关系最近，其野生祖先遍布地中海沿岸、北非、中东、高加索和西欧，其他种类的亚麻属则分布在温带地中海草原带、北半球。胡麻是最早驯化的作物之一，也被公认为现代文明的奠基作物之一。被驯化后的胡麻，其籽粒大小明显增加，产油更高或者茎秆更长，并且其蒴果不容易开裂而易于收获。这些显著的遗传改变是其处于新石器时代人们经济、社会、宗教和政治生活中领先地位的基础，并与人类文明的发展紧密相连。

亚麻属最大的生物多样性被发现在印度次大陆，因此有些学者相信印度次大陆是现代栽培胡麻最可能的植物学起源地，通过印度河流域连接印度和中东地区的早期贸易路线，将胡麻带到中东。也有学者认为最早的胡麻是起源于波斯西部（今伊朗），然后传播到其他国家和地区。例如，早期栽培胡麻的印度、中国，之后是巴比伦（今伊拉克）和埃及。古埃及人以能够种植大量丰富的作物为基础，发展了高度成功的农业经济，这种农业生产是以尼罗河及其每年的洪水为基础。当洪水退却时，种植农作物，除了粮食作物，胡麻是主要种植的农作物。作为一个行业，胡麻的生产与一同种植的粮食作物一样重要，被埃及人认作“神的化身”的法老个人种植胡麻的面积最大。胡麻收获非常重要，以至于法老将胡麻每年的收获置于他法庭的高级官员掌控之下。胡麻收获打捆后，通过梳理机器强力脱掉成熟的蒴果，最终收集装袋。把收集到的蒴果用木棒等打碾脱壳，种子被收集起来，其中一部分作为下一年的种子。

古埃及有家庭式和工业化2种方式进行一系列的胡麻生产、收获和加工。在家庭式的作坊中，把收获的种子放在简单的石磨上磨，最终得到胡麻籽饼粕。在工业生产中，雇佣工人们完成粉碎胡麻种子的加工。普遍认为以下2种方法都可从种子获得胡麻油：第一种在提油过程中，用热水泼洒被粉碎的籽粒，然后将混合物沉淀，油可以被浸出，或者是将胡麻籽放在水里，用火加热，就可以将油从水的表面撇出；第二种是靠压榨种子出油。至于用哪一种方法是由其产品的最终用途所决定，浸提的油被用于家庭烹饪和医疗等，压榨油可用于进一步精制或者作为工业用油。虽然早期的埃及人已经将胡麻用于多种用途，但是希腊人和罗马人继续将胡麻在食物、纤维和医学上的应用发扬光大。公元前6世纪的古希腊和古罗马文明有关于胡麻栽培的记载，荷马、希罗多德、泰奥弗拉斯和普林尼等的文学著作里多次提到胡麻和胡麻纤维。欧洲西部高卢人（目前在法国和比利时的一种古老民族）和凯尔特人（古老的印欧人）是西欧最早的胡麻种植者，他们从罗马学习了胡麻的种植。德国考古学家在挖掘的铁器时代的居民遗址中，发现残留的面包中有小米、小麦和胡麻籽。斯拉夫部落在东欧最先开始种植胡麻，胡麻种植及应用是从希腊传播而来的，被用于制作渔网、绳索、帆布、胡麻油。10—11世纪，胡麻在俄罗斯被广泛种植。随着胡麻纤维和种子被有效利用，它已被视为一种重要的农业和工业原料作物。约在400年前栽培胡麻第一次出现在北美洲。Lois Hebert 被认为是加拿大第一位带来胡麻种子的农民，是他随身将胡麻种子带到了新法兰西。后来，胡麻生产延伸并扩展到了整个美洲大陆。19 世纪末，来自欧洲的定居者在加拿大西部播种他们从欧洲故土带来的胡麻种子，胡麻在草原垦荒中兴旺，生产在新土地上前进。中国胡麻大面积栽培开始于西汉的汉武帝时期，中国的西北、华北等地区栽培的胡麻以油用为主，胡麻油主要作为当地的食用油来源，其茎秆纤维也可以被用于纺织或制作绳子等。

自 20 世纪中期，胡麻商品遍及世界。胡麻油油漆色泽优美，并且能更好地保护木质或者混凝土表面。胡麻油毡被公认为是流行的地板材料，多种多样的胡麻纺织品仍然是国际纺织品的主流。随着科技的发展，如水基涂料和基于石油的地板覆盖物使用的增加，致使胡麻的工业需求降低。然而在 20 世纪 90 年代末，随着以环保和健康为导向的产品逐渐流行，带来了胡麻产业新的机遇。胡麻油毡由于其无过敏性反应和可生物降解的特点及产品质量的改善，使得胡麻油毡的需求在欧洲一些地区重新抬头。在北美，人们认为胡麻是一种有益健康的食品和饲料，并且这种认知不断增加。21 世纪以来，北美把胡麻作为制作面包的辅料进行添加，且其他的烘烤食品业对胡麻的需求也在不断增加。另外，在动物饲料中添加一定量的胡麻籽或者胡麻副产品，喂食这样的饲料可以改善猫、狗和马等动物整体的健康和美观。胡麻在北美主要作为饲料销售，如一些昂贵的宠物食品。而在中国和印度大多是作为食物消费。

第三节　胡麻生产概况

一、世界胡麻生产概况

据联合国粮农组织1961—2018年数据统计，世界胡麻年均种植面积472.75万hm^2，年均总产量261.72万t，年均单产692.3kg/hm^2（表1–1）。

表1–1　1961—2018年世界胡麻生产概况

年份	总面积（万hm^2）	总产量（万t）	单产（kg/hm^2）
1961	990.06	301.44	304.47
1962	1 054.45	356.71	338.29
1963	1 064.98	356.39	334.65
1964	1 013.45	327.70	323.35
1965	924.38	393.47	425.66
1966	809.76	315.90	390.11
1967	729.51	258.28	354.05
1968	712.44	313.00	439.34
1969	689.17	340.50	494.07
1970	735.12	423.58	576.21
1971	885.12	328.60	371.25
1972	826.93	252.16	304.93
1973	573.19	249.04	434.48
1974	589.14	219.35	372.33
1975	596.44	257.03	430.94
1976	546.85	222.61	407.07

续表

年份	总面积（万 hm^2）	总产量（万 t）	单产（kg/hm^2）
1977	583.63	285.81	489.71
1978	580.42	293.88	506.31
1979	641.97	294.01	457.98
1980	575.21	226.56	393.88
1981	522.56	224.66	429.92
1982	572.41	273.94	478.57
1983	531.11	233.96	440.51
1984	557.98	261.12	467.97
1985	539.94	259.55	480.70
1986	574.01	280.13	488.03
1987	582.85	285.77	490.30
1988	451.90	242.46	536.52
1989	434.20	227.92	524.91
1990	441.11	295.33	669.52
1991	396.59	269.49	679.52
1992	333.69	223.66	670.28
1993	316.18	216.38	684.35
1994	325.86	244.16	749.27
1995	342.37	246.93	721.23
1996	308.36	242.36	785.97
1997	299.79	224.38	748.46
1998	313.27	268.03	855.61
1999	300.60	266.86	887.75

续表

年份	总面积（万 hm²）	总产量（万 t）	单产（kg / hm²）
2000	250.71	197.67	788.44
2001	243.40	181.95	747.52
2002	234.30	186.19	794.68
2003	234.64	199.98	852.31
2004	220.08	183.41	833.38
2005	269.34	268.58	997.20
2006	267.60	250.13	934.70
2007	196.02	164.95	841.46
2008	206.82	198.33	958.95
2009	201.77	215.47	1 067.88
2010	176.51	181.13	1 026.16
2011	186.64	213.65	1 144.72
2012	205.88	202.51	983.63
2013	182.85	227.47	1 244.03
2014	206.01	265.52	1 288.89
2015	236.93	315.02	1 329.58
2016	208.84	294.94	1 412.29
2017	208.11	311.22	1 495.47
2018	216.04	318.41	1 473.85
年度平均	472.75	261.72	692.30

（一）世界胡麻种植面积及产量

1．种植面积

1961—2018 年，世界胡麻种植面积总体呈下降趋势。其中 1963 年种植面积最大，达 1 064.98 万 hm^2，较 1961 年增加 74.92 万 hm^2；2010 年种植面积最小，为 176.51 万 hm^2，仅约为 1963 年面积的 1/6（16.57%）。20 世纪 60—70 年代面积减少较快，1980 年较 1961 年减少近一半（41.9%）；2000 年以后，面积基本稳定在 200 万 hm^2 左右（图 1–1）。

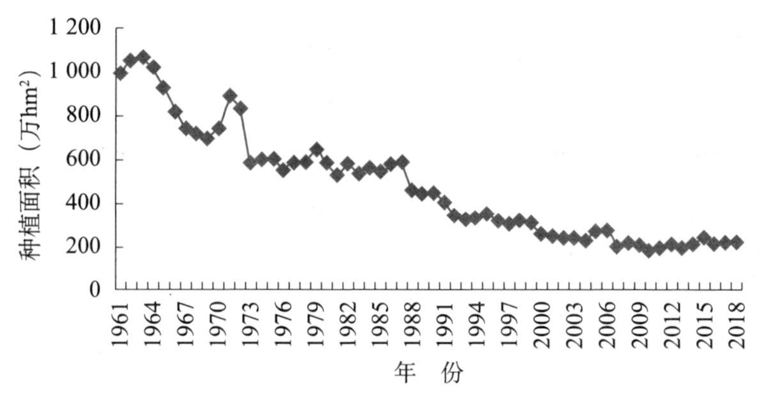

图 1–1　1961—2018 年世界胡麻种植面积动态变化

2．单产

与种植面积不断下降的趋势相反，世界胡麻单产则持续增加。1961—1989 年单产较低，年均单产 430.57kg/hm^2，增长较慢，年均增加 7.87kg/hm^2；1990—2018 年，单产显著提高，年均单产 954.04kg/hm^2，单产增长明显加快，年均增加 28.73kg/hm^2，是 1961—1989 年年均增长量的 3.65 倍；2009—2018 年是世界胡麻单产水平最高的时期，基本保持在 1 000kg/hm^2 以上，年均单产 1 246.65kg/hm^2（图 1–2）。

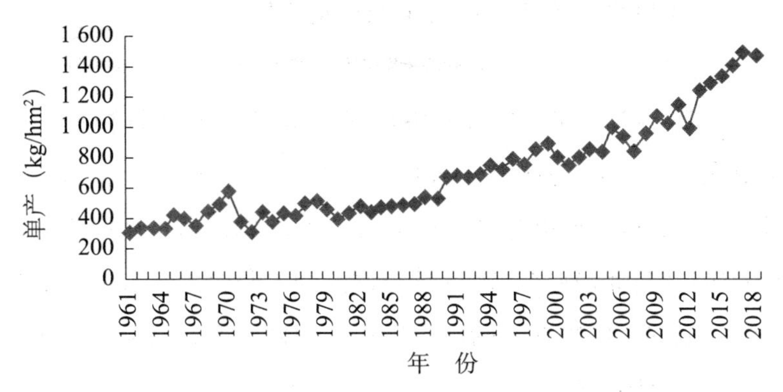

图 1-2　1961—2018 年世界胡麻单产动态变化

3．总产

1961—1971 年是世界胡麻种植面积最大的时期，因此，总产也处于最高时期，年均总产 337.78 万 t；1972—1999 年总产较为稳定，虽然总产显著下降，但基本在 200 万 t 以上，平均 253.13 万 t；2000—2012 年总产波动较大，平均总产 203.38 万 t；2013 年开始有所回升，到 2018 年，平均总产 288.76 万 t（图 1-3）。

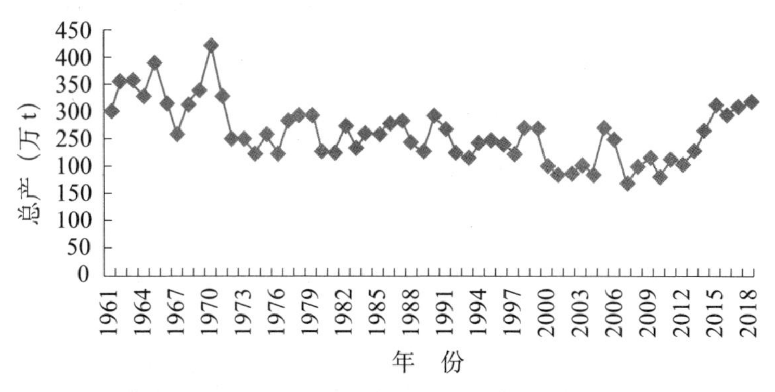

图 1-3　1961—2018 年世界胡麻总产动态变化

（二）世界胡麻主产国种植面积及产量

1．种植面积

由表 1–2 可知，1961—1991 年世界各国胡麻种植面积变动很大，主产国为印度、苏联、阿根廷、加拿大、美国、中国。进入 20 世纪 90 年代，随着苏联的解体，原隶属联邦内的各个共和国相继独立，胡麻种植逐渐列入联合国粮农组织数据库统计范围，俄罗斯、哈萨克斯坦、白俄罗斯、乌克兰也进入到胡麻主产国行列。

由图 1–4 可知，1961—1991 年世界胡麻主产国分别为印度、苏联、阿根廷、加拿大、美国、中国，平均种植面积分别为 169.84 万 hm^2、136.18 万 hm^2、77.14 万 hm^2、66.10 万 hm^2、56.54 万 hm^2、14.07 万 hm^2。

这段时期，印度、苏联、美国种植面积持续大幅减少，加拿大、阿根廷胡麻种植面积波动较大，中国胡麻种植面积在 1987 年后明显增加。

表 1–2　1961—1991 年胡麻主产国种植面积（苏联解体前）

（单位：万 hm^2）

年份	阿根廷	苏联	美国	印度	中国	加拿大
1961	108.70	187.50	101.738	178.90	3.50	84.420
1962	117.17	202.00	113.636	197.70	4.00	58.533
1963	131.53	177.00	128.365	190.40	4.00	68.085
1964	121.67	187.00	114.322	199.50	4.50	80.005
1965	108.43	178.40	112.299	204.20	4.50	93.673
1966	100.40	167.60	104.246	172.30	4.00	77.607
1967	80.07	166.50	79.924	149.54	4.00	41.415

续表

年份	阿根廷	苏联	美国	印度	中国	加拿大
1968	61.63	159.30	84.659	177.67	4.50	61.689
1969	80.95	154.90	105.419	169.69	4.30	94.723
1970	79.08	143.20	114.767	180.28	4.50	134.087
1971	83.38	147.00	62.523	189.68	4.40	71.539
1972	45.09	149.60	46.498	206.44	4.30	53.458
1973	44.11	147.00	68.796	172.56	4.50	58.679
1974	38.96	141.00	67.136	203.82	4.60	58.679
1975	50.06	140.30	61.147	207.07	4.80	56.655
1976	44.64	136.10	38.650	211.87	5.00	32.374
1977	67.40	136.20	50.140	188.84	5.10	59.800
1978	88.40	133.90	27.800	200.99	5.28	52.608
1979	81.70	121.20	35.530	209.15	6.00	93.076
1980	97.80	126.60	26.830	161.36	8.00	55.440
1981	72.60	105.70	23.350	167.33	10.00	46.550
1982	81.80	112.60	29.740	182.02	12.00	63.130
1983	86.40	117.70	23.470	140.40	12.50	42.930
1984	80.44	107.10	21.770	148.70	12.80	72.040
1985	60.30	110.50	23.630	139.52	13.20	74.040
1986	68.80	105.30	27.640	142.37	13.60	75.540
1987	74.45	106.90	18.740	115.53	49.20	59.130
1988	65.52	103.90	9.150	115.07	58.00	50.120
1989	56.04	96.50	6.600	119.89	44.50	59.690

续表

年份	阿根廷	苏联	美国	印度	中国	加拿大
1990	56.53	85.00	10.240	112.44	59.50	69.400
1991	57.26	68.00	13.840	109.91	57.00	49.900

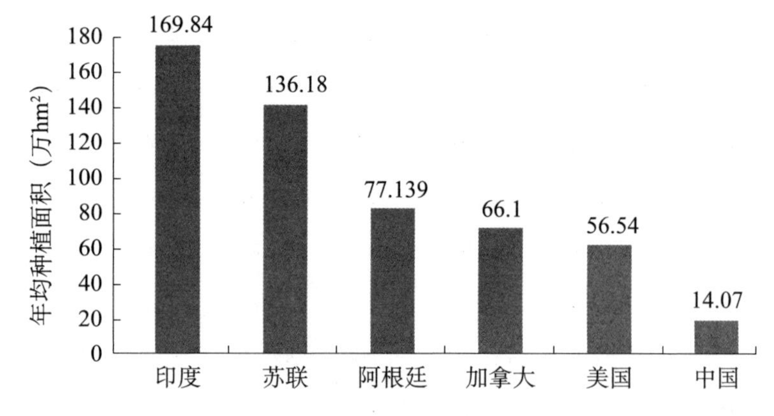

图 1–4　1961—1991 年世界胡麻主产国年均种植面积

1991 年苏联解体后，世界胡麻主产国分别为加拿大、印度、中国、俄罗斯、哈萨克斯坦、美国、阿根廷、白俄罗斯、乌克兰。年均种植面积分别为 57.92 万 hm^2、53.92 万 hm^2、44.12 万 hm^2、25.67 万 hm^2、19.13 万 hm^2、14.89 万 hm^2、6.86 万 hm^2、6.17 万 hm^2、4.93 万 hm^2（表 1–3）。

苏联解体后，印度、中国、阿根廷胡麻种植面积明显减少，哈萨克斯坦、俄罗斯胡麻种植面积显著增加，加拿大、美国胡麻种植面积波动较大，白俄罗斯、乌克兰胡麻种植面积较为稳定（图 1–5）。

表 1-3 1992—2018 年胡麻主产国种植面积（苏联解体后）（单位：万 hm^2）

年份	阿根廷	白俄罗斯	加拿大	中国	印度	哈萨克斯坦	俄罗斯	乌克兰	美国
1992	41.64	12.50	25.29	63.96	88.62	1.27	32.72	15.84	6.68
1993	20.65	9.60	50.58	60.50	89.50	0.91	26.29	12.80	7.73
1994	14.20	8.30	72.03	66.78	95.30	0.59	13.48	8.00	6.92
1995	15.28	9.80	86.00	62.11	94.80	0.56	14.36	9.60	5.96
1996	19.27	7.90	57.50	64.46	84.30	0.40	13.17	5.30	3.72
1997	8.87	7.22	73.65	60.17	82.70	0.16	9.51	3.20	5.91
1998	10.71	7.50	85.79	57.19	81.90	0.10	7.76	2.60	13.31
1999	10.15	7.64	70.70	55.20	74.94	0.14	6.55	2.10	15.42
2000	6.79	8.20	59.09	49.79	59.31	0.14	8.76	2.00	20.92
2001	2.81	8.00	66.17	40.22	57.99	0.10	10.83	2.30	23.39
2002	1.95	6.80	63.34	45.30	53.58	0.06	7.55	2.47	28.45
2003	1.38	6.66	72.84	44.90	45.01	0.09	6.28	2.76	23.80
2004	2.88	7.48	51.80	50.00	47.65	0.10	7.45	1.40	20.68
2005	3.72	7.05	73.26	49.00	44.87	0.11	6.14	2.50	38.65

续表

年份	阿根廷	白俄罗斯	加拿大	中国	印度	哈萨克斯坦	俄罗斯	乌克兰	美国
2006	4.67	6.58	78.52	48.50	43.68	0.51	8.40	5.14	31.04
2007	2.84	6.55	52.40	33.99	42.60	0.45	7.40	2.41	14.12
2008	0.95	7.42	62.52	33.78	46.80	1.28	12.48	1.91	13.76
2009	1.74	4.81	62.33	33.69	40.79	5.84	14.43	4.68	12.71
2010	2.56	4.68	35.33	32.44	34.20	22.52	22.64	5.63	16.92
2011	1.66	5.00	27.32	32.21	35.90	30.97	47.27	5.87	7.00
2012	1.46	3.57	38.44	31.79	32.30	36.96	55.83	5.29	13.60
2013	1.79	2.90	42.21	31.29	29.60	38.43	43.83	4.20	6.96
2014	1.47	2.24	62.08	31.00	29.31	55.62	44.15	3.76	12.22
2015	1.70	2.04	64.60	29.23	28.50	62.25	63.63	6.67	18.45
2016	1.30	2.20	33.80	27.35	29.80	63.36	71.03	6.87	14.81
2017	1.24	1.79	50.37	28.37	30.00	85.87	57.97	4.75	11.01
2018	1.42	2.17	46.01	27.93	32.00	107.69	73.04	3.18	8.01
平均	6.86	6.17	57.92	44.12	53.92	19.13	25.67	4.93	14.89

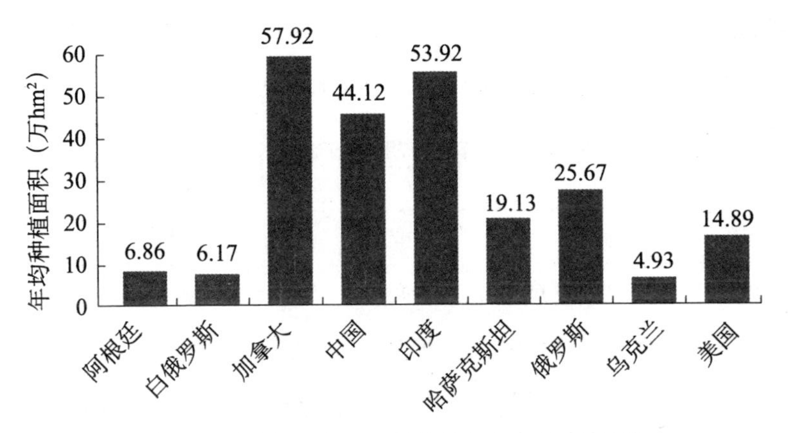

图 1-5　1992—2018 年世界胡麻主产国种植面积

2．单产

1961—1991 年，苏联解体前，世界胡麻主产国中，单产最高的国家是加拿大，年均单产 897.05kg/hm^2；其次为阿根廷，年均单产 787.21kg/hm^2；中国、美国、印度和苏联分别居第三到第六位，年均单产分别为 780.62kg/hm^2、736.11kg/hm^2、250.93kg/hm^2 和 205.90kg/hm^2（图 1-6）。印度和苏联是这一时

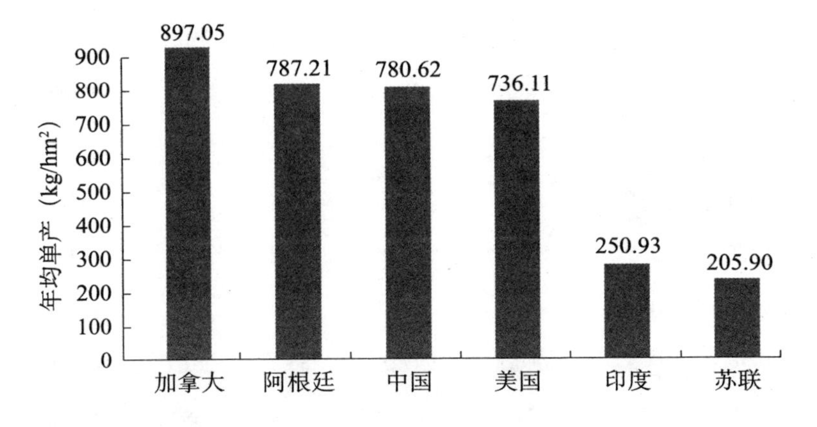

图 1-6　1961—1991 年世界胡麻主产国单产（苏联解体前）

期胡麻种植面积最大的两个国家，也是主产国中单产最低的两个国家，平均单产仅为加拿大的 1/4（表 1–4）。

表 1–4　1961—1991 年世界胡麻主产国单产（苏联解体前）

（单位：kg/hm^2）

年度	加拿大	阿根廷	中国	美国	印度	苏联
1961	435.7	690.0	571.4	553.7	222.5	234.7
1962	697.2	698.1	550.0	720.4	234.2	237.6
1963	787.8	637.6	575.0	614.2	225.8	237.3
1964	644.7	633.7	533.3	542.2	189.8	213.9
1965	791.2	751.6	555.6	800.8	241.9	251.7
1966	720.7	567.7	625.0	569.9	192.1	362.2
1967	575.2	720.6	650.0	636.8	173.8	311.7
1968	809.8	949.2	622.2	809.6	246.5	304.5
1969	752.1	630.0	697.7	841.6	194.0	291.2
1970	908.7	980.0	711.1	651.1	260.3	328.9
1971	794.9	959.5	772.7	739.3	249.8	315.6
1972	837.1	700.0	837.2	758.4	256.5	276.1
1973	839.8	748.1	822.2	605.8	248.1	276.9
1974	597.4	762.3	804.3	532.8	247.2	211.3
1975	784.6	760.5	791.7	646.1	272.3	247.3
1976	855.2	844.5	800.0	498.2	282.2	247.6
1977	1 091.6	1 031.2	784.3	723.4	221.8	212.9
1978	1 086.4	1 040.7	947.0	787.1	262.1	186.7
1979	876.0	734.4	1 166.7	858.9	255.8	209.6

续表

年度	加拿大	阿根廷	中国	美国	印度	苏联
1980	796.9	759.7	1 000.0	731.6	166.9	154.8
1981	1 003.2	805.8	850.0	792.9	252.8	184.5
1982	1 191.0	733.5	791.7	877.8	265.1	232.7
1983	1 034.0	844.9	744.0	746.9	267.4	220.1
1984	962.7	820.5	742.2	819.5	298.6	210.1
1985	1 211.5	829.2	818.2	892.9	278.8	152.9
1986	1 358.6	668.6	941.2	1 060.1	264.2	189.0
1987	1 232.9	835.5	902.8	1 008.5	274.0	213.3
1988	744.0	816.5	899.5	448.1	341.8	211.7
1989	834.1	742.3	898.0	467.6	300.9	235.2
1990	1 281.0	909.6	899.4	945.3	289.6	231.8
1991	1 272.5	797.8	894.7	1 137.9	302.1	205.9

1992—2018年，苏联解体后，白俄罗斯、哈萨克斯坦、俄罗斯和乌克兰因种植面积较大成为胡麻主产国。这一阶段主产国单产水平从高到低依次为：加拿大1 323.16kg/hm^2、美国1 236.29kg/hm^2、阿根廷1 004.81kg/hm^2、中国968.08kg/hm^2、哈萨克斯坦722.98kg/hm^2、乌克兰647.67kg/hm^2、俄罗斯553.48kg/hm^2、印度407.49kg/hm^2、白俄罗斯251.25kg/hm^2（图1-7）。

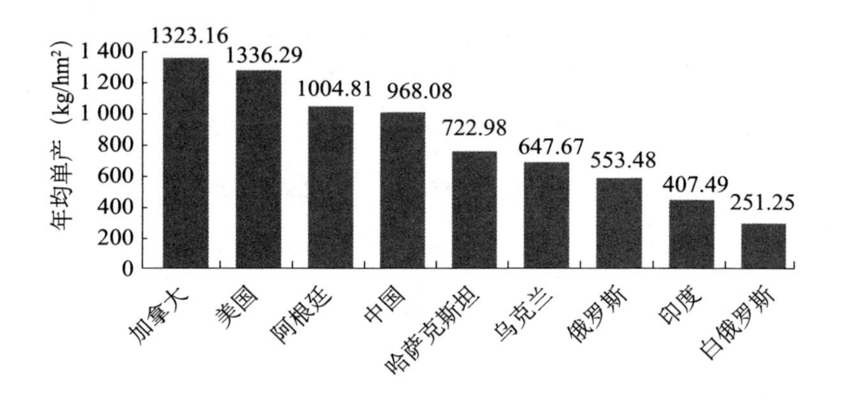

图 1-7　1992—2018 年世界胡麻主产国单产（苏联解体后）

加拿大、美国、阿根廷、中国、印度 5 个主产国的单产较 1991 年前都有大幅提高，其中，美国和印度单产提高幅度最大，分别提高了 67.95% 和 62.39%；加拿大提高了近 50%（47.5%）；阿根廷和中国提高了 1/4 左右（27.64% 和 24.01%）。主产国单产的大幅提高是推动世界胡麻单产提高的重要因素（表 1-5）。

3. 总产

苏联解体前，世界胡麻六大主产国中，阿根廷和加拿大的总产最高且较为接近，分别为 59.83 万 t 和 58.91 万 t（图 1-8）；印度、美国和苏联年均总产居第三到第五位；中国年均总产 12.04 万 t，是六大主产国中总产最低的国家（表 1-6）。

1992—2018 年，苏联解体后，世界胡麻主产国中总产最高的国家是加拿大，年均 75.73 万 t，远远高于其他主产国；中国年均总产跃居第二位，为 40.29 万 t（图 1-9）；印度、美

表 1-5 1992—2018 年世界胡麻主产国单产（苏联解体后）

（单位：kg/hm^2）

年份	加拿大	美国	阿根廷	中国	哈萨克斯坦	乌克兰	俄罗斯	印度	白俄罗斯
1992	1 332.50	1 250.90	823.50	781.70	850.40	313.50	163.90	329.50	190.40
1993	1 240.40	1 144.20	854.70	727.30	428.60	265.60	110.60	310.60	236.50
1994	1 332.90	1 072.50	792.80	765.80	389.80	275.00	178.30	346.30	278.30
1995	1 284.90	943.30	995.70	585.80	321.40	260.40	216.10	340.30	294.90
1996	1 480.00	1 092.90	792.20	858.40	225.00	188.70	205.20	346.30	288.60
1997	1 215.80	1 040.50	808.10	653.40	437.50	156.30	183.40	373.20	198.10
1998	1 259.90	1 279.80	701.80	915.20	780.00	192.30	183.70	289.90	160.00
1999	1 322.50	1 295.50	843.70	731.90	857.10	190.50	294.00	353.50	162.30
2000	1 173.50	1 302.70	691.20	690.40	421.40	250.00	373.10	406.00	203.70
2001	1 080.60	1 243.90	792.60	628.20	776.70	278.30	272.30	350.90	212.50
2002	1 072.60	1 059.20	793.20	902.90	984.40	283.90	338.10	390.30	202.90
2003	1 035.70	1 122.50	815.20	1 002.20	861.50	294.70	473.70	392.60	261.20
2004	997.90	1 273.50	1 016.70	920.00	777.00	1 157.10	459.40	412.40	302.10
2005	1 352.20	1 294.50	971.00	969.40	981.80	1 128.00	597.20	378.20	276.00

续表

年份	加拿大	美国	阿根廷	中国	哈萨克斯坦	乌克兰	俄罗斯	印度	白俄罗斯
2006	1 259.30	901.70	1 151.90	989.70	1 056.90	1 196.50	940.30	394.90	168.70
2007	1 209.00	1 060.40	1 199.50	789.40	1 160.00	473.00	1 075.30	394.10	221.40
2008	1 377.30	1 055.20	1 012.10	1 035.10	804.70	1 089.00	744.60	348.30	262.40
2009	1 492.20	1 483.80	1 122.90	944.20	815.90	797.00	711.00	414.80	208.60
2010	1 197.30	1 359.80	1 256.60	1 087.60	420.10	831.30	787.00	449.40	222.40
2011	1 348.10	2 025.20	1 286.20	1 113.40	881.80	870.50	925.00	409.50	263.00
2012	1 271.90	1 083.10	1 169.20	1 228.50	427.10	782.60	611.80	470.60	242.90
2013	1 731.10	1 224.70	1 141.30	1 274.60	767.60	760.40	683.90	496.60	241.40
2014	1 405.40	1 323.40	1 173.80	1 248.40	755.10	1 240.20	827.00	483.60	322.80
2015	1 458.20	1 389.50	1 181.50	1 367.10	789.30	1 145.10	822.80	543.90	336.70
2016	1 713.00	1 590.50	1 277.70	1 341.00	886.60	1 341.50	948.00	419.50	295.10
2017	1 584.00	949.90	1 094.80	1 277.90	795.80	971.40	1 054.40	613.30	410.00
2018	1 497.00	1 516.80	1 369.90	1 308.60	866.90	754.40	763.80	543.80	320.80

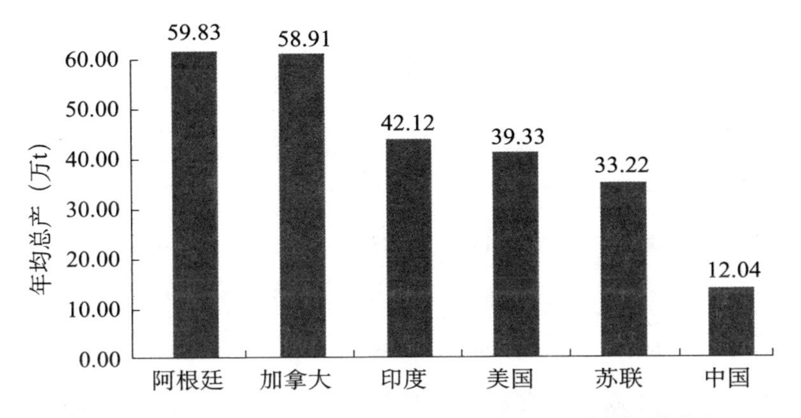

图 1-8 1961—1991 年世界胡麻主产国总产（苏联解体前）

表 1-6 1961—1991 年世界胡麻主产国总产（苏联解体前）

（单位：万 t）

年份	阿根廷	加拿大	印度	美国	苏联	中国
1961	75.00	36.78	39.80	56.33	44.00	2.00
1962	81.80	40.81	46.30	81.87	48.00	2.20
1963	83.86	53.64	43.00	78.85	42.00	2.30
1964	77.10	51.58	37.87	61.98	40.00	2.40
1965	81.50	74.11	49.40	89.93	44.90	2.50
1966	57.00	55.93	33.10	59.41	60.70	2.50
1967	57.70	23.82	25.99	50.89	51.90	2.60
1968	58.50	49.95	43.80	68.54	48.50	2.80
1969	51.00	71.24	32.92	88.72	45.10	3.00
1970	77.50	121.84	46.93	74.72	47.10	3.20
1971	80.00	56.87	47.38	46.22	46.40	3.40
1972	31.56	44.75	52.95	35.26	41.30	3.60

续表

年份	阿根廷	加拿大	印度	美国	苏联	中国
1973	33.00	49.28	42.81	41.68	40.70	3.70
1974	29.70	35.05	50.39	35.77	29.80	3.70
1975	38.07	44.45	56.38	39.51	34.70	3.80
1976	37.70	27.69	59.78	19.25	33.70	4.00
1977	69.50	65.28	41.88	36.27	29.00	4.00
1978	92.00	57.15	52.68	21.88	25.00	5.00
1979	60.00	81.54	53.51	30.52	25.40	7.00
1980	74.30	44.18	26.93	19.63	19.60	8.00
1981	58.50	46.70	42.30	18.51	19.50	8.50
1982	60.00	75.19	48.25	26.11	26.20	9.50
1983	73.00	44.39	37.54	17.53	25.90	9.30
1984	66.00	69.35	44.40	17.84	22.50	9.50
1985	50.00	89.70	38.90	21.10	16.90	10.80
1986	46.00	102.63	37.62	29.30	19.90	12.80
1987	62.20	72.90	31.66	18.90	22.80	44.42
1988	53.50	37.29	39.33	4.10	22.00	52.17
1989	41.60	49.79	36.08	3.09	22.70	39.96
1990	51.42	88.90	32.56	9.68	19.70	53.51
1991	45.68	63.50	33.20	15.75	14.00	51.00

国、俄罗斯和哈萨克斯坦年均总产较为接近，分列第三到第六位；阿根廷年均总产骤减为 6.02 万 t，与乌克兰、白俄罗斯接近，分别居主产国年均总产的第七到第九位（表 1–7）。

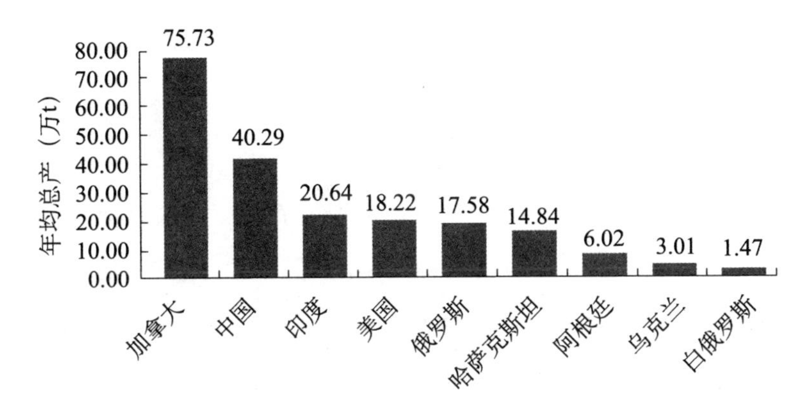

图 1-9 1992—2018 年世界胡麻主产国总产（苏联解体后）

表 1-7 1992—2018 年世界胡麻主产国总产（苏联解体后）

（单位：万 t）

年份	加拿大	中国	印度	美国	俄罗斯	哈萨克斯坦	阿根廷	乌克兰	白俄罗斯
1992	33.70	50.00	29.20	8.35	5.37	1.08	34.29	4.97	2.38
1993	62.74	44.00	27.80	8.85	2.91	0.39	17.65	3.40	2.27
1994	96.01	51.14	33.00	7.42	2.40	0.23	11.26	2.20	2.31
1995	110.50	36.38	32.26	5.62	3.10	0.18	15.22	2.50	2.89
1996	85.10	55.34	29.19	4.07	2.70	0.09	15.27	1.00	2.28
1997	89.54	39.32	30.86	6.15	1.74	0.07	7.17	0.50	1.43
1998	108.09	52.34	23.74	17.04	1.43	0.08	7.51	0.50	1.20
1999	93.50	40.40	26.49	19.98	1.92	0.12	8.57	0.40	1.24
2000	69.34	34.37	24.08	27.26	3.27	0.06	4.69	0.50	1.67
2001	71.50	25.26	20.35	29.10	2.95	0.08	2.23	0.64	1.70
2002	67.94	40.90	20.91	30.13	2.55	0.06	1.55	0.70	1.38

续表

年份	加拿大	中国	印度	美国	俄罗斯	哈萨克斯坦	阿根廷	乌克兰	白俄罗斯
2003	75.44	45.00	17.67	26.71	2.97	0.08	1.13	0.81	1.74
2004	51.69	46.00	19.65	26.34	3.42	0.08	2.93	1.62	2.26
2005	99.06	47.50	16.97	50.03	3.67	0.11	3.61	2.82	1.95
2006	98.88	48.00	17.25	27.99	7.90	0.54	5.38	6.15	1.11
2007	63.35	26.83	16.79	14.98	7.96	0.52	3.41	1.14	1.45
2008	86.11	34.97	16.30	14.52	9.29	1.03	0.96	2.08	1.95
2009	93.01	31.81	16.92	18.86	10.26	4.77	1.95	3.73	1.00
2010	42.30	35.28	15.37	23.00	17.82	9.46	3.22	4.68	1.04
2011	36.83	35.86	14.70	14.18	43.72	27.31	2.14	5.11	1.31
2012	48.89	39.05	15.20	14.73	34.16	15.79	1.71	4.14	0.87
2013	73.07	39.88	14.70	8.53	29.98	29.50	2.04	3.19	0.70
2014	87.25	38.70	14.17	16.18	36.51	42.00	1.73	4.66	0.72
2015	94.20	39.96	15.50	25.64	52.35	49.14	2.01	7.64	0.69
2016	57.90	36.67	12.50	23.56	67.33	56.18	1.66	9.22	0.65
2017	79.78	36.25	18.40	10.46	61.13	68.33	1.36	4.61	0.73
2018	68.88	36.55	17.40	12.15	55.79	93.35	1.95	2.40	0.70

二、我国胡麻生产概况

据联合国粮农组织数据库1961—2018年数据统计，我国胡麻年均种植面积28.06万hm^2，平均单产867.88kg/hm^2，总产25.19万t（表1-8）。

表 1-8　1961—2018 年我国胡麻生产概况

年份	种植面积（万 hm²）	单产（kg/hm²）	总产（万 t）
1961	3.50	571.40	2.00
1962	4.00	550.00	2.20
1963	4.00	575.00	2.30
1964	4.50	533.30	2.40
1965	4.50	555.60	2.50
1966	4.00	625.00	2.50
1967	4.00	650.00	2.60
1968	4.50	622.20	2.80
1969	4.30	697.70	3.00
1970	4.50	711.10	3.20
1971	4.40	772.70	3.40
1972	4.30	837.20	3.60
1973	4.50	822.20	3.70
1974	4.60	804.30	3.70
1975	4.80	791.70	3.80
1976	5.00	800.00	4.00
1977	5.10	784.30	4.00
1978	5.30	947.00	5.00
1979	6.00	1 166.70	7.00
1980	8.00	1 000.00	8.00
1981	10.00	850.00	8.50
1982	12.00	791.70	9.50

续表

年份	种植面积（万 hm^2）	单产（kg/hm^2）	总产（万 t）
1983	12.50	744.00	9.30
1984	12.80	742.20	9.50
1985	13.20	818.20	10.80
1986	13.60	941.20	12.80
1987	49.20	902.80	44.42
1988	58.00	899.50	52.18
1989	44.50	898.00	39.96
1990	59.50	899.40	53.51
1991	57.00	894.70	51.00
1992	63.97	781.70	50.00
1993	60.50	727.30	44.00
1994	66.78	765.80	51.14
1995	62.11	585.80	36.38
1996	64.46	858.40	55.34
1997	60.17	653.40	39.32
1998	57.19	915.20	52.34
1999	55.20	731.90	40.40
2000	49.79	690.40	34.38
2001	40.22	628.20	25.26
2002	45.30	902.90	40.90
2003	44.90	1 002.20	45.00
2004	50.00	920.00	46.00
2005	49.00	969.40	47.50
2006	48.50	989.70	48.00

续表

年份	种植面积（万 hm^2）	单产（kg/hm^2）	总产（万 t）
2007	33.99	789.40	26.83
2008	33.78	1 035.10	34.97
2009	33.69	944.20	31.81
2010	32.44	1 087.60	35.28
2011	32.21	1 113.40	35.86
2012	31.79	1 228.50	39.05
2013	31.29	1 274.60	39.88
2014	31.00	1 248.40	38.70
2015	29.23	1 367.10	39.96
2016	27.35	1 341.00	36.67
2017	28.37	1 277.90	36.25
2018	27.93	1 308.60	36.55
平均	28.06	867.88	25.19

（一）我国胡麻种植面积及产量

1．种植面积

我国胡麻种植面积大体经历了 4 个阶段：缓慢增长期、持续快速增长期、持续下降期、平稳发展期（图 1–10）。

（1）缓慢增长期。1961—1986 年，我国胡麻种植面积缓慢增长，由 3.5 万 hm^2 持续稳定增长到 13.6 万 hm^2，26 年间种植面积增长了近 3 倍，年均增加近 0.4 万 hm^2。

（2）持续快速增长期。1987—1997 年的 11 年间，胡麻生产进入快速发展期，种植面积从 1986 年的 13.6 万 hm^2 一跃升至 1987 年的 49.2 万 hm^2，面积迅速增长了 2.6 倍；此后 10 年，胡麻种植面积呈增长态势，平均种植面积 59.7 万 hm^2，是我国胡麻种植面积最大的时期。1997 年达到最高值，为 60.2 万 hm^2。

（3）持续下降期。1998—2007 年，胡麻种植进入了下降期。虽然种植面积仍然保持较大面积（年均种植面积 47.4 万 hm^2），但呈现波动式下降趋势，由 1998 年的 57.2 万 hm^2 下降到 2007 年的 34 万 hm^2，面积减少了 40.6%。

（4）平稳发展期。2008 年以来，在国家促进油料作物发展的政策要求及国家胡麻产业技术体系的推动下，胡麻种植面积逐步稳定，到 2018 年，年均种植面积 30.83 万 hm^2。目前，中国种植面积最大的省份依次是甘肃省、山西省、内蒙古自治区、宁夏回族自治区、河北省和新疆维吾尔自治区。

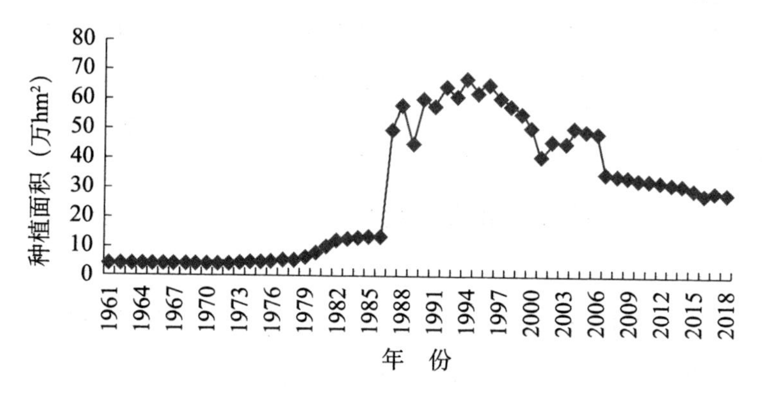

图 1-10　1961—2018 年我国胡麻种植面积变化趋势

2．单产

我国胡麻单产大体经历了 3 个阶段：稳定增长期、波动式增长期和快速增长期（图 1-11）。

（1）稳定增长期。1961—1991 年，我国胡麻单产稳定增长，年平均单产 780.62kg/hm^2，年均增加 10.78kg/hm^2。其间，

1978—1980 年出现了单产高峰，达 1 000kg/hm^2 左右。

（2）波动式增长期。1992—2007 年，我国胡麻单产波动较大，呈波动式增长，年均单产 806.98kg/hm^2。1995 年，单产最低，为 585.80kg/hm^2，2003 年单产最高，为 1 002.20kg/hm^2，是 1995 年的 1.71 倍。

（3）快速增长期。2008—2018 年，我国胡麻单产进入快速增长期。2008 年，国家胡麻产业技术体系启动，随着胡麻新品种的推广应用、种植技术的提高和机械化种植的普及，我国胡麻单产明显提高，截至 2018 年，单产基本稳定在 1 000kg/hm^2 以上，年均单产 1 202.4kg/hm^2，年均增加 27.35kg/hm^2，是我国胡麻单产最高的时期。

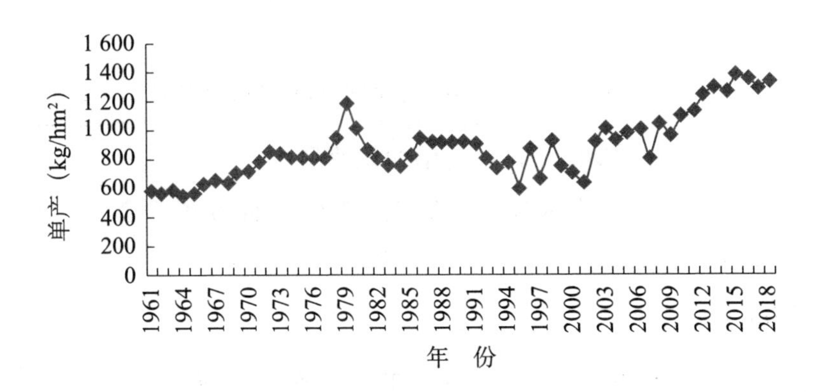

图 1–11　1961—2018 年我国胡麻单产变化趋势

3．总产

我国胡麻总产大体经历了 3 个阶段：低水平期、快速增长期和平稳发展期（图 1–12）。

（1）低水平期。1961—1986 年，我国胡麻总产水平较低，年均 5.08 万 t。

（2）快速增长期。1987—2006年的20年间，除了个别年份（1989年、1995年、1997年），总产均在40万t以上，年均44.85万t，较1961—1986年年均总产提高了近8倍（7.83倍）。

（3）平稳发展期。2007—2018年，随着种植面积的减少，总产稍有下降，年均总产35.98万t。2007年总产最低为26.83万t。

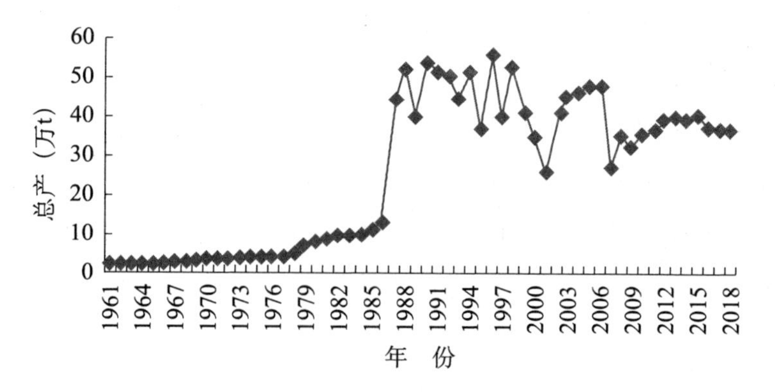

图1-12 1961—2018年我国胡麻总产量变化趋势

（二）我国胡麻主产区种植面积及产量

根据《中国农业年鉴》数据，2001—2016年，全国胡麻年均种植面积35.26万hm^2，年均总产36.84万t，年均单产1 065.44kg/hm^2（表1-9）。

表1-9 2001—2016年全国胡麻生产概况

年度	种植面积（万hm^2）	总产量（万t）	单产（kg/hm^2）
2001	40.22	25.26	628.0
2002	45.28	40.89	903.0
2003	44.87	45.05	1 004.0
2004	41.36	42.60	1 030.0
2005	39.76	36.21	911.0

续表

年度	种植面积（万 hm^2）	总产量（万 t）	单产（kg/hm^2）
2006	35.39	36.86	1 042.0
2007	33.99	26.83	789.0
2008	33.78	34.97	1 035.0
2009	33.69	31.81	944.0
2010	32.44	35.28	1 088.0
2011	32.21	35.86	1 113.0
2012	31.79	39.05	1 229.0
2013	31.29	39.88	1 275.0
2014	30.61	38.65	1 263.0
2015	29.23	39.96	1 367.0
2016	28.24	40.28	1 426.0
平均	35.26	36.84	1 065.4

我国胡麻种植具有一定的地域性，主要种植在甘肃、山西、内蒙古、河北、宁夏和新疆等华北、西北六省区。2001—2016 年，六省区年均种植面积 34.36 万 hm^2，占全国年均种植面积的 97.46%（表 1–10）；年均总产量 35.86 万 t，占全国年均总产量的 97.33%。

1．种植面积

我国胡麻种植面积最大的地区是甘肃省，年均面积 11.43 万 hm^2，占全国年均种植面积的 32.4%；其次是山西，年均 6.61 万 hm^2（占比 18.7%）；内蒙古居第三位，年均面积 5.69 万 hm^2（占比 16.1%）；宁夏 5.10 万 hm^2（占比 14.5%）；河北 4.29 万 hm^2（占比 12.2%）；新疆年均面积 1.25 万 hm^2（占比 3.5%）（图 1–13）。

表 1–10　我国胡麻主产区种植面积

（单位：万 hm^2）

年度	甘肃	山西	内蒙古	宁夏	河北	新疆	六省区合计	全国	六省区占全国比例（%）
2001	15.660	7.780	3.770	5.990	3.71	1.710	38.620	40.220	96.020
2002	14.010	7.630	7.630	6.690	5.77	2.380	44.110	45.280	97.420
2003	14.240	7.040	6.780	8.420	5.41	2.230	44.120	44.870	98.330
2004	13.360	7.590	5.890	7.980	4.25	1.370	40.440	41.360	97.780
2005	12.980	8.210	5.590	5.590	4.34	1.740	38.450	39.760	96.710
2006	12.090	6.950	5.770	4.020	4.16	1.430	34.420	35.390	97.260
2007	11.160	6.850	5.270	2.690	5.91	1.230	33.110	33.990	97.410
2008	11.900	6.480	4.850	3.830	4.81	0.950	32.820	33.780	97.160
2009	11.270	6.170	4.860	4.570	4.92	1.240	33.030	33.690	98.046
2010	10.550	6.280	4.830	5.040	4.10	0.880	31.680	32.440	97.660
2011	10.090	6.390	5.630	4.770	3.54	0.780	31.200	32.210	96.870
2012	9.700	6.050	5.870	4.790	3.71	0.870	30.990	31.790	97.487
2013	9.530	5.970	6.070	4.510	3.63	0.810	30.520	31.290	97.540
2014	8.820	6.030	6.310	4.470	3.55	0.810	29.990	30.610	97.970
2015	8.782	5.568	6.016	4.294	3.45	0.657	28.767	29.231	98.410
2016	8.770	4.700	5.960	3.880	3.30	0.940	27.550	28.240	97.560
平均	11.430	6.610	5.690	5.100	4.29	1.250	34.360	35.260	97.460

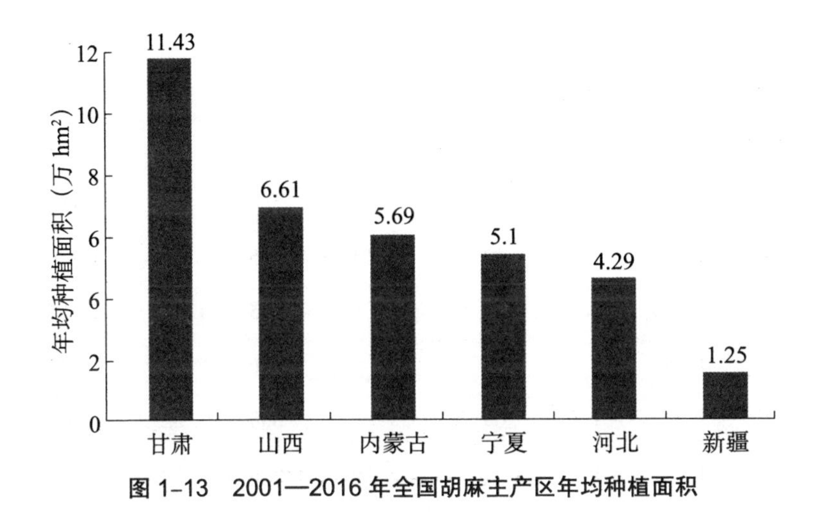

图 1-13　2001—2016 年全国胡麻主产区年均种植面积

2．单产

由表 1-11 可知，我国胡麻主产区单产最高的是新疆，年均 1 586.5kg/hm^2，高于全国平均单产 48.9%；甘肃和宁夏单产水平也高于全国平均水平；内蒙古胡麻单产在 6 个主产区中居第五位（图 1-14）。

表 1-11　2001—2016 年我国胡麻主产区单产　（单位：kg/hm^2）

年度	新疆	甘肃	宁夏	山西	内蒙古	河北	全国
2001	1 447	965	617	108	494	106	628
2002	1 553	1 150	902	742	855	288	903
2003	1 566	1 170	764	838	1 025	882	1 004
2004	1 536	1 185	847	663	1 238	1 024	1 030
2005	1 374	1 247	1 033	462	818	532	911
2006	1 764	1 220	949	711	1 068	962	1 042
2007	1 284	1 230	956	581	491	270	789
2008	1 292	1 271	1 119	955	697	803	1 035
2009	1 519	1 276	1 124	810	599	322	944

续表

年度	新疆	甘肃	宁夏	山西	内蒙古	河北	全国
2010	1 520	1 437	1 327	876	602	662	1 088
2011	1 575	1 370	1 567	944	569	805	1 113
2012	1 608	1 559	1 544	1 200	625	832	1 229
2013	1 696	1 632	1 544	1 177	685	1 031	1 275
2014	1 834	1 733	1 577	1 158	656	790	1 263
2015	2 040	1 767	1 794	1 129	868	945	1 367
2016	1 776	1 807	1 675	1 080	1 158	955	1 426

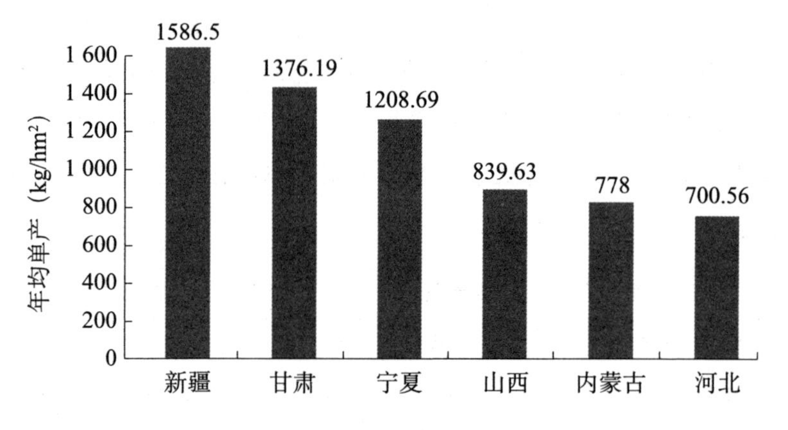

图 1–14　2001—2016 年我国胡麻主产区单产

3．总产

我国胡麻总产量最大的地区是甘肃省，年均 15.26 万 t，占全国年均总产量的 41.43%；其次为宁夏、山西、内蒙古、河北和新疆，年均总产量分别为 5.89 万 t、5.34 万 t、4.53 万 t、2.88 万 t 和 1.95 万 t，占比分别为 16%、15%、13%、8% 和 5%（表 1–12、图 1–15）。

表 1–12　2001—2016 年我国胡麻主产区总产量　（单位：万 t）

年度	甘肃	宁夏	山西	内蒙古	河北	新疆	六省区合计	全国合计	六省区占全国比例（%）
2001	15.11	3.69	0.84	1.86	0.39	2.47	24.36	25.26	96.44
2002	16.11	6.03	5.66	6.52	1.66	3.69	39.67	40.89	97.02
2003	16.66	6.43	5.90	6.95	4.77	3.49	44.20	45.05	98.11
2004	15.84	6.76	5.03	7.29	4.35	2.10	41.37	42.60	97.11
2005	16.19	5.77	3.79	4.57	2.31	2.39	35.02	36.21	96.71
2006	14.75	3.81	4.94	6.16	4.00	2.52	36.18	36.86	98.16
2007	13.73	2.57	3.98	2.59	1.60	1.58	26.05	26.83	97.09
2008	15.13	4.29	6.18	3.38	3.86	1.23	34.06	34.97	97.42
2009	14.38	5.14	5.00	2.91	1.58	1.89	30.90	31.81	97.12
2010	15.15	6.69	5.50	2.91	2.71	1.33	34.30	35.28	97.21
2011	13.83	7.48	6.03	3.20	2.85	1.23	34.63	35.86	96.55
2012	15.12	7.40	7.26	3.67	3.08	1.40	37.93	39.05	97.12
2013	15.55	6.96	7.03	4.16	3.75	1.37	38.82	39.88	97.35
2014	15.28	7.06	6.98	4.14	2.80	1.49	37.75	38.65	97.66
2015	15.52	7.70	6.29	5.22	3.26	1.34	39.33	39.96	98.41
2016	15.85	6.50	5.07	6.90	3.15	1.67	39.15	40.28	97.19

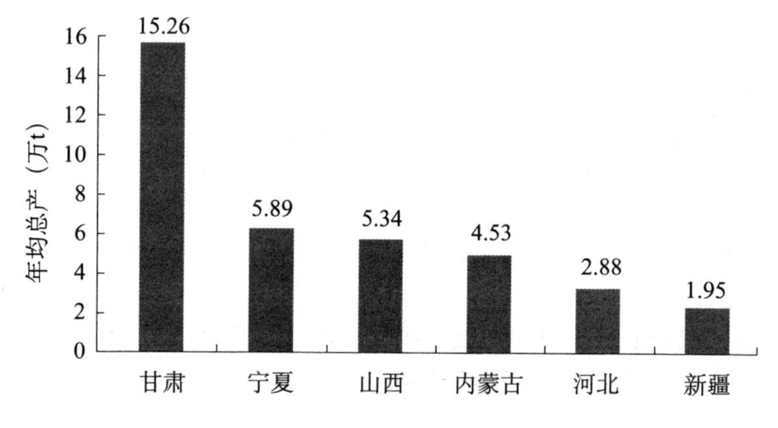

图 1–15　2001—2016 年我国胡麻主产区年均总产量

（三）我国胡麻种植区划

我国胡麻分布的地理范围很广，所有栽培品种均属于普通胡麻种，但由于栽培地区生态条件各异，品种的分布区域和生态特性也各不相同。根据我国胡麻栽培地区的地理分布以及品种的生态特性，大体上划分为 6 个区域，每个自然区域均有相应的生态类型。

1．黄土高原区

本区为我国胡麻的最主要产区，播种面积占全国胡麻面积的 50% 左右，包括山西北部、内蒙古西南部、宁夏南部和甘肃中部及东部。胡麻分布在北纬 35°05′～39°57′，海拔 1 000～2 000m，气候的垂直地带性明显，胡麻生育期热量适中，水分状况是前干后湿，日照中等，土壤瘠薄。

品种的基本特性：春化阶段与光照阶段中等，对温度和光照反应敏感，耐瘠薄、耐旱性强；株型松散，果较少粒较小，含油率较低；茎秆细弱，耐病性强。

2．阴山北部高原区

本区包括河北省坝上、内蒙古阴山北麓，播种面积占全国胡麻面积的26%左右，分布在北纬41°以上，海拔1 500m左右，胡麻生育期热量不足，水分较差，日照充足，土壤肥力较高。

品种的基本特性：生育期较短，春化阶段、光照阶段较长，对温度和光照反应敏感；耐寒性、抗旱性均强；植株较矮，果较少粒稍大，含油率较高。

3．黄河中下游及河西走廊灌区

本区包括内蒙古河套平原、土默川平原、宁夏的引黄灌区、甘肃河西走廊等。分布在北纬37°30′~40°59′，海拔1 000~1 700m，胡麻生长期热量充足，水分主要依靠灌溉，日光充足，后期有干热风，蚜虫危害较严重。

品种的基本特性：生育期较长，春化阶段与光照阶段也较长，对温度和光照敏感；抗旱中等、苗期病害严重；果偏多粒稍大，含油率高，比较喜水耐肥。

4．北疆内陆灌区

本区在阿尔泰山与天山之间的准噶尔盆地以及伊犁河上游，分布在绿洲边缘地带，生育期热量充足，山麓带有雪水灌溉。苗期温度低，天气干旱。

品种的基本特性：生育期较长，春化阶段、光照阶段较长，对温度和光照敏感；抗旱中等、苗期易感病；植株高，分茎强，粒小，含油率高。

5．南疆内陆灌区

本区包括天山以南到昆仑山之间的塔里木盆地。冬季较温暖，春季升温较快，夏季温度高，水分主要靠灌溉，天气特别干旱。

品种的基本特性：大部分品种为半冬性，生育期较长，对温度和光照要求严格；植株生长繁茂，分茎强；苗期半匍匐，种子产量中等。

6．甘青高原区

本区包括青海省东部以及甘肃省西南部的高寒地区，属于青藏高原的一部分。分布在海拔 2 000m 左右的地区。生长期热量不足，气候比较寒湿，土壤肥力比较高，后期易遭霜害。

品种的基本特性：生育期短，对温度和光照要求不严格，籽粒小、含油率低。

三、内蒙古自治区胡麻生产概况

（一）内蒙古自治区胡麻种植面积及产量

1．种植面积

内蒙古自治区是我国胡麻主产区之一。据内蒙古统计年鉴 1947—2019 年数据统计，自 1947 年内蒙古自治区成立以来，胡麻种植面积经历了先增加后减少的抛物线形发展趋势；总产量呈增加—减少—增加的正弦曲线；单产呈波动式增加（表 1-13、图 1-16）。

1947—1957 年，内蒙古胡麻种植面积持续快速增加，种植面积增加了近 2 倍（1.91 倍），年均增加 1.49 万 hm^2，年均种植面积 15.2 万 hm^2；1958— 2007 年（1967—1978 年除外，下同），种植面积持续减少，其中，1957—2000 年，种植面积虽然总体呈下降趋势，但长期稳定在 10 万 hm^2 以上，年均种

表 1-13 内蒙古胡麻生产概况

年份	种植面积（万 hm^2）	总产量（万 t）	单产（kg/hm^2）
1947	7.8		
1948	8.5		
1949	9.2		
1950	9.4		
1951	14.3		
1952	17.7		
1953	17.2		
1954	17.3		
1955	21.5		
1956	21.6		
1957	22.7	7.5	330.40
1958	18.9		
1959	23.8		
1960	21.8		
1961	16.6		
1962	14.3		
1963	14.9		
1964	14.8		
1965	14.7	4.7	319.73
1966	13.1		
1979	19.1		
1980	18.9	4.6	243.39

续表

年份	种植面积（万 hm^2）	总产量（万 t）	单产（kg/hm^2）
1981	14.6	4.7	321.92
1982	16.4	8.2	500.00
1983	16.3	5.7	349.69
1984	15.4	8.4	545.45
1985	18.3	10.8	590.16
1986	15.6	7.6	487.18
1987	16.6	6.4	385.54
1988	17.4	10.3	591.95
1989	16.4	6.0	365.85
1990	16.8	11.5	684.52
1991	17.2	10.8	627.91
1992	16.9	11.1	656.80
1993	15.2	9.6	631.58
1994	15.2	8.7	572.37
1995	15.1	8.0	529.80
1996	14.6	11.2	767.12
1997	13.5	8.5	629.63
1998	11.5	10.6	921.74
1999	10.5	7.2	685.71
2000	10.1	6.5	643.56
2001	3.8	1.9	500.00
2002	7.6	6.5	855.26

续表

年份	种植面积（万 hm^2）	总产量（万 t）	单产（kg/hm^2）
2003	6.8	6.9	1 014.71
2004	5.9	7.3	1 237.29
2005	5.6	4.6	821.43
2006	4.9	5.6	1 142.86
2007	4.1	2.9	707.32
2008	4.7	4.7	1 000.00
2009	4.6	2.7	586.96
2010	4.7	2.7	574.47
2011	5.4	3.0	555.56
2012	5.7	3.1	543.86
2013	6.2	3.8	612.90
2014	7.2	4.5	625.00
2015	6.8	5.9	867.65
2016	7.5	7.7	1 026.67
2017	6.3	5.9	936.51
2018	5.0	6.3	1 260.00
2019	4.5	5.9	1 311.11

植面积 16.16 万 hm^2；随着 2007 年国家促进油料产业发展政策推进，2008 年国家胡麻农业产业技术体系启动，胡麻种植面积出现了小幅回升。总的来说，2001 年以后种植面积相对稳定，年均 5.65 万 hm^2（图 1–16）。

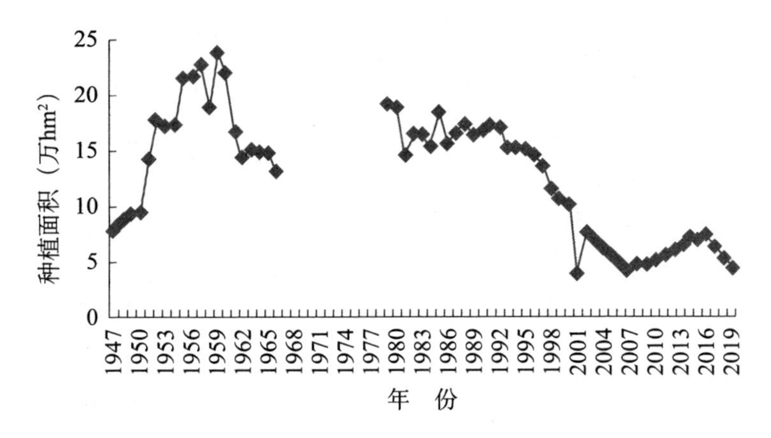

图 1–16 1947—2019 年内蒙古胡麻种植面积变化趋势

2．单产

内蒙古胡麻单产总体呈增加趋势。1980—2019 年，单产由 243.39kg/hm^2 增加到 1 311.11kg/hm^2，年均增加 27.38kg/hm^2。2004—2012 年单产下降，2013 年之后单产快速提高，2013—2019 年单产年均增加 116.37kg/hm^2。2004—2019 年是单产最高的时期，年均单产 863.1kg/hm^2（图 1–17）。

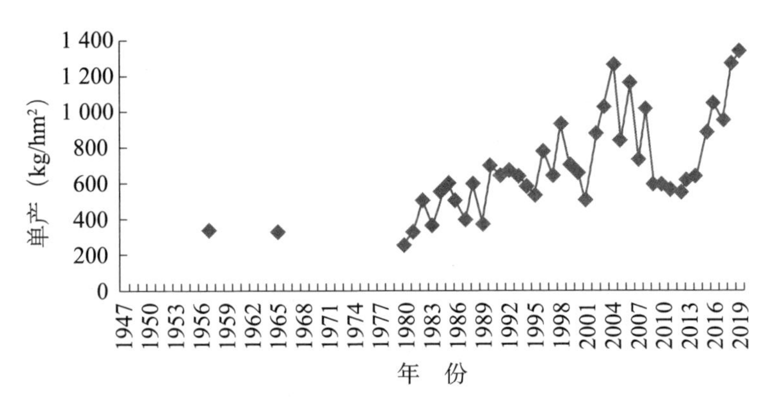

图 1–17 1947—2019 年内蒙古胡麻单产变化趋势

3．总产量

1957 年，胡麻总产量 7.5 万 t，1965 年，胡麻总产量 4.7 万 t。1980 —2004 年，总产量基本稳定，近 8 万 t（7.96 万 t）；2005—2019 年，总产量因种植面积显著减少而明显下降，年均总产量 4.62 万 t，较 1980 —2004 年的年均总产量减少了近一半（42.3%）（图 1–18）。

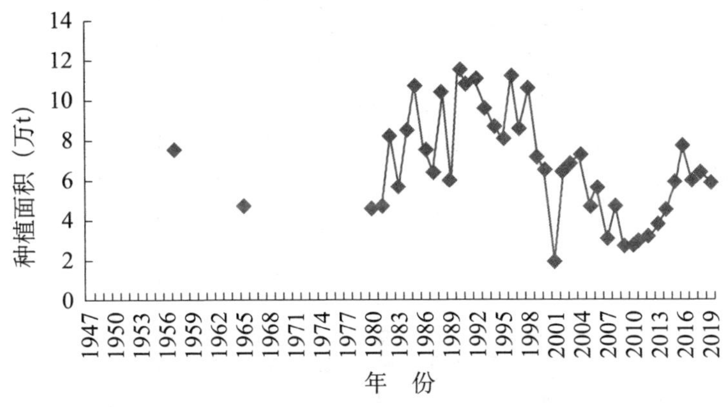

图 1–18 1947—2019 年内蒙古胡麻总产量变化趋势

（二）内蒙古胡麻主产区种植面积及产量

1．种植面积

根据内蒙古自治区农牧厅统计数据（表 1–14），2007—2015 年，内蒙古年均胡麻种植面积 5.48 万 hm^2，面积最大的地区是乌兰察布市，年均 3.4 万 hm^2，占全区种植面积的 62.06%；其次是呼和浩特市，年均种植面积 1.11 万 hm^2，占全区种植面积的 20.35%；锡林郭勒盟居第三位，年均 0.55 万 hm^2，占全区种植面积的 10.07%。这 3 个地区胡麻种植面积占全区胡麻种植面积的 90% 以上（92.48%）。其余 9 个盟市胡麻年均种植面积占比不足 8%（7.52%）（图 1–19）。

表 1-14 2007—2015 年内蒙古各盟市胡麻种植面积

（单位：hm^2）

地区	呼和浩特市	包头市	乌海市	赤峰市	通辽市	鄂尔多斯市	呼伦贝尔市	巴彦淖尔市	乌兰察布市	兴安盟	锡林郭勒盟	阿拉善盟	合计
2007	10 021.13	1 393.00	1.07	473.00	7.00	700.00	50.00	332.00	18 870.27	0.00	8 588.07	105.27	40 540.80
2008	13 790.07	2 380.00	2.87	776.00	1.00	1 000.00	93.00	436.00	21 660.87	0.00	6 507.80	257.07	46 904.67
2009	15 346.40	3 980.00	2.67	294.00	44.00	1 000.00	0.00	1 168.00	19 767.67	0.00	4 177.47	204.93	45 985.13
2010	14 284.13	3 043.00	0.00	131.00	40.00	866.00	0.00	393.00	22 120.67	0.00	5 803.87	132.47	46 814.13
2011	11 801.40	2 739.00	2.00	121.33	0.00	744.00	160.00	129.00	32 624.13	0.00	5 962.47	21.00	54 304.33
2012	12 205.00	1 968.00	3.00	68.00	0.00	808.00	0.00	320.00	36 060.60	24.00	5 335.87	12.00	56 804.47
2013	10 256.47	1 407.00	0.00	102.00	300.00	829.00	0.00	179.00	44 399.13	0.00	4 730.07	0.00	62 202.67
2014	6 498.07	2 928.00	1.00	11.00	0.00	981.00	0.00	93.00	56 968.80	0.00	4 230.00	0.00	71 710.87
2015	6 095.20	2 493.60	1.00	166.60	0.00	997.00	0.00	12.00	53 395.80	100.00	4 307.53	4.00	67 572.73
平均	11 144.21	2 481.29	1.51	238.10	43.56	880.56	33.67	340.22	33 985.33	13.78	5 515.90	81.86	54 759.98
占比（%）	20.35	4.53	0.00	0.43	0.08	1.61	0.06	0.62	62.06	0.03	10.07	0.15	

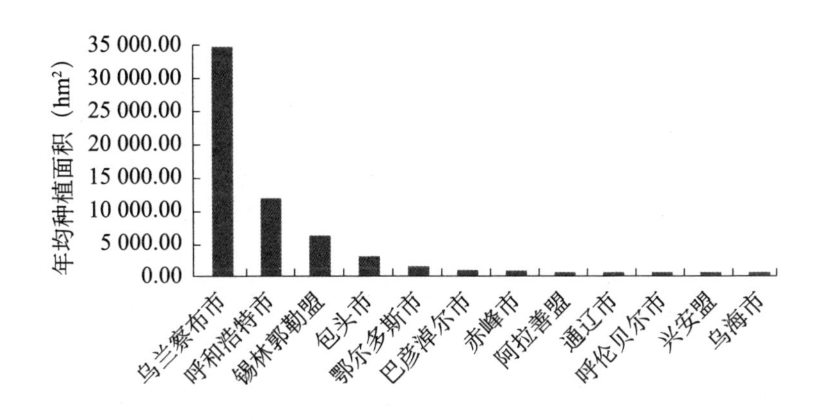

图 1-19　2007—2015 年内蒙古胡麻年均种植面积

2．单产

根据内蒙古自治区农牧厅统计数据，2007—2015 年，乌兰察布、呼和浩特和锡林郭勒胡麻三大主产区中，呼和浩特的单产最高，年均 814.74kg/hm^2；乌兰察布单产次之，年均 580.87kg/hm^2；锡林郭勒的年均单产 520.39kg/hm^2，居第三位（表 1-15）。

3．总产

根据内蒙古自治区农牧厅统计数据（表 1-16、图 1-20），2007—2015 年，内蒙古胡麻年均总产量 39 000 多 t。乌兰察布总产量最高，年均 19 741t，约占全区胡麻年均总产的一半（50.41%）；呼和浩特市总产量居第二位，年均近 9 100t，占比 23.18%；乌兰察布市和呼和浩特市总产量占全区胡麻总产量的 70% 以上。包头市和锡林郭勒盟总产量分列第三、第四位，分别为年均 3 357t 和 2 870t，分别占总产量的 8.57% 和 7.33%；其他 8 个盟市总产量之和占比 10.51%。

表 1-15　2007—2015 年内蒙古各地区胡麻种植情况　（单位：t、hm^2、kg/hm^2）

年份	呼和浩特市			乌兰察布市			锡林郭勒盟		
	总产	面积	单产	总产	面积	单产	总产	面积	单产
2007	9 809	10 021.13	978.83	9 442	18 870.27	500.36	5 611	8 588.07	653.35
2008	15 050	13 790.07	1 091.37	19 112	21 660.87	882.33	6 271	6 507.80	963.61
2009	10 887	15 346.40	709.42	6 767	19 767.67	342.33	783	4 177.47	187.43
2010	9 486	14 284.13	664.09	10 283	22 120.67	464.86	1 588	5 803.87	273.61
2011	7 954	11 801.40	673.99	15 171	32 624.13	465.02	1 332	5 962.47	223.40
2012	8 154	12 205.00	668.09	17 623	36 060.60	488.71	1 175	5 335.87	220.21
2013	7 676	10 256.47	748.41	24 717	44 399.13	556.70	1 324	4 730.07	279.91
2014	7 317	6 498.07	1 126.03	28 747	56 968.80	504.61	4 442	4 230.00	1 050.12
2015	5 384	6 095.20	883.32	45 808	53 395.80	857.90	3 308	4 307.53	767.96
平均	9 079.67	11 144.21	814.74	19 741.11	33 985.33	580.87	2 870.44	5 515.90	520.39

表 1-16 2007—2015 年内蒙古胡麻产量

（单位：t）

年份	呼和浩特市	包头市	乌海市	赤峰市	通辽市	鄂尔多斯市	呼伦贝尔市	巴彦淖尔市	乌兰察布市	兴安盟	锡林郭勒盟	阿拉善盟	合计
2007	9 809	2 420	1	183	10	772	32	549	9 442	0	5 611	237	31 073
2008	15 050	3 682	2	439	1	1 455	223	550	19 112	0	6 271	579	49 372
2009	10 887	4 739	3	121	23	1 171		1 882	6 767	0	783	461	28 846
2010	9 486	4 116	0	72	23	1 020		502	10 283	0	1 588	298	29 398
2011	7 954	4 216	3	72	0	1 020	432	186	15 171	0	1 332	37	32 434
2012	8 154	2 735	5	49	0	1 054		524	17 623	0	1 175	27	33 358
2013	7 676	1 994	0	92	405	1 152		282	24 717	0	1 324	0	39 655
2014	7 317	2 888	2	12	0	1 368		124	28 747	0	4 442	0	46 914
2015	5 384	3 424	2	58	0	1 405		17	45 808	0	3 308	8	61 429
平均	9 079.67	3 357.11	2	122	51.33	1 157.44	229	512.89	19 741.11	0	2 870.44	183	39 164.33
占比（%）	23.18	8.57	0.005107	0.31	0.13	2.96	0.58	1.31	50.41	0	7.33	0.47	95.26

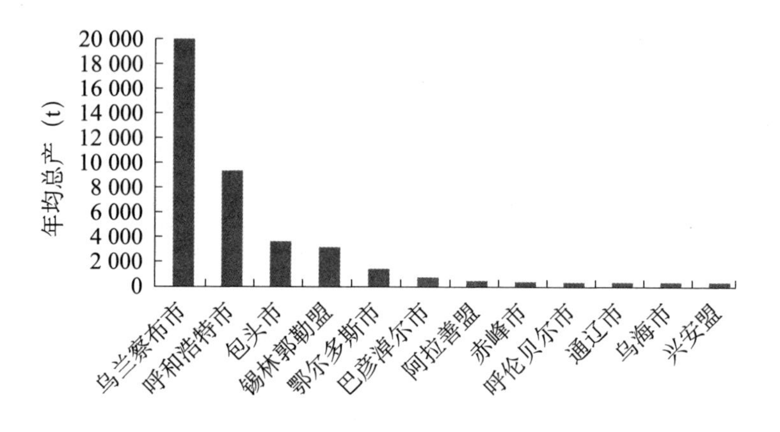

图 1-20　2007—2015 年内蒙古各地区胡麻总产量

（三）内蒙古自治区胡麻种植区划

胡麻的适应性较强，在内蒙古自治区分布十分广泛。从胡麻播种面积、产量水平、在油料作物中所占的比重以及生态条件与地理位置来看，可划分为 6 个种植区。

1．阴山南麓温暖适宜种植区

本区位于阴山山脉南麓，黄河流经本区西部，南部以长城为界与山西省相连，东部与河北省接壤。包括乌兰察布市的卓资县、集宁区、察哈尔右翼前旗、兴和县、丰镇市、凉城县，呼和浩特市的和林格尔县和清水河县。播种面积约占全区胡麻总播种面积的 35.2%，以旱地种植为主。本区的资源材料蒴果数较多，含油率相对较高，野生资源较丰富。

2．阴山北麓冷凉种植区

本区系指阴山山脉北麓的广大山地丘陵区。包括巴彦淖尔市的乌拉特中旗、乌拉特后旗、乌拉特前旗北部部分地区，包头市的固阳县、达尔罕茂明安联合旗，乌兰察布市的四子王旗、察哈尔右翼中旗、察哈尔右翼后旗、化德县、商都县，锡林郭勒盟的正蓝旗、正白旗、多伦县、太仆寺旗，兴安盟的科右中旗等旗县的农业区，呼和浩特市的武川县。播种面积约占全区胡麻总播种面积的42.8%，以旱地种植为主。本区地势较平坦，地下水丰富，是历年来胡麻丰产稳产的基地。对于发展胡麻，开展产品加工综合利用具有较大的生产潜力。

3．土默川平原灌溉种植区

本区包括呼和浩特市郊区、托克托县、土默特右旗、土默特左旗和包头市郊区。本区北部是大青山山前倾斜洪积平原，南部是黄河、大黑河冲积平原，地势平坦，属河套平原的一部分。播种面积约占全区胡麻总播种面积的6.8%，以水地为主，兼顾少部分旱地。

4．赤峰市、通辽市北部山地丘陵适宜种植区

本区位于自治区的东部，包括赤峰市克什克腾旗、巴林左旗、巴林右旗、林西县、阿鲁科尔沁旗及通辽市的扎鲁特旗等旗县。播种面积约占全区胡麻总播种面积的4.1%。本区多为山地丘陵，以发展旱地胡麻为主。

5．河套平原种植区

本区包括巴彦淖尔市的磴口县、杭锦后旗、临河区、五原县、乌拉特中旗、乌拉特后旗和鄂尔多斯市的杭锦旗、达拉特旗、准格尔旗的黄河冲积平原。播种面积约占全区胡麻总播种面积的5.3%。本区以水地种植为主，少量旱地种植。

6．鄂尔多斯高原山区种植区

本区包括准格尔旗、达拉特旗南部、东胜区、伊金霍洛旗、杭锦旗南部、乌审旗东部及鄂托克旗部分地区。播种面积约占全区胡麻总播种面积的5.8%，以旱地种植为主。

第四节 胡麻贸易情况

据联合国粮农组织2008—2017年数据统计，世界胡麻籽主要贸易国为加拿大、俄罗斯、哈萨克斯坦、美国、印度、中国、白俄罗斯。

一、胡麻籽出口量

2008—2017年，胡麻籽出口量最大的国家为加拿大，年均出口量为56.26万t；其次分别为俄罗斯、哈萨克斯坦、美国、印度、中国、白俄罗斯。我国胡麻籽出口量居第六位（表1–17）。

表1–17 2008—2017年世界主要胡麻贸易国出口量 （单位：t）

年度	加拿大	俄罗斯	哈萨克斯坦	美国	印度	中国	白俄罗斯
2008	644 585	53 336	5 286	31 956	713	6 373	104
2009	550 595	91 188	23 701	25 825	3 520	5 585	3 681
2010	704 953	88 769	32 695	59 214	851	4 067	2 901
2011	359 112	245 783	103 032	24 644	1 513	2 897	40
2012	420 232	373 789	234 735	28 732	1 447	4 223	902
2013	544 926	301 460	141 749	17 943	22 420	3 718	925
2014	670 461	314 339	252 104	14 584	12 753	3 804	137
2015	641 418	322 192	292 600	12 923	11 399	3 534	518
2016	620 633	613 626	271 554	33 481	7 197	3 932	270
2017	469 420	532 625	326 351	22 524	8 064	3 986	641
平均	562 633.5	293 710.7	168 380.7	27 182.6	6 987.7	4 211.9	1 011.9

二、胡麻籽出口值

2008—2017 年，胡麻籽出口值最大的国家为加拿大，年均出口值为 31 849.3 万美元；其余依次为俄罗斯、哈萨克斯坦、美国、印度、中国、白俄罗斯。我国胡麻籽出口值居第六位（表 1–18）。

表 1–18 2008—2017 年世界主要胡麻贸易国出口值

（单位：千美元）

年度	加拿大	俄罗斯	哈萨克斯坦	美国	印度	中国	白俄罗斯
2008	441 411	29 272	3 499	20 540	626	8 680	92
2009	256 752	31 680	7 665	11 059	2 790	6 466	1 459
2010	320 597	45 480	9 800	32 314	756	4 641	1 326
2011	238 588	118 125	50 005	15 307	1 476	3 736	25
2012	270 221	187 364	177 567	16 839	1 855	4 456	502
2013	373 435	170 756	79 467	16 445	26 226	6 103	548
2014	413 586	151 839	125 029	16 200	13 327	6 240	105
2015	352 213	136 958	118 680	13 711	11 304	5 624	260
2016	293 102	206 182	91 712	24 576	8 367	5 839	140
2017	225 025	189 424	108 544	15 785	8 294	5 459	248
平均	318 493	126 708	77 196.8	18 277.6	7 502.1	5 724.4	470.5

三、胡麻籽进口量

2008—2017 年，胡麻籽进口量最大的国家是中国，年均进口量为 23.09 万 t；其余依次为美国、加拿大、俄罗斯、哈萨克斯坦、白俄罗斯和印度（表 1–19）。

表 1-19　2008—2017 年世界主要胡麻贸易国进口量　（单位：t）

年度	中国	美国	加拿大	俄罗斯	哈萨克斯坦	白俄罗斯	印度
2008	39 465	145 826	9 794	986	231	41	298
2009	176 043	134 696	6 529	815	63	68	262
2010	218 418	166 116	6 643	575	65	600	387
2011	87 873	204 674	7 727	544	68	561	88
2012	147 912	188 234	12 577	565	985	160	0
2013	180 650	164 580	16 590	7 907	1 640	520	23
2014	283 432	194 921	9 764	1 940	6 619	595	489
2015	360 260	136 116	10 190	5 582	5 189	1 084	249
2016	474 669	88 595	18 251	17 090	9 812	929	1 510
2017	339 854	107 960	7 470	16 050	640	1 284	331
平均	230 857.6	153 171.8	10 553.5	5 205.4	2 531.2	584.2	363.7

四、胡麻籽进口值

2008—2017 年，胡麻籽进口值最大的国家是中国，年均进口值为 12 120.71 万美元；其次分别为美国、加拿大、俄罗斯、哈萨克斯坦、白俄罗斯、印度（表 1-20）。

表 1-20　2008—2017 年世界主要胡麻贸易国进口值

（单位：千美元）

年度	中国	美国	加拿大	俄罗斯	哈萨克斯坦	白俄罗斯	印度
2008	23 703	107 739	6 261	1 355	129	83	166
2009	81 423	76 225	4 664	1 504	70	136	143

续表

年度	中国	美国	加拿大	俄罗斯	哈萨克斯坦	白俄罗斯	印度
2010	96 401	87 170	4 817	695	70	1 328	203
2011	58 154	136 813	5 570	886	99	1 378	51
2012	91 858	121 214	8 418	690	1 295	120	0
2013	118 756	118 386	9 415	4 309	706	1 387	16
2014	179 404	132 876	11 678	1 205	2 963	423	341
2015	204 800	97 567	9 782	2 389	1 674	1 017	157
2016	206 409	64 821	10 941	5 035	4 048	457	921
2017	151 163	71 441	8 423	4 298	559	769	220
平均	121 207.1	101 425.2	7 996.9	2 236.6	1 161.3	709.8	221.8

从2008—2017年世界胡麻籽主要贸易国的进出口情况看，加拿大是世界最大出口国，出口量和出口值均居世界第一位；我国出口量和出口值均列世界第六位，年均出口量为0.42万t，出口值为572.44万美元；但进口量和进口值均居世界第一位，分别为23.09万t和12 120.71万美元。出口量、出口值远远低于进口量、进口值，而且出口的胡麻籽以原料为主，附加值低。

第二章　胡麻的生物学特性和植物学特征

第一节　胡麻的生物学特性

胡麻是一年生草本植物，株高40~91cm，生育期90~125d，其中营养生长期45~60d，开花期15~25d，成熟期30~40d，因不同的基因型和环境条件会有所不同。胡麻是自花授粉作物，杂交率很低，为0~5%。

一、胡麻的阶段发育

胡麻的发育同其他作物一样，都需要通过春化阶段和光照阶段，才能开花结实，完成整个生育过程。阶段发育是指植物体内（茎生长点）发生质的变化的转折时期。缺乏这个过程，植物体的各个器官、性状和花果的形成就会中断。阶段发育的顺利通过，必须满足一定的光照、温度、水分和无机养分等外界条件。

（一）春化阶段

根据资料，胡麻的春化阶段在种子萌动发芽就开始了。胡麻通过春化阶段所要求的温度为2~12℃，几乎所有的胡麻品种都能在这个温度范围内通过春化。但在10℃以上的温度条件下，春化作用进行很缓慢。春化作用可在黑暗的条件下进行，播种后幼苗出土前已经通过春化阶段。

（二）光照阶段

胡麻通过春化阶段以后开始进入光照阶段。胡麻植株通过光照阶段是自上而下的顺序进行的，所以胡麻的花序是自上而下形成的，花序上的花芽也是由上而下的顺序进行分化的。

胡麻为长日照作物，通过光照阶段的快慢与光照时数、温度、土壤湿度等关系密切。资料显示，胡麻植株在 8h 的短光照处理下，分枝增多，枝叶繁茂，但始终不能现蕾开花；光照时数大于 8h（10h、12h、16h、24h）的光照处理，随光照时数的增加，依次提早进入现蕾期，光照时数越长则通过光照阶段越快，8h 短光照，不能通过光照阶段。因此光照时数是决定胡麻光照阶段的主要因素。

胡麻通过光照阶段的时间长短还与温度有关。所有的胡麻品种都能在昼夜平均温度 8 ~ 27℃内顺利通过光照阶段，但适宜温度为 17 ~ 22℃。一般认为在适宜温度范围内，温度越高则通过光照阶段越快；反之，温度越低则通过光照阶段越慢。

胡麻通过光照阶段的快慢还与土壤湿度有关。土壤干旱时，一般植株提前现蕾开花，迅速通过光照阶段；反之，当土壤水分充足时，现蕾开花不提前，通过光照阶段缓慢。

资料显示，一般胡麻通过光照阶段需 26 ~ 36d，光照阶段结束于枞形期。

二、胡麻的生长发育

胡麻的发育时期，大致可分为种子萌发期、出苗期、枞形期、现蕾期、开花期与成熟期 6 个阶段。

（一）种子萌发期

种子吸水后，子叶和胚根开始膨胀，胚根突破种皮，胚芽伸长，种子完全萌发。在 20℃室温、水分充足的条件下，胡麻种子在前 2h 内，吸水速度最快，吸水量最多，占种子重量的 40% ~ 92%，2h 以后，吸水速度缓慢，当吸水量达到种子自身重量的 107% ~ 152% 时，种子开始萌发。

胡麻种子发芽最低温度为 1 ~ 3℃，最适温度为 20 ~ 25℃。胡麻种子在低温下也能发芽，这有利于实行趁墒早播抓全苗。种子在低温条件下发芽，还可以减少种子内部脂肪消耗。据研究，胡麻在 5℃发芽时，种子内还保存 60% 的脂肪，在 18℃发芽时脂肪只保存 40%。

（二）出苗期

胚芽伸长，子叶露出土面，幼苗露出地面即为出苗期。出苗后，子叶在阳光的作用下，增大变绿，进行光合作用，开始进入独立营养阶段。

出苗快慢与土壤温度、水分有密切关系。在土壤温度适宜的条件下，温度越高，发芽出苗越快，反之，温度越低，发芽出苗越慢。发芽出苗最适宜的土壤含水量为 10% 左右，最低 7% ~ 8%，最高 13%。

胡麻出苗后具有较强的耐寒抗冻特性。据观察，在幼苗 1 对真叶期，气温短时降至 −4 ~ −2℃，一般不受冻害；短时降至 −7 ~ −6℃则受轻冻，受冻率 5% ~ 30%；短时降到 −11℃，受冻率高达 90% 左右。抗寒性强弱因品种和发育阶段的不同而存在显著差异。

（三）枞形期

胡麻出苗后1个月左右，苗高6～9cm，植株长出3对以上真叶，此时茎生长缓慢，但叶片生长较快，形成叶片聚生在植株顶部，似小枞树，称为枞形期。此期根系的生长较地上部分快，在土壤墒情较好的情况下，幼苗高4～5cm时，根系长度可达25～29cm。胡麻苗期先长根、后长茎的特性，有利于抗春旱、抗风沙危害，有利于后期植株的快速生长。因此，先进的耕作技术可以使土壤疏松通气、墒情良好，有利于胡麻幼苗的根系发育，从而提高抗旱能力。

（四）现蕾期

胡麻出苗至现蕾，历时40～50d。进入现蕾期，茎秆顶端膨大形成花蕾，同时长出很多分枝，构成植株花序。这个时期植株开始快速生长，据测定，植株的生长速度可以达到每天1.3～3.3cm。现蕾前后至开花期，是胡麻生长最旺盛阶段，平均每天增长2.7cm左右。盛花期后茎秆基本停止生长，但分枝能力强的品种在条件适宜时还能继续伸长。

（五）开花期

胡麻从现蕾至开花历时较短，一般为3～10d，但花期较长，一般从始花至终花期需10～27d。

胡麻花的开放时间为3～4h，开花的顺序是由上而下、由里向外开放。一般于凌晨3～4时，花苞显著增大，5时左右花苞开始开放，花冠逐步展开，8～9时花冠全展开，花丝随着花苞逐渐开放而伸长，最后花药高出柱头并包围柱头。花药于清晨5时左右开始破裂（呼和浩特地区），至7时左右花丝下垂，花药接触柱头并散粉。此时柱头已基本成熟，分泌大量的黏性物质，接受花粉进行自花授粉，中午12时左右花朵开始凋谢。

胡麻开花受气候影响显著，在光照强度9万～11.2万lx、气温19～26℃、相对湿度60%～80%条件下，胡麻花开放较早（上午8时左右），凋谢也早（中午12时左右）；阴天花朵开放较迟，雨天花晚开或半开放。阴雨天多，花粉容易受潮破裂，往往授粉不良，子房发育不好，蒴果结实粒数减少。胡麻开花期，晴朗天气有利于胡麻结实，从而提高产量和品质。

胡麻是自花授粉作物，天然异花授粉率低，一般为1%左右。胡麻花色鲜艳，容易吸引昆虫（特别是蜜蜂），促进异花授粉；田间花粉也可以借助风力传播，造成异花授粉。例如在同样地块播种蓝花与白花的品种，收获后第二年继续种白花品种，其中往往出现蓝花。因此在选育品种和良种繁育工作中，应采取隔离繁殖措施，避免生物学混杂，保持种性。

胡麻授粉后，落在雌蕊柱头上的花粉粒在20～30min后开始萌发，形成花粉管，经2.5～3.0h花粉管到达花柱底部，进入子房，并同胚囊内的卵细胞融合。研究表明，胡麻授粉后一般在24h内完成受精作用。这个过程受气温影响明显，低气温会延迟开花和受精作用。子房受精后逐渐膨大，并发育成蒴果。

（六）成熟期

胡麻授粉后30～40d为成熟期，蒴果的发育过程可分为3个阶段。

1．青熟期

开花后20～25d，这时茎和蒴果呈绿色，下部叶片开始枯萎脱落，种子未完全成熟，种子能压出绿色小片或汁液。这个阶段的种子品质差，播种后不能发芽。

2．黄熟期

茎的最上部呈绿色，大部分蒴果呈黄色，少部分蒴果呈淡黄色；少部分种子呈绿色，大部分种子呈淡黄色，其中少数种子变成褐色，种子坚硬有光泽。

3．完熟期

大部分茎叶呈褐色，叶片枯萎脱落。蒴果呈暗褐色，有裂痕。种子饱满，摇动蒴果，种子沙沙作响。

蒴果和种子发育的最适温度为 17～22℃，气温超过 25℃，容易引起植株“暴死”，造成蒴果发育不良，降低产量。干旱会影响种子的饱满度和千粒重；雨水过多，容易使植株贪青倒伏，已成熟的种子也容易吸水变质。

第二节 胡麻的植物学特征

胡麻由根、茎、叶、花、果实、种子六部分构成。

一、根

胡麻的根属于直根系，由主根和侧根组成，主根明显、细长，可深入地底100cm以下。主根上生出许多侧根，侧根短、多而纤细，伸展范围可达30cm。胡麻抗旱、耐瘠薄，适宜在高寒、干旱地区种植。

二、茎

胡麻的主茎纤细、柔韧、直立，呈圆柱形，高40~100cm。蒴果成熟前呈浅绿色，表面光滑并有蜡质，具有抗旱的作用。茎的下部在生长后期呈木质化，比较粗硬，上部较细有弹性。侧枝在茎基部分枝，当主茎受伤或损害，茎基部会长出几个侧芽，土壤肥也会增加侧枝数量。胡麻主茎上部的叶腋处会长出一级分枝3~5个，分枝的多少与栽培密度有直接的关系，密度大分枝少，反之密度小则分枝多。

三、叶

叶全缘、三脉叶，无柄和托叶，绿色或深绿色。小叶呈线形，大叶呈长披针形，叶片大小为长1~5.5cm，宽0.3~1.3cm。叶片表面有蜡质，也有一定的抗旱作用。叶片的排列方式因部位的不同而有差异，一般下部的叶为互生，往上随着茎秆的伸长，呈螺旋状着生。每条茎有叶片60~120片，成熟期叶从茎的基部由下向上依次枯萎脱落。

四、花

末端花序，花呈规则的下位四花瓣形，花序为五辐对称簇状花序（或聚伞状）。花瓣形状多样，有漏斗形、圆盘形、星形、管状等，多数花瓣纹脉有颜色，花冠直径 1 ~ 2cm。花瓣颜色有浅蓝色、蓝色、深蓝色、紫色、红紫色、粉红色、白色等。花瓣在早晨张开，中午关闭。雄蕊生长于花瓣基部，基部有 5 个瓶子形状的蜜腺，蜜腺有孔，可以分泌蜜液，蜜腺与花瓣交替排列，呈环状。通常花药和雄蕊颜色与花瓣颜色相同，但在纤维亚麻中白色花的植株对应的花粉和花药的颜色却是蓝色的。花粉也可能呈黄色，而花药壁的颜色可能为白色，也可能为黄色。雌蕊柱头比雄蕊低，胡麻花药向内生长，中午花关闭，花丝弯曲，花粉散落在柱头上，这有利于自花授粉。5 室子房，每室有 2 个小腔，由隔膜隔开，每小腔里有一个胚珠。

五、果实

胡麻的果实称为蒴果，呈圆形，上部稍尖，形如桃状，所以也称之为胡麻桃。成熟时蒴果呈黄褐色或褐色，直径 5 ~ 10mm，每个蒴果有 5 室，每室被带有绒毛的不完全的隔膜分为 2 个小室，每个小室中含有一粒种子，每个蒴果一般有 8 ~ 10 粒种子。胡麻的蒴果数因品种类型及栽培条件的不同而不同，同一品种因栽培条件不同蒴果数量也有很大差别，在水肥条件较好的情况下，单株蒴果数多，而在干旱、瘠薄的条件下，单株蒴果数少。

六、种子

胡麻种子呈扁平状卵圆形或长椭圆形，顶端尖，底部圆弧形。表面平滑，有光泽，流散性好。种子颜色有褐色、深褐色、白色、黄色和橄榄色等。种子大小为 3.3 ~ 5.0mm 长，2.0 ~ 2.7mm 宽，1mm 左右厚。胡麻千粒重受遗传影响，千粒重一般为 4 ~ 13g，同一植株种子，以主茎顶端的种子最大。

胡麻种子表皮含果胶质，吸水性强，在阴雨天容易受潮，引起种子发黏成团，使之失去种皮光泽，甚至变黑发霉，降低品质，从而影响发芽率。胡麻种子休眠期不明显，成熟后的种子在适宜条件下都可以发芽。

第三章　胡麻育种

第一节　胡麻育种概况

一、国外胡麻育种概况

国外从事胡麻育种的主要研究单位有：美国北达科他州立大学、美国农业部北达科他州试验站、美国爱荷华州立大学、加拿大农业食品萨斯喀彻温研究中心、加拿大萨斯喀彻温大学作物改良中心。

国外胡麻育种已有100多年的历史，成功选育了许多具有优良性状的品系、品种，产量有所提高，抗逆性也得到了加强。有抗枯萎病和锈病的品种；还有高亚麻酸（>65%）、低亚麻酸（2%~4%）、高亚油酸（>50%）品种，为加工企业提供加工专用型品种；也有抗倒伏的新品种，使得胡麻能够适应不同地区的生长环境，并保持产量的稳定。

（一）美国胡麻育种概况

美国胡麻品种的选育可分为3个阶段。

第一阶段是抗枯萎病品种的改良，这一阶段大约从1900年开始一直到20世纪30年代。早在18世纪90年代初期对抗枯萎病品种的需求就已十分迫切，当时胡麻油工业已经发展起来，胡麻籽的生产主要分布在美国中北部的一些州。当农场主在以前种过胡麻的土地上再次种植胡麻时，植株长势差，即使存活下来，也缺乏生活力，常常在成熟前枯死，造成胡麻减产，农场主把这种现象说成是“胡麻病土壤”，现在在一定程度上还保留有这种观念。当时在美国的普及品种是 Primost 和 Frontier，这两个品种都是从俄国引进品种中筛选出来的。欧洲的农场主采用复杂的轮作办法来解决植株长势差和生活力下降的问题，每隔 8 年种植 1 次胡麻。

Bolley 博士是北达科他州立大学植物病理学家，19 世纪中后期，他已证实这种胡麻病害是由土传胡麻镰刀菌引起的真菌病害，当时种植的品种都不抗这种病害。1894 年 Bolley 首次在北达科他州农业试验站的 30 号地段上种植胡麻，1908 年他便选育出了第一批抗胡麻枯萎病品种 NDRNo.52 和 NDRNo.73，1912 年育成 NDR No.114，1925 年又育成抗枯萎病品种 Bison，20 世纪 30 年代中期，Bison 成为种植面积最大的品种，该品种抗枯萎病、籽粒大、早熟。

第二阶段是抗锈病品种的选育，从 20 世纪 30 年代一直到 80 年代。由于 Bison 抗枯萎病，不抗锈病，其大面积种植为锈病的发展提供了理想的环境条件，锈病造成的损失日趋严重，1940—1942 年，胡麻锈病给胡麻生产造成了严重损失，致使 Bison 的种植面积急剧下降。鉴于胡麻锈病所带来的危害，培育既抗枯萎病又抗锈病的胡麻品种成为当时最为紧迫的育种目标。第一个具有这种双重抗性的品种是 Renew，Renew 是由美国农业部曼丹（Mandan）试验站与北达科他州试验站合作选育的品种。

第三阶段是优质、专用、抗病新品种的选育阶段，从 20

世纪80年代末至今。Bolley报道了Foster系列黄色种皮的品种，种皮的一端往往有一个裂口，结果导致许多土传病原菌在种子萌发期侵入种子。这些品种在生产中寿命很短。最初，育种家们不建议开发黄种皮胡麻品种。随着人们对胡麻作为食物及保健产品的青睐，Miller选育了Omega品种。这些品种在胡麻食品生产商中很受欢迎。Bolley策划了育种，以及如何开发Gold ND新品种的选育。目前生产上的胡麻品种在含油率、品质、抗病性等方面都有了较大幅度的提高。

（二）加拿大胡麻育种概况

加拿大植物基因资源中心目前是世界上第一大亚麻收集中心，该中心收集保存的亚麻资源中包括来自69个国家的2 813个亚麻栽培种和26个野生种的54个属。

21世纪初，锈病也是影响加拿大胡麻生产最严重的病害，加拿大目前所注册的胡麻品种都属于抗锈病、抗枯萎病品种。加拿大萨斯喀彻温省选育出了第二个同时抗枯萎病和锈病的品种Royal。

加拿大在抗病育种的基础上，也同时注重胡麻籽产量和品质的提高，在产量、含油率和品质的改良方面也取得了进展。通过提高含油率和改变胡麻脂肪酸含量来提高品质，同时兼顾高产和抗病性。围绕新的育种目标，育种家们培育出一批适宜加工的专用品种：加拿大选育出高α-亚麻酸品种，其α-亚麻酸含量>45%，种皮褐色，主要用于营养保健及医药；也选育出脂肪酸含量类似向日葵的品种，α-亚麻酸含量<5%，黄色种皮；选育的用于加工高档油漆的品种，其碘价为100～200。

加拿大胡麻育种的主要方法是常规育种。胡麻生物技术研究开始于20世纪90年代，主要开展了胡麻花药、花粉培养，以及抗性基因分子标记、基因转化、基因创建等生物技术研究。Saeidi采用生物技术改良胡麻油的品质，用生物技术的方法培育的优质色拉油胡麻新品种正在申请注册。Liv Guita教授采用转基因的方法，提高胡麻对低温和高温的抗逆性。转基因后的品种可耐 -8℃低温、42℃高温，解决了胡麻品种“双抗”的问题。Rowland博士通过化学诱变（4%的甲醛硫酸乙酯EMC）诱导胡麻栽培种MCGregor，获得了世界上第一个低亚麻酸（含量<2%）材料。

二、国际亚麻学术会议

国际亚麻学术会议由美国北达科他州大学亚麻研究所主办，是目前唯一的国际亚麻学术会议，会议地点在美国法戈。1931年开始举办第一届，每年3月底到4月初举办1次，1976年第四十六届，之后每2年举办1次，到2020年已举办68届。参会人员来自美国、加拿大、中国、印度、俄罗斯等多个胡麻生产国的教学、科研领域的专家、学者、企业的相关研究人员以及农场主等。甘肃省农业科学院党占海研究员、内蒙古自治区农牧业科学院张辉研究员于2002年应邀赴美国参加了第59届世界亚麻学术会议，并做了大会发言，这是我国胡麻学者第一次出席世界亚麻学术会议。之后中国胡麻专家参加了2010年第63届、2012年第64届、2014年第65届、2016年第66届学术会议。会议内容主要交流各个国家育种、栽培、病害的最新研究动向和发展趋势，以及胡麻在医药、功能食品中应用情况等。

三、我国胡麻育种概况

我国从事胡麻育种的主要研究单位有：内蒙古自治区农牧业科学院特色作物研究所、内蒙古农业大学农学院、甘肃省农业科学院作物研究所、甘肃农业职业技术学院、甘肃省定西市农业科学研究院、甘肃省张掖市农科院、新疆伊犁州农科所、宁夏农林科学院固原分院、山西农业大学高寒区作物研究所、河北省张家口市农业科学院。

我国胡麻育种工作开始于20世纪50年代，经历了5个阶段。

第一阶段是优良品种的引进及系统选育，从20世纪50年代初到60年代。当时的主要栽培品种是当地的农家品种。为了提高产量，我国胡麻产区引进了一些国外优良品种匈牙利1号、匈牙利3号进行了主栽品种的更换，用雁农1号等优良品种更换了部分农家品种。同时采用系统选育法，培育出了一系列新品种，产量较当地农家品种有了明显的提高，增产幅度达20%～45%。

第二阶段是丰产、高油、抗旱品种的选育，从20世纪60年代到80年代。在育种方法上有了较大的突破。在扩大资源材料收集的同时，采用杂交选育、诱变育种、回交选育等多种育种方法充分利用资源，选育了雁杂10号、内亚一号、内亚二号、晋亚1号、晋亚2号、天亚1号、天亚2号、宁亚八号、定亚12号、坝亚3号、甘亚4号等自育品种，更换了引进品种。这些品种抗旱、抗寒，产量稳定，含油率达到34%～43%。

第三阶段是抗病、丰产、高油新品种的选育，从 20 世纪 80 年代到 90 年代。进入 20 世纪 80 年代以来，随着胡麻种植面积的扩大，又由于主栽品种抗病弱，导致胡麻枯萎病大范围发生，发生率超过 30%，部分严重区域基本绝收，胡麻抗病育种成为最迫切的任务和目标。通过引进国外抗病亲本，如红木、德国 1 号等，建立枯萎病鉴定病圃，进行抗病鉴定、筛选等一系列试验，同时开展全国胡麻联合区域试验，增进了国内各育种单位的技术、育种材料资源交流，使胡麻的育种水平有了很大幅度的提高，最终选育出了抗胡麻枯萎病的新品种：陇亚 7 号、天亚 5 号、宁亚十一号、天亚 6 号、定亚 17 号、内亚五号等。这些抗病品种在生产中大面积推广应用，对控制全国胡麻枯萎病的危害起了重要的作用。

第四阶段是优质、专用、抗病新品种的选育，从 20 世纪 90 年代中到 2007 年。进入 20 世纪 90 年代以后，随着胡麻油营养保健及加工技术研发的不断深入，市场对胡麻优质专用品种的需求日益迫切，育种目标转变为优质专用为主、兼顾抗病性。采用杂交育种、辐射育种、轮回选择法等育种方法，选育出含油率高于 41%的丰产、抗病、优质新品种：轮选 1 号、轮选 2 号、内亚六号、陇亚 8 号、陇亚 10 号、伊亚 4 号、晋亚 12 号等优质专用抗病品种。

第五阶段是丰产、优质、抗逆新品种的选育，从 2008 年国家特色油料产业技术体系（原国家油用胡麻产业技术体系）启动至今。2008 年国家现代农业产业技术体系——油用胡麻产业技术体系启动，成立了遗传改良及良种繁育研究室，设立了胡麻品质育种、杂种优势利用、生物技术、品种资源 4 个岗位，开展胡麻高附加值、抗旱、抗病、资源创新、分子标记等研究工作。在甘肃敦煌建立了胡麻抗旱试验基地，对胡麻品种、高代品系以及资源材料开展抗旱鉴定，同时在内蒙古自治区农牧业科学院枯萎病鉴定病圃开展抗枯萎病鉴定，在温室病圃开展抗白粉病鉴定工作。2017 年国家胡麻产业技术体系、国家向日葵产业技术体系、国家芝麻产业技术体系合并，建立了国家特色油料产业技术体系。遗传改良研究室设置岗位调整为：胡麻种质资源评价与创新、胡麻杂种优势利用、胡麻品质育种、胡麻抗逆育种 4 个岗位，开展种质资源创新、杂种优势、育种技术、高附加值、抗逆品种选育等研究工作。在此期间，育成的胡麻新品种有伊亚 6 号、陇亚杂 2 号、陇亚杂 3 号、陇亚 12 号、陇亚 13 号、定亚 23 号、定亚 25 号、宁亚 21 号、内亚九号、内亚十号、同亚 12 号、坝选三号等 35 个，这些优良品种在各省区得到了大面积推广应用。

四、全国胡麻联合区域试验概况

1985 年得到农业部良繁处资助，成立了全国胡麻联合区试协作组，牵头单位为内蒙古自治区农牧业科学院，负责组织甘肃、宁夏、新疆、山西、河北、内蒙古 6 个省区开展全国胡麻联合区域试验：1985—2002 年每 3 年一轮共开展了六轮区试，2003—2016 年每 2 年一轮共开展了七轮区试，总计完成了十三轮全国胡麻联合区域试验。

参试单位有 8 个，分别是新疆伊犁州农科所、甘肃省农科院作物研究所（原甘肃省农业科学院经济作物研究所）、甘肃农业职业技术学院（原甘肃省兰州农业学校）、甘肃省定西市农业科学研究院（原甘肃定西油料站）、宁夏农林科学院固原分院（原宁夏固原地区农业科学研究所）、内蒙古农牧业科学院特色作物研究所（原内蒙古农业科学院甜菜研究所）、山西农业大学高寒区作物研究所（原山西省农业科学院高寒区作物研究所）、河北省张家口市农业科学院（原河北省张家口坝上农业科学研究所）。到 2016 年参试单位陆续增加到 14 个，增加了甘肃省张掖市农业科学研究院、甘肃省平凉市农业科学院、宁夏西吉县种子管理站、宁夏隆德县种子管理站、内蒙古乌兰察布市农林科学研究所（原内蒙古乌兰察布市农业科学研究所）、黑龙江省农业科学院经济作物研究所。

为了确保全国胡麻区域试验顺利实施，协作组制定了“全国胡麻品种区域试验记载标准”“国家胡麻区域试验管理办法”“国家胡麻品种区域试验组织管理措施”“胡麻品种枯萎病田间抗病性鉴定方法”“全国胡麻新品种鉴定标准”“全国胡麻区域试验田间试验质量评价办法”“全国胡麻区域试验田间试验质量评价表”等一系列标准、方法。2014 年对“全国胡麻新品种鉴定标准”进行了具体指标的修订，增加了胡麻杂交种的鉴定标准。

为了使区试更加准确，符合要求，由项目主持单位内蒙古自治区农牧业科学院统一制定实施方案，各参试单位严格按照方案落实试验任务。为了更好地了解各参试点的品种生长情况，每 2 年组织各参试点的负责人进行试点检查。检查小组由良繁处油料区试负责人、胡麻区试主持单位主持人以及各参试点负责人共同组成。为了做好检查工作，检查小组依据“全国胡麻区域试验田间试验质量评价办法”以及“全国胡麻区域试验田间试验质量评价表”，对各区试点进行土壤条件、田间设计、栽培管理、田间记载等4个项目进行评价，最后对各试点以优、良、一般、差4个档次做出总体评价。检查结束后，由胡麻区试主持单位负责人对检查工作进行小结。在充分肯定各试点工作认真负责、高质量完成区试工作的同时，指出个别试点存在的问题，并提出具体的修改意见。在检查区试工作的同时，大家对各自开展的研究工作以及胡麻综合加工利用途径等进行交流。

在每轮区试结束后的年底由农业部良繁处组织召开“全国胡麻区试年会”，参会人员包括胡麻区试承担单位负责人、各省区种子管理站负责人以及加工企业的代表。总结本轮全国胡麻区试工作，制定下轮全国胡麻区试实施方案，鉴定胡麻新品种，交流胡麻科研、生产、加工、市场等有关情况。内蒙古自治区农牧业科学院作为协作组牵头单位，组织举办了七届全国胡麻科研协作工作会议。其中于1998年、2000年、2005年、2010年成功组织召开了第四届、第五届、第六届、第七届全国胡麻科研协作会议。由农业部良种繁育处组织成立了全国胡麻新品种鉴定委员会。内蒙古自治区农牧业科学院张辉研究员任鉴定委员会主任委员，组织开展了全国胡麻新品种鉴定工作。依据“全国胡麻新品种鉴定标准”通过国家鉴定的抗病、丰产、适应性强的胡麻优良品种20个，分别是天亚5号（1991年国家审定）、陇亚七号（1992年国家审定）、晋亚8号（2000年国家鉴定）、轮选一号、陇亚10号、天亚7号、定亚22号、同亚9号（晋亚9号）、坝亚七号（2003年国家鉴定）、宁亚17号（2005年国家鉴定）、轮选2号（2006年国家鉴定）、陇亚 12 号、定亚 23 号（2010 国家鉴定）、内亚九号、陇亚杂 2 号（2012 国家鉴定）、陇亚杂 3 号、同亚 12 号（2014 国家鉴定）、伊亚 6 号、坝选三号、陇亚 13 号（2016 国家鉴定）。

这些胡麻新品种在华北、西北地区得到大面积推广应用，控制了胡麻枯萎病的发生，对我国胡麻产业的发展起到极大的推动作用。通过开展全国胡麻品种联合区域试验，使各育种单位的资源材料不断得到丰富，扩大了遗传变异，提高了育种水平，同时促进了育种单位之间的合作交流，使我国的胡麻育种水平得到极大的提高。

五、胡麻育种基础研究

国内胡麻育种方法从单纯依赖常规育种，发展到结合辐射育种、激光诱变育种、单倍体育种、核不育利用、远缘杂交、杂种优势利用等多种育种方法，在育种方法上有了很大的进步，同时对胡麻主要经济性状的遗传变异规律、性状相关、配合力、同工酶分析等多方面进行了有益探索，都取得了一定的进展。

内蒙古自治区农牧业科学院陈鸿山研究员，于 1973 年在内蒙古自治区农科院试验田发现显性雄性核不育亚麻材料，不育材料的花为淡蓝色，种皮近似白色（可育花为深紫色，种皮为褐色），标记性状明显。不育株的育性分离没有中间类型，只出现全育或全不育，这种显性核不育亚麻材料在国内外属首次发现。张辉等在多项国家基金项目的资助下，研究显示核不育亚麻不育株标记性状与不育性紧密连锁的遗传关系，显示核不育亚麻育性稳定，不受光照、温度等环境因素的影响。育成育性稳定在 50% 左右、性状优良、抗逆性强的“两用系”材料，在亚麻育种方法中首次开展了轮回选择的利用研究，拓展了核不育基因库，同时开展了核不育材料的利用研究。利用该核不育亚麻开展了胡麻杂交育种技术的研究，研究成果“亚麻不育系及杂交种生产方法”于 2006 年获得了国家发明专利。建立了轮选群体，首次将轮回选择法用于自花授粉作物胡麻上，改变了胡麻传统的育种方法，用轮回选择法选育出丰产、优质抗病轮选系列品种，在生产中发挥了重要的作用，得到了大面积的推广利用。“显性雄性核不育亚麻利用”研究成果填补了国内外研究的空白，获内蒙古自治区科技进步一等奖。同时开展了显性雄性核不育亚麻不育基因克隆及表达分析，克隆了雄性不育相关基因，命名为：*MS2–F*。构建了 *MS2–F* 基因的 RNA 干扰载体，并导入到农杆菌中，为胡麻的遗传转化及 *MS2–F* 基因的功能研究奠定基础。

内蒙古农业大学农学院李心文等开展了胡麻抗旱机理、低 α- 亚麻酸资源材料创新、低 α- 亚麻酸性状转育效果研究，选育出 α- 亚麻酸含量 <5% 的内亚油一号新品种。

甘肃省农业科学院党占海等开展的抗生素诱导胡麻雄性不育研究，筛选出诱导胡麻雄性不育抗生素种类及其浓度范围、诱导方法等，筛选出诱导频率较高的胡麻基因型，首次获得了可遗传的光温敏型胡麻雄性不育系，为胡麻杂种优势利用开辟了新的途径，获甘肃省科技进步一等奖。利用温敏型胡麻雄性不育系进行广泛的测交鉴定和筛选，首次选育出陇亚杂系列胡麻杂交品种。在创建温敏型胡麻雄性不育系的基础上，研究了温度、风力、昆虫等生态因子和播期、密度等农艺技术措施对不育系异交结实的影响，建立了温敏型雄性不育系保纯繁殖技术和胡麻杂交种生产技术。

河北省张家口市农业科学院米君等广泛搜集了当地的野生胡麻资源，在河北省自然科学基金项目的支持下开展了“亚麻野生种与栽培种种间杂交及种质创新研究”，获得了具有野生胡麻遗传物质的远缘杂交苗，成功地取得了种间杂交的突破，获张家口市科技进步奖二等奖。

六、胡麻分子育种研究

（一）胡麻基因转化

1983 年 Hephum 等用根瘤农杆菌感染亚麻上胚轴得到亚麻根瘤转化株系，1987 年 Nazir Basiran 等利用农杆菌介导法获得亚麻转基因植株，标志亚麻育种进入转基因阶段。1989 年加拿大 Alan McHugen 等人采用农杆菌介导法获得抗除草剂“绿黄隆”转基因亚麻新品系。捷克也进行了农杆菌法、基因枪法、真空负压法亚麻转基因技术的研究，将 35S 启动子基因导入亚麻并获得了变异株系，俄罗斯也育成了抗“绿黄隆”的亚麻品系。澳大利亚在亚麻上也进行了转基因技术研究。

我国研究人员分别采用农杆菌介导法和种质系统介导法进行了目标基因的导入，获得了转基因植株，初步建立了亚麻基因转化的受体系统。王玉富等采用微注射法成功地将外源 DNA 通过花粉管导入亚麻，并得到了过氧化物同工酶谱带明显变异的后代，田间鉴定发现，在株高、工艺长度、抗倒伏性、花色、种皮等性状上有变异。他们还利用根瘤农杆菌介导法进行亚麻转基因的研究，并成功获得再生植株，初步建立了亚麻根瘤农杆菌介导法转基因系统。目前已经获得抗除草剂基因 *Basta* 的转基因植株和抗虫基因 *Bt* 的转基因再生植株。王毓美等也进行了几丁酯酶基因导入亚麻的研究。上述研究说明我国亚麻转基因技术的研究已进入了世界先进行列，将为亚麻育种提供一个新的发展方向。

（二）胡麻分子标记开发与利用

目前，在胡麻中已经开发出各种不同类型的分子标记，分子标记的多态性是基于 DNA 的多态性，已经在小孢子培养的胡麻植株中有所报道。随机扩增多态性标记（RAPD）用于检测地方品种以及胡麻属种内和种间的遗传多样性；微卫星（SSR）标记用于胡麻基因组的图谱构建，并在胡麻栽培品种中得到验证。同工酶多态性用于检测胡麻的遗传多样性。另外还有扩增片段长度多态性（AFLP）、简单序列重复间多态性（ISSR）、反转录转座子间扩增片段多态性（IRAP）和特定序列扩增片段多态性（S-SAP）、单核苷酸多态性（SNP）等。其中应用最多的是 RAPD、AFLP、SSR、SNP 技术。

高凤云等利用 RAPD 分子标记技术成功标记了胡麻显性核不育基因片段，并成功回收、克隆了该不育基因，完成了该不育基因的测序工作。王斌等利用美国国立生物技术信息中心（NCBI）数据库查询到胡麻 7 941 条表达序列标签（EST）子序列，通过生物信息学分析，共发现 222 个简单重复序列（SSR），占整个 EST 数据库的 2.73%，筛选出与胡麻温敏型雄性不育系育性基因连锁的 EST-SSR 分子标记；利用两对引物在亲本和杂交种间扩增出不同的特征谱带，建立了陇亚杂 1 号、陇亚杂 2 号杂交种纯度鉴定方法；郝荣楷等利用胡麻基因组 DNA 从 169 对序列相关扩增多态性（SRAP）引物中筛选出 21 对多态性引物，在胡麻上扩增出 774 条特征条带，其中具有多态性的条带 514 条。

Chen 等将分子标记用于胡麻单倍体育种，利用 1 个 ISSR 引物和 2 个 RAPD 引物，对 16 株花药培养再生植株进行了鉴定，证明其中 12 株来源于小孢子。Yong 等利用 RAPD 技术对胡麻的起源进行了研究，通过对 7 个种的 12 份胡麻样本的 RAPD 分析认为，*L. usitatissimum* 和 *L. angustifolium* 的亲缘关系最近，从分子角度支持了栽培胡麻 *L. usitatissimum* 起源于野生种 *L. angustifolium* 的假说。Muravenko 等将分子标记用于胡麻属的种间亲缘关系分析。Cullis 等将 RAPD 技术用于胡麻的营养转化型的研究，从分子角度证实了由于环境引起的可遗传变异的存在。

（三）胡麻再生体系的构建

1．组织和器官培养

胡麻组织培养具有悠久的历史。Link 和 Eggera 首次报道了胡麻下胚轴具有再生芽的能力。Gamborg 和 Shyluk 对组织培养在胡麻中应用进行了综述概括。胡麻可从各种组织或器官上再生，包括下胚轴、子叶和叶片，成熟和未成熟合子胚、小孢子、花药、子房。

利用组织培养技术可以扩大遗传变异性，有益于胡麻育种进程的加快，结合诱导突变和重组 DNA 技术，有利于提高植物育种资源的遗传多样性，可以用于筛选具有特异性状的细胞系和再生植株，例如通过将毒素或其他筛选介质直接应用到培养过程中，筛选一些对真菌毒素、热和盐耐性的细胞系和再生植株，通过这种方法选育出具有耐盐和耐热特性的品种 McGregor；通过甲磺酸盐诱变选育出低亚麻酸突变体 zero。

胡麻胚培养的基础研究方面进展迅速。第一个植物胚胎试管培养就来自于胡麻，胡麻离体胚用于生长和发育规律的研究。在原位和体外条件下，胡麻胚的发育、色素含量及物质积累的比较研究也已开展。早期的胡麻胚胎培养工作促进了植物组织培养科学的演变，对胡麻和其他植物物种的胚胎培养、胚胎挽救、体细胞胚胎发生和基因转化研究具有重要意义。

2. 原生质体和细胞悬浮培养

1987 年，Ling 和 Binding 第一次报道了从胡麻分离原生质体，并进一步通过体细胞培养再生植株。在胡麻的原生质体形态发生反应机制方面，开展了再生完整植株及其细胞壁成分相关性研究，并且已有胡麻原生质体形成类胚状体的报道。胡麻原生质体培养可用于生化和生理研究，例如发育细胞壁的蛋白质研究，离子结合细胞壁蛋白与形态发生响应的相关性研究，几丁质酶含量与形态发生、水分亏缺与分离的根尖原生质体水分通透性研究等。作为一个单细胞体系，在基因表达研究、基因的转录分析和新的启动子或者胡麻新基因早期筛选的研究方面，也是一个很重要的工具。

原生质体具有高度的均匀性和快速的繁殖率，悬浮培养为生物化学和分子生物学研究提供了一个理想的体系。胡麻悬浮培养已经被应用于许多研究，例如 RNA 指纹图谱和核苷酸组成研究，叶绿体超显微结构和黄酮类化合物的合成、酚的合成、果胶的形成及光照对蛋白和过氧化物酶的影响，利用胡麻悬浮培养进行微粒体和细胞壁果胶甲基转移酶（PMT）活性的研究等。

3．花药、小孢子培养

花药和花粉粒培养可用于胡麻单倍体、纯合系及分子标记研究。当前，花药培养是产生胡麻双单倍体（DH）系最成功的方法。

Nichterleindui 对影响胡麻花药培养再生能力的环境因子进行了研究，并且从花药愈伤组织上间接培养获得了再生植株，再生植株的细胞学分析表明其来源于小孢子。胡麻小孢子培养中，小孢子经过细胞分裂，形成愈伤组织或胚。应用花药培养得到双单倍体（DH 系），双单倍体在脂肪酸组成和粗脂肪含量上变异大，部分双单倍体的粗脂肪和亚麻酸含量超过亲本。

Tejklova 和 Steiss 等对胡麻花药培养的影响因子进行了研究。花药在 35℃预处理 1d，或在 4℃预处理 3d，能够产生高频率的再生单倍体植株。其他研究包括激素的反应参数、蔗糖浓度对再生芽伸长率的影响、不同基因型胡麻预处理和介质对激素的反应。在胡麻花药培养的实际应用上，再生植株增强了对枯萎病的抗性。

第二节　胡麻种质资源

一、胡麻种质资源类型的划分

胡麻栽培历史悠久，品种繁多，分布区域广阔。复杂的地理环境、不同的生态条件和耕作制度形成了丰富的胡麻种质资源类型，划分如下。

（一）根据生育期可分为 4 种类型

（1）极早熟类型。生育期＜80d。

（2）早熟类型。生育期 81～90d。

（3）中熟类型。生育期 91～105d。

（4）晚熟类型。生育期＞106d。

（二）根据籽粒颜色可分为 3 种类型

（1）籽粒颜色为褐色。

（2）籽粒颜色为黄色。

（3）籽粒颜色为乳白色。

二、胡麻种质资源的收集保存

胡麻种质资源包括胡麻的品种、品系、遗传材料和野生近缘植物的变种材料，是遗传育种和种质创新的重要资源。开展胡麻种质资源的收集、保存研究对提高胡麻新品种育种和现代种业的可持续发展具有重要意义。从 19 世纪 30 年代开始，印度、埃塞俄比亚、意大利、阿斯马拉、安纳托利亚、法国等国家开展了胡麻种质资源研究。

加拿大植物基因资源中心目前是世界上第一大亚麻收集

中心，该中心收集保存的亚麻资源中包括来自69个国家的2 813个亚麻栽培种和26个野生种的54个属。为了有助于亚麻种质资源的管理和利用，1999—2001年，运用RAPD技术对PGRC收集的亚麻资源进行特征描述。特征描述结果显示，每一个属用16种能够提供信息的UBC RAPD引物进行分析，在大约1 800个凝胶图像中产生108个RAPD标记位点。所得DNA指纹图谱已被安装到GRIN-CA软件里，从而使植物育种者、研究者和公众能够通过因特网得到有关这些DNA指纹图谱的信息（www.agr.gc.ca/pgrc-rpc）。这些DNA指纹图谱数据用于研究亚麻变异的程度、模式及起源，确定相关属之间的遗传关系，评价设立一个亚麻收藏中心时的取样策略，在植物研究和育种过程中提高亚麻以及其他植物种质资源的管理效率和应用质量。

胡麻在中国栽培历史悠久，种质资源丰富。我国胡麻种质资源的收集、整理工作始于20世纪60年代。1978年由中国农业科学院组织编写了第一本《中国亚麻品种资源目录》，首次完整收录了570份胡麻品种资源，包括408份国内育成品种，162份国外引进品种，对其农艺性状及遗传多样性进行了初步研究。1995年中国农业科学院组织编写了《中国主要麻类作物品种资源目录》续编，编入由内蒙古自治区农业科学院、黑龙江农业科学院及河北张家口农业科学院收集的2 113份胡麻资源材料，其中我国农业科研院所品种526份，印度、匈牙利、加拿大等国家引进品种1 587份。到2000年又收集续编了240份胡麻种质资源，其中中国170份、国外引进70份。“十五”末有3 048份胡麻种质资源保存于国家作物种质资源长期库及麻类种质资源中期库，除去重复的部分，实际入国家种质资源保存库保存的胡麻资源为 2 943 份，并初步建立了这些资源的数据库。其中 1 822 份胡麻种质资源来自国外，其余来自内蒙古、山西、宁夏、河北、黑龙江和新疆等 6 个省（自治区）。到目前为止，我国胡麻种质资源的拥有量已大大增加，据不完全统计，各省级库或科研单位合计保存胡麻资源材料近 10 000 份。有高产、高油、高亚麻酸、高木酚素、抗病、抗旱、抗倒伏、中早熟、白色种皮、黄色种皮、雄性不育系等优异资源。作为亲本或者遗传材料运用到育种中。

内蒙古自治区现收集保存胡麻资源材料 3 012 份，1978 年有 94 份入编《中国亚麻品种资源目录》。1991—1995 年由内蒙古自治区农业科学院承担"八五"国家科技攻关计划"胡麻种质资源繁种鉴定和优异资源评价利用"课题，入编资源材料 409 份。"九五"期间收集胡麻种质资源 6 份，其中甘肃 3 份，山西、河北、宁夏各 1 份。"十五"期间收集胡麻种质资源 7 份，其中甘肃 3 份，新疆、山西、河北、宁夏各 1 份。"十一五"期间收集、引进国内外胡麻种质资源 42 份，其中加拿大 13 份，蒙古国 4 份，甘肃 15 份，宁夏、河北、山西各 3 份，新疆 1 份。"十二五"期间收集、引进国内外胡麻资源 70 份，其中美国、加拿大等胡麻种质资源 43 份，国内 27 份，其中甘肃 15 份，新疆、河北、山西、宁夏各 3 份。"十三五"期间收集、引进国内外胡麻种质资源 429 份（包括野生资源 4 份）；国内 6 个省（自治区）267 份，其中河北 52 份、山西 17 份、甘肃 69 份、新疆 47 份、宁夏 13 份、黑龙江 22 份、内蒙古 47 份；国外 20 个国家和地区 158 份，其中加拿大 21 份、美国 26 份、匈牙利 21 份、荷兰 21 份、法国 12 份、巴基斯坦 12 份、俄罗斯 11 份、阿根廷 8 份、伊朗 6 份、埃及 4 份、波兰 3 份、印度 2 份、罗马尼亚 2 份、土耳其 2 份、摩洛哥 2 份、乌拉圭 1 份、奥地利 1 份、非洲 1 份、阿富汗 1 份、新西兰 1 份。

三、胡麻种质资源表型的评价

收集胡麻种质资源，分析其遗传多样性和亲缘关系，进而构建胡麻核心种质库，对其遗传改良和新品种选育具有重要意义。表型性状能直接反映作物的生长发育情况，它是基因和环境互作的表现形式。因此，胡麻种质资源表型性状的评价对其保存、分类和挖掘有效基因具有科学意义。近几年，我国各地区胡麻育种科研机构陆续报道了基于表型性状的遗传多样性评价。李建增等对荷兰和加拿大引进的 45 份胡麻的 17 个表型性状进行多样性分析，认为千粒重、单株生产力、种子产量、蒴果数、粗脂肪和 α- 亚麻酸等性状具有丰富的遗传多样性；张丽丽等对从俄罗斯引进的 20 份胡麻品种的农艺性状进行评价，结果表明，单株果数、单株粒重和主茎分枝数对胡麻产量的影响较大；欧巧明等对 336 份胡麻品种的农艺性状进行了鉴定与评价，认为株高、单株粒重、主茎分枝数、单株分茎数、单株果粒数等农艺性状可作为选择育种材料的标准；王利民等以 256 份胡麻资源为研究对象，分析了农艺性状和品质性状之间的相关性，发现千粒重大、单株果数多、分茎数少有利于提高胡麻含油率和油酸含量；赵利等对 46 份胡麻资源的粗脂肪酸、脂肪酸和木酚素含量的测定分析结果表明，木酚素含量与亚麻酸含量正相关，亚麻酸含量和亚油酸含量之间负相关；张炜等在旱地条件下对 12 份胡麻农艺性状进行评价，认为影响胡麻单产的主要因素是单株果数和果粒数；邓欣等对 535 份胡麻资源农艺性状和产量的多重分析结果表明，种子产量与千粒重、株果数、主茎分枝数、全生育日数等农艺性状正相关；张辉等对显性核不育胡麻种质资源进行聚类分析，建立了核心种质库；伊六喜等对 269 份胡麻种质资源产量和品质相关 14 个表型性状进行鉴定统计分析，结果表明：胡麻产量和品质相关性状存在广泛的表型变异，其中单株粒重变异系数最大（24.33%），全生育日数变异系数最小（2.66%）。产量相关性状表型变异系数依次排序为单株粒重 > 单株果数 > 千粒重 > 工艺长度 > 分枝数 > 株高 > 果粒数 > 全生育日数，品质性状表型变异系数依次排序为硬脂酸 > 油酸 > 棕榈酸 > 亚油酸 > 亚麻酸 > 粗脂肪，14 个表型性状均呈现正态分布的趋势。4 个环境下亚麻酸的广义遗传力最大，达到了 85.91%，工艺长度的广义遗传力最小，为 52.38%。产量性状的广义遗传力依次排序为千粒重 > 果粒数 > 单株粒重 > 株高 > 全生育日数 > 单株果数 > 分枝数 > 工艺长度，品质性状的广义遗传力依次排序为亚麻酸 > 粗脂肪 > 硬脂酸 > 油酸 > 棕榈酸。

以上研究表明：胡麻农艺性状和品质性状均有丰富的遗传多样性，但是表型性状受环境影响较大，不同环境、不同年份采集的数据差异显著。因此，胡麻种质资源遗传多样性研究有必要采用分子标记或形态标记结合分子标记来揭示遗传变异，为胡麻育种提供更准确的科学基础。

四、胡麻种质资源的分子标记评价

分子标记是DNA水平上检测物种之间的基因型差异，能更好地反映种质资源的遗传多样性。在胡麻分子标记开发和遗传研究方面，1993年Gorman等首次在胡麻的资源研究中应用分子标记技术，开发了多态性同工酶检测系统，但这种生物化学标记在数量和应用上都有其局限性。随后广泛应用AFLP、RAPD、SRAP、SSR、SNP标记研究胡麻资源的多样性。

AFLP标记是以cDNA或DNA为模板，用限制性内切酶和特定引物扩增获得不同基因条带，进行种间遗传多样性分析。李明等利用7对多态性AFLP引物分析了85份胡麻品种的遗传多样性和亲缘关系，认为栽培品种和野生种条带差异明显，胡麻比纤维亚麻有更丰富的遗传多样性；李丹丹用7对AFLP引物分析了80份胡麻资源的遗传多样性，扩增出160个多态性条带，将供试材料分为4个类群；薄天岳等首次用48个ECORI/MseI引物组合，对高抗枯萎病胡麻品种晋亚7号与高感枯萎病品种晋亚1号两个亲本及其F_2代抗病和感病基因池进行AFLP分析，共扩增出约3 300个可分辨的条带，其中3个条带具有稳定的差异。进一步用F_2代分离群体对3个特异条带与目的基因的遗传连锁性进行分析，发现特异条带AG/CAG与暂定名为*FuJ7*（*t*）的抗枯萎病基因紧密连锁，二者之间的遗传距离为5.2cM。将AG/CAG片断回收、克隆和测序，又成功地转化为SCAR标记，可以更加方便地用于对*FuJ7*（*t*）基因的分子检测和辅助选择；Everaert等采用不同类型的胡麻品种为研究对象，利用AFLP标记分析了种间和种内的遗传多样性和亲缘关系，结果表明：种内新品种和老品种之间的遗传多样性丰富；Chandrawati 等对 45 份胡麻资源进行 AFLP 标记分析，筛选出了 16 对特异性引物，扩增出 1 142 个条带，其中 1 129 个为多态性条带。

RAPD 分子标记是设计随机引物扩增出不同的基因片段，进行品种（品系）之间的基因型差异分析。用 RAPD 分子标记对加拿大植物基因资源中 2 800 个亚麻品种进行分子特征的分析研究表明：RAPD 标记和大量的统计方法的使用对亚麻种质特性的分析是有效的。亚麻的 RAPD 变异一般是很低的，在当地品种和野生品种之间的变异较大，在纤维亚麻中也被检测到比胡麻更多的变异，北美胡麻栽培品种的遗传基础经过时间的推移变得越来越窄。根据已知的 RAPD 变异支持了 *L. angustifolium* 是栽培亚麻的祖先这一假说。以 RAPD 为基础的聚类揭示了 3 个亚麻品种聚类产地：非洲、中东/印度半岛、其余的分布在世界各地，这一结论也支持了 Vavilov 对亚麻起源的早期假说。Yong-Bi Fu 对 2 727 份胡麻品种（品系）进行 RAPD 分析，筛选出了 16 个 RAPD 引物，每个引物平均扩增出 149 个条带，多态性条带平均为 0.537，结果表明，84.2% 的胡麻品种聚类到国别或区域，仅有 15.8%的胡麻品种的聚类超出国别或区域范畴；Axel Diederichsen 等采用 RAPD 标记对 3 101 份胡麻品种进行鉴定和评价，结果表明供试材料间遗传变异不大；Abou El-Nasr 等采用 9 个 RAPD 引物分析了 3 种不同类型胡麻的遗传多样性，扩增得到 124 个位点，53 个为多态性位点，聚类为两大类；Arpna Kumari 等对 28 个胡麻品种进行 RAPD 标记的遗传多样性研究，筛选出 27 个引物，平均多态性信息量（PIC）为 0.385，扩增得到 130 个位点，聚类分析结果显示供试材料分为 3 类；薄天岳等用 520 个 10 碱基随机引物对美国引进的分别含有胡麻抗锈病基因 *M1*、*M2*、*M3*、*M4* 和 *M5* 的 5 个近等基因系材料及其轮回亲本 Bison 进行 RAPD 标记分析，其中 2 个引物 OPA18 和 OPCO6 在含有 *M4* 基因的 NM4 材料中稳定地扩增出特异的 DNA 片段。用 Bison 与 NM4 杂交产生的 F_2 代分离群体进行的遗传连锁性分析表明，RAPD 标记 OPA18 与 *M4* 基因紧密连锁，二者之间的遗传距离为 2.1cM。将 OPA18 片断回收、克隆和测序，成功地将其转化为稳定性好、特异性强的 SCAR 标记。从以上研究结果看，RAPD 分子标记在胡麻种质资源研究中广泛应用，获得了一定的成果。

SRAP 标记是 Li 等研究发现的显性分子标记，由上下引物组成，上引物为依据外显子区域设计的 17 个核苷酸序列，下引物为内含子区域设计的 18 个核苷酸序列。上引物和下引物随机组合扩增不同的基因片段来分析物种的遗传多样性。郝荣楷用 21 对 SRAP 引物分析了 96 份胡麻资源的遗传多样性，扩增得到 128 个多态性位点，将供试材料分为 4 个类群；安泽山等利用 19 对多态性引物分析 58 份胡麻品种的遗传多样性，扩增出 105 个多态性条带，平均 PCI 为 0.47，结果表明国内外品种之间遗传差异明显；吴建忠等利用 71 对 SRAP 引物构建了胡麻遗传连锁图谱。

SSR 标记是由随机重复的短核苷酸序列组成，SSR 引物设计可从表达序列标签（EST）或全基因组序列中发掘。Ragupathy 等从胡麻基因组中开发鉴定了 4 064 个 SSR 引物，这些 SSR 引物的开发为胡麻资源遗传多样性分析和优异基因挖掘奠定了基础；张倩等利用 90 对 SSR 引物分析了 17 个胡麻资源的遗传多样性，获得了 170 个多态性条带，聚类到 5 个类群；张丽丽等用 14 对 SSR 引物检测了杂交种的真实性，结果显示 1 份杂交种与亲本之间有亲子关系；Soto-Cerda 等对 60 份胡麻品种进行 SSR 分析，筛选出 83 个 SSR 引物，平均多态性信息量（PIC）为 0.385。

胡麻 SNP 标记的研究处于起步阶段，随着第三代测序技术的不断完善，已在作物研究中广泛应用。SNP 标记是在全基因组范围内检测单核苷酸变异。2012 年，Kumar 等对 8 个不同基因型的亚麻材料基因组进行重测序，并以 CDC Bethune 基因组序列为参照，共发现了 55 465 个 SNP，其中约 1/4 位于基因内部，84% 的 SNP 标记属于单一的基因型，13% 属于任意两个基因型；加拿大构建了由 770 SSR 组成的 15 个连锁群，从 96 个品种中测试发现了 190 万个 SNP，构建了高密度 10K+SNP 连锁群，鉴定了千粒重的 3 个 QTL，对脂肪酸生物合成和次生代谢基因进行鉴定分析。

高凤云等以胡麻品种 R43 为母本、LH-89 为父本杂交，构建 F_2 群体，采用 SLAF-seq 技术，对两个亲本和 F_2 群体 100 个个体进行高通量测序，构建了含有 4 145 个 SNP 标记，由 15 个连锁群组成的亚麻高密度连锁遗传图谱。该图谱总图距为 2 632.94cM，每连锁群平均标记数为 276.33 个，标记完整度为 93.59%，标记间平均距离为 0.92cM，是已构建的亚麻连锁遗传图谱中标记密度、基因组覆盖度均最高的连锁遗传图谱。并用 R/QTL 定位软件采用复合区间作图法，对 13 个农艺和品质性状进行 QTL 定位，共检测出 35 个 QTL，其中亚油酸和粗脂肪各 5 个；亚麻酸、千粒重各 4 个；棕榈酸、株高、工艺长度各 3 个；硬脂酸、分枝数各 2 个；单株果数、果粒数、单株粒重、油酸各 1 个。其中，21 个 QTL 位点的 LOD 值在 3.07 ~ 12.98 范围内，表型贡献率达到 4.65% ~ 44.08%。有 18 个 QTL 表型贡献率超过 10%，均为主效基因，其中农艺性状 8 个，品质性状 10 个。除亚油酸和亚麻酸的 QTL 作用方式以加性效应为主外，其余各性状的 QTL 作用方式以超显性或部分显性效应为主。

第三节　胡麻育种目标

胡麻的育种目标随着时代的发展而变化，不同的栽培技术水平和社会经济发展状况，以及不同的市场需求对育种目标的要求是不同的。从 20 世纪 60 年代初到 80 年代初的育种目标是丰产、抗旱、高油新品种选育；20 世纪 80 年代以来，由于胡麻种植面积的不断扩大以及主栽品种不抗病，导致了胡麻枯萎病大发生，使胡麻生产遭受了严重的损失，因此，抗病育种成为这一阶段的主要育种目标；20 世纪 90 年代以后，随着对胡麻优质专用品种的需求日益迫切，经过不断提高和完善，育种目标以优质专用为主，兼顾高产和抗病性。具体育种目标可归纳为以下几个方面。

一、高产

提高单产是胡麻育种的主要目标。构成胡麻产量的因素有株高、有效分枝数、单株蒴果数、果粒数、千粒重、单株生产力等。因此，选育出的新品种应该具有的产量性状是：株高 60 ~ 90cm，有效分枝数 >4 个，单株蒴果数 >20 个，千粒重 >6g，单株生产力 >1g。

二、抗病

胡麻的主要病害有枯萎病、立枯病、锈病、派斯莫病、白粉病等，其中枯萎病是影响胡麻生产较为严重的病害。降水多的年份，锈病会严重发生，是一种潜在的危险性病害。派斯莫病是一种检疫性病害，近几年在山西、黑龙江、云南均有发生，而且危害也有加重的趋势。白粉病是中国胡麻产区潜在的危险性病害，所以选育抗病品种是非常重要的。

三、抗逆

抗逆性主要包括抗旱、抗倒伏等，抗逆性强可保证品种的种植效益和适应性。胡麻属于抗旱耐瘠作物，一般都种植在干旱地区，但由于胡麻种子较小，在苗期发生田间干旱会严重影响植株的生长发育，胡麻的抗旱性鉴定要在苗期进行。抗倒伏是一个很重要的育种目标，随着胡麻经济效益的不断提高，水地种植胡麻的面积在不断增加，胡麻植株茎很细，叶片繁茂，蒴果多，遇到下雨时植株上部重量增加，易发生倒伏，严重影响胡麻的产量和品质。抗倒伏鉴定一般在开花后期或青果期雨后进行调查。抗倒伏分为不同的等级。0 级：植株直立不倒；一级：植株倾斜角度在 15° 以下；二级：植株倾斜角度在 15°～45°；三级：植株倾斜角度在 45° 以上。

四、优质

过去一直将产量高、含油率高作为主要育种目标，虽然选育出了一些优良品种，这些品种在丰产性、抗病性、含油率方面比较好，但经济效益较低。其原因是选育的品种用途单一，主要用作食用油，而目前市场上食用油种类很多，胡麻油的销量受到了一定的限制。为了使胡麻籽的用途更加广泛，提高种植胡麻的经济效益，真正使胡麻这一地区特色作物在调整种植业结构中发挥重要的作用，就要针对不同的利用途径制定不同的育种目标：一般食用油要求含油率 >40%；制作高级色拉食用油的胡麻品种α-亚麻酸含量<5%；提取α-亚麻酸用作防治心血管疾病，以及用胡麻籽作营养保健品等，α-亚麻酸的含量要>50%；制作高档油漆的胡麻品种碘价应在160~200。

虽然在产量、抗性、含油率等方面国内外育种目标相同，但是为满足工业、食品和饲料等广泛利用的多种需求，支撑胡麻市场的发展，美国和加拿大在育种目标上始终关注满足特殊商业化和消费市场对品质的需求。由于黄籽被认为在健康食品上应用较好，加拿大在黄籽品种选育方面做了一些工作。低铬积累的胡麻品种也是最近几年选育品种的目标。国外品种注重单项品质的提高，例如加拿大的新品种分为一般胡麻品种（Linseed）和低亚麻酸品种（Solin），在保证产量和抗性水平的同时，一般胡麻品种具有较高的含油率和亚麻酸含量，低亚麻酸品种亚麻酸含量<5%，油的品质接近葵花油，目前在加拿大登记这类品种必须是黄籽。

第四节　胡麻育种途径及方法

胡麻的育种途径主要包括引种鉴定、系统选育、杂交育种、诱变育种、显性核不育胡麻利用、单倍体育种等途径，其方法因途径的不同而异。

一、引种鉴定法

引种鉴定法就是将不同地区引入的品种（材料），通过试验鉴定，选择表现优良的品种，直接在生产上推广应用，这种方法简单、省事、见效快。从自然条件和栽培水平基本相似的地区引进的优良品种，引种的成功率较高。引种鉴定除供直接应用外，对其优异性状，还可通过各种育种途径加以利用。

为了避免盲目引种，造成增产不显著甚至导致减产，必须注意以下两点。

（一）引种目标

根据当地自然环境、生态条件和品种存在的问题，制定引种目标，引进生态环境相同或相近、适合本地生长的品种。

（二）引种程序

首先要了解引进品种在当地条件下的表现，经过 1 ~ 2 年的引种试种，鉴定引进品种的丰产性、适应性、抗逆性等，然后进行生产示范，最后大面积推广。在引种的过程中必须严格遵守种子检疫和检验制度，防止病虫害随种子传播。

二、系统选育法

系统选育法也称“单株选择法”或“一株传”，即在大田生产、地方品种或引种材料中，选择适合育种目标要求的优良单株，通过定向培育成新品种。单株选择法可一次单株选择和多次单株选择，选择时要紧扣育种目标，正确区分表现型变异与遗传性变异，具体程序如下。

（一）选择优良单株

将入选的优良单株进行单株脱粒，分开保存。

（二）株行鉴定试验

第二年进行株行鉴定试验。分株行种植，并种植亲本品种和对照品种，以供比较。生育期间观察记载性状的一致性、丰产性、抗逆性等。在收获前把优良整齐一致的株行按株系收获单株，考种脱粒保存。

（三）株系比较和产量鉴定

第三年进行株系比较，优中选优，初步进行产量及品质鉴定。

第四年继续进行产量鉴定。

第五年把综合性状好的、产量显著优于对照品种的株系进行多点鉴定，最后确定是否推广应用。

多次单株选择法，常用于有性杂交和人工诱变后代选择。

三、杂交育种

杂交育种是指通过不同品种间杂交，利用基因重组或加性效应创造新变异，并对杂种后代进行培育和定向选择，育成具有双亲、多亲优良性状或个别性状超亲的新品种。杂交育种是胡麻育种最重要、最有效的方法，在中国育成的胡麻品种中，利用杂交育种方法育成的占 90% 以上，世界上 90% 以上的胡麻品种也是通过此方法育成的。

（一）亲本选配原则

亲本选配是杂交工作成功的关键，在选择杂交亲本时要注意以下几点。

1．依据育种目标选择亲本

亲本之一最好是当地推广品种，亲本目标性状要突出。

2．注意亲本的优缺点

应尽量选择优点多、缺点少的品种作亲本，而且双亲优缺点必须做到互补。

3．亲本差异大

选择遗传距离大、地理远缘、生态型差异大的材料作为亲本，容易选出超亲的新类型和适应性比较强的新品种。

4．配合力高

选用配合力高的材料作亲本。

5．花期接近

两个亲本品种开花期较接近，便于杂交授粉。

（二）杂交技术

1．整枝疏蕾

去雄前选择生长健壮、无病、经济性状好的母本植株，将其分枝上的花蕾进行疏剪。每株只保留主茎上发育良好的花蕾2~3朵，其余全部去掉。以后随时注意清除新长出来的花蕾，以免造成营养分散和收获时与杂交果相混。

2．去雄

开花前一天下午16:00—18:00，或开花当天上午9:00以前，选择已整过枝、次日即可开花的蓓蕾（花冠露出1/3）

进行去雄。先用镊子将花瓣夹掉，剥开萼片，随即将5枚雄蕊取出。动作要轻，不要损伤雌蕊柱头，然后套上羊皮纸袋，拴好纸牌，注明组合名称和去雄日期。

3．授粉

时间以上午8:00—10:00为宜。授粉时先把父本的花药收集到玻璃器皿内，将母本套袋取下，用毛笔或棉球蘸取花粉涂抹在母本柱头上，或直接将父本花朵摘下，将花粉轻轻涂抹在母本柱头上，花粉量要足一些。授粉后，再把纸袋套上，并注明组合名称和授粉日期。完成一个组合授粉后，所用镊子、器皿等应用酒精消毒，以备下次再用。

（三）杂交方式

选定杂交亲本后，根据育种目标，可以灵活运用不同的杂交方式进行杂交，以便获得较多的优良后代培育成新品种。常用的杂交方式有以下几种。

1．单交

即由两个亲本杂交，以A×B表示。如A、B两亲本优缺点能互补，性状符合育种目标，则可采用单交。单交只需杂交一次即可，杂交数量及后代选择的群体都不需很大，每个组合一般有10个杂交果就足够了。此法简单易行，对选择或改良个别重要性状效果最佳，是主要杂交方式之一。如果亲本选择准确，往往一步杂交就能选出理想的材料。许多胡麻品种都是应用此种方式。

2．复交

即由两个以上亲本之间进行杂交，要通过一次以上杂交才能完成。复交可以综合多亲本的优点，选出超双亲的优良类型。但是由于多亲本参加杂交，所以遗传性复杂，杂种后代的性状稳定较慢，使育种年限延长。复交一般在第一代进行比较好，因为一代遗传基础比较丰富，基础较好，性细胞在分裂过程中可以形成多样性的配子，杂交时有可能把各种亲本类型的优点综合起来，遗传给后代，选育出新品种。一般的做法是先将两个亲本配成单交组合，再与其他组合或亲本交配，在配组合时，可针对单交组合缺点选择另一组合或亲本，使两者优缺点互补。

复交供选择空间大，可补充单交时双亲的某些性状不足，综合多个亲本的优点，可创造各种超亲类型。复交也是胡麻杂交育种的主要方式。复合杂交又因采用亲本数目及杂交方式不同分为三交（A×B）×C、双交（A×B）×（C×D）、四交[（A×B）×C]×D等多种模式。

复交是当育种目标要求多方面综合时，需要多个亲本性状聚合，才能达到育种要求时采用的杂交方式。

3．回交

成对杂交后的杂种后代F_1，再与两亲本之一进行杂交，称为回交，可根据需要连续回交若干次。回交的目的是改造某品种的缺点，提高抗逆性、适应性与丰产性。例如A品种在生产上表现适应性强、丰产性能好，但不抗病，影响高产稳产，通常以A品种做母本，用一个抗病品种B做父本，其杂交后代再与A品种杂交，然后选出抗病的植株作母本，用A品种继续回交，直至改造成功为止。一般回交3~4代后，让其自交即可选择。回交方式有[（A×B）×A]×A…或[（A×B）×B]×B×B…两种。回交可改良现有优良品种的个别性状缺点，对某些性状的加强效果很好。

4．多父本授粉

把几个父本的花粉混合后，给一个母本授粉，称作多父本授粉，也称为多父本杂交。采用多父本授粉可以让母本选择最适合的花粉受精，提高后代的生活力，一般杂交后代分离类型也比较多。同时，多父本授粉还可能产生多父本受精现象，使杂种后代同时具备几个亲本的性状，有利于选择优良的后代。

由于杂交后代遗传性状的表现较复杂，某些性状要在一定的环境条件下才能表现出来，因此，要按照育种目标的要求进行定向培育，精心选择，才能达到预期效果。如选择抗旱性较强的品种，要把杂交后代种在干旱地上，使其抗旱的特征表现出来。选择喜水、耐肥、抗倒伏的品种，应把杂交后代种植在水地上，给予足水足肥条件，使其抗倒伏和丰产性状充分表现出来，通过精心选择，淘汰劣系，选择优株，培育成新的品种。

四、诱变育种

诱变育种是指利用物理和化学方法诱发作物产生突变，然后按照育种目标，在变异的后代中进行选择和培育，从而获得新品种的方法。用射线诱变育种的方法称为辐射诱变育种；用化学药剂诱变育种的方法称为化学诱变育种。

（一）辐射诱变育种

辐射诱变育种是目前国内外常用的一种人工诱变的育种方法，诱变剂量的选择对于诱变起着重要作用。辐射能使胡麻在熟期、株高及产量等方面的基因突变率提高 5～6 倍，在改变品种某一不良性状、育成具有突出优良性状的新品种方面具有明显的效果。内蒙古农牧业科学院采用辐射诱变技术选育出了适宜加工利用的专用白色种皮新品种内亚六号。辐射育种材料的选择是辐射育种的基础。

辐射育种的关键技术及要点如下。

1．亲本选配

选择生产上推广的综合性状好、优点多、缺点少（只有一两个不良性状）的材料以及新基因源作亲本。

2．辐射源

经过比较 γ 射线、X 射线、中子、激光等为辐射源的辐射效果，以 ^{60}Co–γ 射线的效果最好。

3．辐射剂量

胡麻用 ^{60}Co–γ 射线照射种子的适宜剂量是 2 万～5 万 rad，低于 1 万 rad，胡麻几乎不发生变异；超过 8 万 rad 胡麻死亡率过高（80% 以上），影响辐射效果。

（二）化学诱变育种

甲烷磺酸二酯（EMS）对胡麻具有较好的诱变效果，诱导突变率取决于 EMS 的浓度和品种的基因型。高浓度（0.4%～0.5%）时，突变率高，但是有益突变较少；低浓度（0.1%）或中等浓度（0.2%～0.3%）时出现的有益突变较多。其处理方法是将胡麻种子浸泡在溶液中 24h，然后用清水冲洗，洗净后直接播种或干燥 2d 后再播种。此方法对获得高纤维含量及高千粒重的突变比较有效。此外亚硝基烷基脲、次乙亚胺、抗菌素、秋水仙碱、氮离子注射等对胡麻也具有诱变作用，其中亚硝基烷基脲、次乙亚胺、氮离子注射等可诱导产生多种突变；秋水仙碱可以诱导产生多倍体；抗菌素可诱导产生不育性状；抗生素可诱导胡麻雄性不育。不同种类抗生素的诱导频率有明显差异，链霉素、青霉素、利福平、红霉素、四环素都有一定效果，其中利福平的诱变频率最高，红霉素的诱变频率最低。诱导率同时受基因型的影响，诱导产生的不育株的形状与原品种基本一致，不育株的花冠大小和颜色与可育株相似，花瓣能够正常展开，花药瘦小，淡黄色，在显微镜下观察呈半透明状，部分不育株可以稳定遗传。

（三）诱变后代的处理与选择

诱变处理后代的选择是诱变育种的关键，辐射诱变处理后的种子称 M_0 代，由 M_0 代发育出来的植株称 M_1 代。

M_1 代按处理材料及顺序排列，先播对照（未处理的材料），然后播处理的种子，群体以 5 000 粒为好。M_1 代胡麻植株生长发育明显受抑制，叶片卷缩、多分枝、茎扁化、双主茎等。M_1 代一般不做个体选择，M_1 代的收获方法依育种方法而定。系谱法育种应单株收获，单株脱粒保存；混合体法可全区收获，或每株采收几个蒴果混合脱粒保存。M_2 代会出现各种各样的分离，对 M_2 代植株在整个生育期要进行认真的观察比较，选择出各类突变体，按系统选育法的程序进行优良株系选择，进而选育出优良品种。

五、显性核不育胡麻利用技术

20 世纪 60 年代以来，胡麻育种界开始关注新型育种材料的研究，在具有商品价值的作物中，胡麻是首批鉴定出细胞质雄性不育性的作物之一，然而这种雄性不育株的花不能充分展开，授粉受到阻碍，从而影响了异花授粉，无直接利用价值。虽然也有花瓣充分展开的报道，但未见相关利用方法的报道。

内蒙古农牧业科学院拥有国内外首次发现的显性雄性核不育胡麻材料后，对该材料的不育机理进行了细胞学、生理学、遗传规律研究及其在胡麻育种中的应用研究，首次将轮回选择法应用到了自花授粉作物胡麻上，并选育出目前国内含油率最高，丰产、抗病的轮选系列品种。显性核不育胡麻的利用技术主要有以下几种。

（一）品种改良技术

采用连续回交法定向培育多系品系。首先从核不育基因库中选择具有被改造性状的核不育材料作母本，以被改造品种作父本，连续回交多代，直到后代群体具备稳定的目标性状，且又保留父本优良性状为止（图 3-1）。

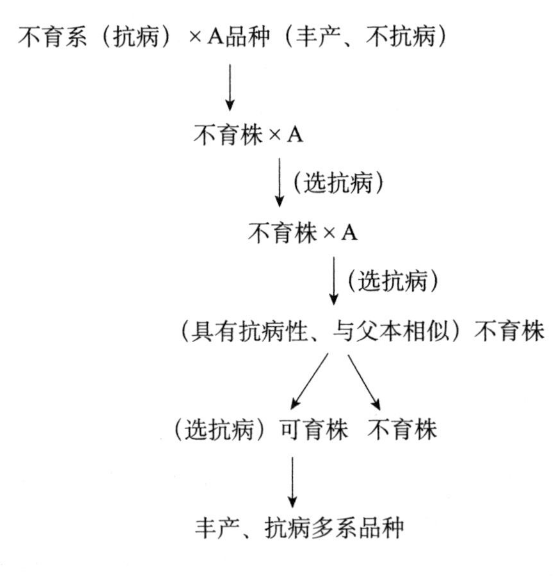

图 3-1 品种改良方案

（二）培育新品种技术

从核不育基因库中选择性状优良的不育材料做母本，与所选的父本材料配制杂交组合，从后代分离的可育株中选优培育新品种。利用不育材料做母本，不用人工去雄，节省人力，提高了效率。

（三）创建核不育基因库

以核不育株做母本，利用现有的资源材料进行回交转育，创建一个处于不断进行的、活的基因库（图 3–2）。

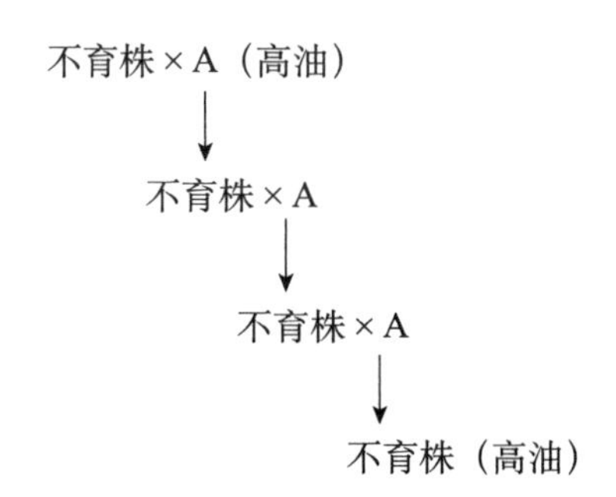

图 3–2　创建核不育材料方案

（四）轮回选择技术

轮回选择是作物群体改良的一种有效手段。进行轮回选择首先应创建一个遗传基础丰富的群体，同时具备既能互交重组，又能自交选择的条件。显性核不育胡麻使自花授粉的胡麻既能通过不育株异交，又可通过可育株自交，为轮回选择创造了条件。由于胡麻是自花授粉作物，其品种或品系均是由一个纯合基因型繁殖起来的同质群体，所以任何一个品种或品系构成的群体都不能直接用作轮回选择，必须首先创建一个符合要求的基础群体，然后再进行轮回选择。

1．基础群体的组建

首先需对基础群体的亲本进行选择。亲本选择主要是依据性状的互补原则，多个亲本随机互交，形成一个优良基因丰富的杂合群体，作为轮选基础材料。在选择亲本时，除考虑性状互补，还要考虑目标性状的一般配合力；不但要注意表型选择，还要了解其遗传背景。在亲本选择时要特别注意提高目标性状的优良基因频率。亲本必须优点突出，才能创制综合性状优良的重组体。组配方式可采用混合个体随机互交、半双列杂交或不完全双列杂交等方式。

2．轮选方法

（1）改良的半姊妹法。将入选的不育株种子做母本行，以本群体衍生可育株经 F_2 或 F_3 选择后的优良单株的混合种子作为父本行，相间种植，开花前剔除母本行分离出的可育株和父本行的劣株，使不育株与父本随机授粉杂交，最后选择母本的不育株种子。将入选的不育株上的种子一式两份，一份作为下轮的母本组群，另一份种成“副区”，从中选择可育株，经 F_2、F_3 自交，选择后作为父本返回群体。

（2）混合选择法。从群体中选择优良不育株，将这些不育株的种子等量（或一定量）混合组成下轮群体，在隔离条件下使群体中分离出的可育株与不育株随机交配，如此循环进行。

以上两种方案逐轮衍生可育株，按系谱法直接选育新品种。

六、单倍体育种

单倍体育种的主要程序为：单倍体植株培养、培养基选择、单倍体鉴定、加倍方法、移栽、田间选择鉴定。

（一）单倍体植株培养

在胡麻开始现蕾、花瓣还没有露出花萼时（花蕾长4～4.8mm）采花蕾，每个组合取100朵以上，用镊子剥取花蕾，置入2%次氯酸钠溶液中浸泡5min，灭菌后用无菌水反复冲洗3次，以消除花蕾表面药液。接种后放入24～26℃、光照1 000lx条件下培养，20～30d可诱导愈伤组织形成。当愈伤组织长到3mm左右，及时转到分化培养基上进行分化培养，20d左右可长出再生苗，然后把苗再次移到生根培养基，生根后根据根系的良好状态，即可移植到无菌土中。

（二）培养基选择

胡麻花药培养基是在Ms、B5等基本花药培养基的基础上附加一定量的生长素和分裂素配制而成。愈伤诱导培养基中生长调节剂一般为2，4–D 0.1mg/L，细胞分裂素为6–BA 0.5mg/L；再分化培养基中生长素为IAA 0.5mg/L，分裂素为6–BA 1.5mg/L。

（三）单倍体鉴定

鉴别胡麻单倍体植株有2种方法：一是“铁矾苏木精法”，取胡麻花粉植株的根尖1～2mm进行固定软化处理，然后用铁矾苏木精染色，压片后在显微镜下观察。如染色体数目是15，那么该植株为单倍体。二是硝酸银法，取胡麻花粉植株叶表皮放在载玻片上，滴一滴1%～3%硝酸银溶液，然后在显微镜下观察，如果气孔保卫细胞中叶绿体数是3～4个即为单倍体。捷克斯洛伐克是利用光照吸收方法进行检测，其原理是单倍体染色体少，对特殊波段的光吸收少，而二倍体的染色体多，对特殊波段光吸收多。单倍体植株表现矮小、茎秆细、叶片窄小、花蕾小、不结实。

（四）加倍方法

单倍体加倍成二倍体，主要应用传统的“秋水仙素”法。秋水仙浓度0.02%～0.03%，温度16～19℃，浸泡18～24h后，用纱布的一端包住胡麻植株生长点，另一端浸在秋水仙溶液内。另外用低温和继代方法可以进行自然加倍，但加倍率低于“秋水仙素”法。

（五）移栽

待胡麻花粉植株长到5cm左右，选择根系发达的粗壮苗进行移栽。移栽前拔去培养瓶上的棉塞炼苗3d，移栽后可用玻璃器皿或塑料袋罩上，7d左右打开，每天光照8h以上，注意移栽15d内不能放在30℃以上强日光下照射。由于胡麻根系不发达，再生植株长势弱，移栽成活率明显低于其他花培植株，应探索出一套高成活率的移栽技术。

（六）田间选择鉴定

加倍后的二倍体后代没有性状分离现象，但同一组合中不同花粉单倍体植株形成的二倍体植株间有明显差异。因此，所得的加倍二倍体植株种子不能混收，必须单收，种成株行后，按育种目标要求进行一次株行选择。选择后的株行高倍繁殖一年后可升入鉴定。

七、胡麻分子育种技术

（一）分子标记技术

分子标记是检测DNA水平上遗传多样性的直接手段，

DNA 是遗传物质的载体，遗传信息就是 DNA 的碱基排列顺序，因此直接对 DNA 碱基序列进行分析和比较是揭示遗传多样性最理想的方法。目前常用的分子标记技术有 RAPD、SSR、ISSR、AFLP 和 SNP 等。

1．RAPD 技术

RAPD（Randomly Amplified Polymorphic DNA）即随机扩增多态性 DNA，是 1990 年由两组美国科学家 Williams 等和 Welsh 等同时发展起来的一种新的分子标记技术。它是以 DNA 聚合酶链式反应技术为基础，用 9～10 个核苷酸随机序列作为引物，以从组织中分离得到的 DNA 为模板，通过 PCR 扩增，合成多态性 DNA 片段，再进行电泳分离和溴化乙锭染色，多态性的产生可以由与引物互补的 DNA 核苷酸序列中一个碱基的差别形成。

基本方法原理：模板 DNA 在高温（94～96℃）下变性，解离成单链，然后在低温（35～40℃）下与引物结合（退火），最后 Taq DNA 聚合酶在一定的温度（72℃）下促使引物与模板结合，并延伸相应片段，经多个变性、退火、延伸循环扩增相应 DNA 片段。

2．SSR 技术

SSR（Simple Sequence Repeat）技术，也称为微卫星（Micro satellite）技术。SSR 标记是通过重复序列两端的特定短序列设计引物，通过 PCR 反应扩增微卫星片段，由于核心序列串联重复数目不同，因而能够用 PCR 的方法扩增出不同长度的 PCR 产物，将扩增产物进行凝胶电泳，根据分离片段的大小决定基因型，并计算等位基因频率。SSR 标记兼具

RFLP 和 RAPD 的优点，克服了它们的不足，成为目前分子标记技术的热点。

3．ISSR 技术

ISSR（Inter Simple Sequence Repeat）技术是 1994 年由 Zietkiewecz 创建的一种简单序列重复间扩增多态性的分子标记。ISSR 标记是用锚定的微卫星 DNA 为引物，即在 SSR 序列的 3' 端或 5' 端加上 2～4 个随机核苷酸（通常是简并的核苷酸），对传统意义上 SSR 之间的 DNA 序列进行 PCR 扩增，而不是扩增 SSR 本身。在 PCR 反应中，锚定引物可引起特定位点退火，导致与锚定引物互补、间隔小的重复序列间 DNA 片段的 PCR 扩增，所扩增的 inter SSR 区域的多个条带通过聚丙烯酰胺凝胶电泳得以分辨，扩增谱带多为显性表现。

ISSR 揭示的多态性较高，可获得几倍于 RAPD 的信息量，精确度几乎可与 RFLP 相媲美。与 SSR 比较，SSR 具共显性，并且 SSR 标记必须依赖测序设计引物，耗时费力，在一定程度上阻碍了其广泛应用；而 ISSR 用半随机引物进行扩增，不需要预先获知序列信息。ISSR 标记扩增的片段分子量大、多态性高，具有稳定、简单、方便的优点，已广泛应用于植物品种鉴定、遗传作图、基因定位、遗传多样性、进化及分子生态学研究。

4．AFLP 技术

AFLP（Amplified Fragment Length Polymorphism）技术结合了 RFLP 和 PCR 的特点，具有 RFLP 技术的可靠性和 PCR 技术的高效性。AFLP 标记大多数为显性，少数为共显性，所需 DNA 量少，结果稳定可靠，重复性好，多态性高。每个 AFLP

反应可以检测的位点多达 100 ~ 150 个，非常适合遗传多样性分析、种质鉴定等研究。

5．SNP 技术

SNP 标记（Single Nucleotide Polymorphism）是美国学者 Lander 于 1996 年提出的第三代 DNA 遗传标记。SNP 是指同一位点的不同等位基因之间仅有个别核苷酸的差异或只有小的插入、缺失等。从分子水平上对单个核苷酸的差异进行检测，SNP 标记可帮助区分两个个体遗传物质的差异。

SNP 在种群中是二等位基因性的，在任何种群中其等位基因频率都可估计出来；位点丰富，几乎遍布于整个基因组；部分位于基因内部的 SNP 可能会直接影响蛋白质的结构或基因表达水平，因此它们本身可能就是疾病遗传机制的候选改变位点；遗传稳定性高；基于 DNA 芯片技术的分子标记技术，易于进行自动化分析。人类基因组大约每 1 000bp 出现一个 SNP，已有 2 000 多个标记定位于人类染色体，对人类基因组学研究具有重要意义。检测 SNP 的最佳方法是 DNA 芯片技术。

（二）转基因技术

采用分子育种手段，可以按照人们的意愿对作物进行定向变异和准确选择。随着新基因的克隆和转基因技术手段的完善，对多个基因进行定向操作已成为可能　未来将有望出现集高产、优质、高光效、抗病、抗虫和抗逆等特性于一身的作物新品种。我国胡麻基因工程研究相对于玉米、水稻等优势农作物较为落后，基因数据库中关于胡麻基因组的信息较少，这在功能基因的挖掘上势必要受到影响，特别是在自身优异基因的发掘利用、分子标记引物开发与应用等方面有很大的局限性，并且直接影响到胡麻特异种质资源的改良和创新。

基因工程技术具有目的性和可操作性强等优点，在开发和创新种质资源方面有着独特的优势。目前，应用转基因技术，已培育出很多品质优良的农作物新品种。发达国家在胡麻转基因技术方面做了大量研究，我国现在也逐步开始着手这方面研究，并取得了一定的进展。

1．目的基因的制备与克隆

获得目的基因是基因工程的第一步，20 世纪 40 年代，Flor 等根据胡麻对锈菌特异抗性的研究，提出了基因对基因假说，这种假说是现代克隆病原无毒基因和植物抗病基因的理论基础。王玉富等进行了胡麻总 DNA 快速提取的研究，采用高盐低 pH 值法使 DNA 的纯度、浓度及片段长度达到分子育种要求。Andersen 等成功地克隆了胡麻抗锈病基因，Jeffrey 等鉴定并排序了 13 个抗锈病等位基因位点。随着分子克隆技术的不断发展，胡麻目的基因的制备将更加快速、准确。

2．基因枪法介导基因转化

基因枪法又称微弹轰击法，是近年来发展起来的新转化方法。由于基因枪法具有操作简单、可控度强、没有物种限制等特点，应用十分广泛。目前水稻、玉米、小麦三大谷类作物均已用基因枪法获得转基因植株，中国胡麻基因枪技术的研究仍处在研究阶段，还未见有转化成功的报道。加拿大 Wijayanto 等利用基因枪介导法进行胡麻基因的转化，获得了转 *Gas* 基因和 *NPT Ⅱ* 基因的转基因植株，这 2 个报告基因在后代遗传中均可表达。Bidney 等报道，基因枪和农杆菌转化或其他方法联合，可大大提高基因的转化效率。

3．真空负压技术进行基因转化

该项技术是将植物体浸入含有目的基因的菌液内，然后放入密封的容器内，抽成真空后，迅速恢复大气压力，使外源菌体或质粒借助大气压力，通过气孔进入植物体，从而实现基因转化的目的。捷克斯洛伐克的胡麻育种家利用此方法，基因的转化率可达9%。

4．种质系统介导基因转化

种质系统介导基因转化是指外源DNA借助生物自身的种质细胞为媒体，特别是植物的生殖系统的细胞和细胞结构来实现。刘燕等利用苎麻授粉后形成的花粉管通道直接导入外源DNA，并对DNA导入时间和方法进行了深入的研究，并认为DNA导入的适宜时间是11:30左右，花柱基部切割滴注的效果最佳。王玉富等对利用花粉管通道技术对胡麻外源DNA导入的后代进行了过氧化物酶同工酶酶谱分析，结果表明：DNA片段已整合到受体基因组中，并得到表达，通过形态学观察及遗传学分析发现胡麻外源DNA导入后代在株高、工艺长度、抗倒伏性等性状上有变异。该技术的成功不但可创造新的种质资源，而且成为改良胡麻品种的一种有效手段。

5．根癌农杆菌介导的基因转化

根癌农杆菌转化系统是目前研究最多的，全球有80%以上的转基因植株是利用根癌农杆菌转化系统获得。王玉富等以胡麻幼苗的下胚轴为外植体，利用抗除草剂*Basta*基因和*Gas-INF*基因，采用农杆菌介导法对胡麻转基因植株的再生及生根培养进行了研究，初步建立起了根癌农杆菌介导法的胡麻转基因系统。王毓美等报道了胡麻遗传体系的建立和几丁质酶基因对胡麻遗传转化的研究，经抗性小芽生根筛选及叶片抗性检测，初步推断几丁质酶基因已经进入胡麻基因组。黑龙江省胡麻原料工业研究所与中国科学院遗传与发育生物学研究所合作，对兔防御素 *NP-* 基因在转基因胡麻中的表达及其对胡麻枯萎病和立枯病的抗性进行了研究，目前已获得了转基因植株。捷克斯洛伐克科学院分子生物学研究所也曾进行胡麻转基因技术的研发，利用 GV3101、LBA404 等不同的菌株进行提高转化率的研究。加拿大的 Shugen 等建立了以根癌农杆菌介导的胡麻遗传转化系统，把 *ALS* 基因导入胡麻并获得了抗除草剂的转基因品系，其中 FP967 品系于 1996 年被命名为 CDC Tiffid 品种。由此可见，随着胡麻转基因技术研究的不断深入，为胡麻抗性（抗病、抗虫、抗除草剂）育种研究开辟了一条崭新的途径，使胡麻育种进入了一个高新技术时代。

第五节 胡麻主要品种

一、全国胡麻主推品种

我国育成的胡麻品种主要有内蒙古的内亚系列和轮选系列，河北的坝选系列和坝亚系列，山西的同亚系列和晋亚系列，宁夏的宁亚系列和固亚系列，新疆的伊亚系列，甘肃的陇亚系列、定亚系列、天亚系列、陇亚杂系列、甘亚系列等。本书主要介绍华北、西北六省区目前在生产上的主推品种。

（一）品种名称：陇亚 13 号

育成单位：甘肃省农业科学院作物研究所

亲本来源："CI3131 × 天亚 2 号"

选育方法：常规杂交育种

审（认）定时间：2014 年通过甘肃省农作物品种审定委员会审定；2016 年通过全国胡麻品种鉴定委员会鉴定；2018 年通过国家非主要农作物品种登记。

特征特性：生育期 96 ~ 122d。株高 52.4 ~ 65.6cm，工艺长度 26.5 ~ 46.0cm。分枝数 4.3 ~ 7.2 个。单株果数 5.9 ~ 35.0 个，千粒重 5.6 ~ 8.7g。花蓝色，籽粒褐色。粗脂肪 41.0%，亚麻酸 46.6%。抗旱、抗倒伏，高抗枯萎病。

产量表现：91.5 ~ 138.1kg/667m^2。

栽培要点：3 月中下旬至 4 月上旬播种为宜。旱地播种量 3 ~ 4kg/667m^2，水地播种量 4 ~ 5kg/667m^2。

适宜种植范围：甘肃兰州、定西、白银、平凉及宁夏、山西、河北、内蒙古等同类生态区域种植。

（二）品种名称：陇亚14号

育成单位：甘肃省农业科学院作物研究所

亲本来源："1S×89259"

选育方法：常规杂交育种

审（认）定时间：2015年通过甘肃省农作物品种审定委员会审定；2018年通过国家非主要农作物品种登记。

特征特性：生育期93~123d。油用型品种，株高41.4~76.9cm，工艺长度23.3~50.5cm。分枝数3.3~9.0个。单株果数10.3~68.8个，千粒重7.7~9.9g。花蓝色，籽粒褐色。粗脂肪41.7%，亚麻酸48.5%。抗旱、抗倒伏，高抗枯萎病。

产量表现：88.7~158.7kg/667m^2。

栽培要点：3月中下旬至4月上旬播种为宜。旱地播种量4~5kg/667m^2，水地播种量5~6kg/667m^2。

适宜种植范围：甘肃兰州、白银、定西、平凉、庆阳及内蒙古、新疆、河北等同类生态区域种植。

（三）品种名称：陇亚杂1号

育成单位：甘肃省农业科学院作物研究所

亲本来源："1S×873"

选育方法：杂交育种

审（鉴）定、登记时间：2010年通过甘肃省农作物品种审定委员会审定；2016年授权植物新品种权；2018年通过国家非主要农作物品种登记。

特征特性：油用型杂交种。生育期92~113d，属中晚熟品种。株高57.1~68.9cm，工艺长度25.3~36.8cm。分枝数

4.0 ~ 6.0 个。单株果数 8.4 ~ 28.6 个，果粒数 5.8 ~ 10.0 粒，千粒重 6.1 ~ 8.1g。花蓝色，籽粒褐色。粗脂肪 41.6%。高抗枯萎病、立枯病。

产量表现：128.4 ~ 209.4kg/667m^2。

适宜种植范围：甘肃兰州、张掖、白银、定西、平凉等同类生态区域。

（四）品种名称：陇亚杂 2 号

品种来源："1S × 陇亚 10 号"

选育方法：杂交育种

审（鉴）定、登记时间：2010 年通过甘肃省农作物品种审定委员会审定；2013 年通过全国胡麻品种鉴定委员会鉴定；2016 年授权植物新品种权；2018 年通过国家非主要农作物品种登记。

特征特性：油用型杂交种。生育期 94 ~ 115d。株高 34.9 ~ 61.9cm，工艺长度 29.9 ~ 39.0cm。分枝数 3.0 ~ 5.0 个。单株果数 9.9 ~ 23.8 个，果粒数 6.5 ~ 10.0 粒，千粒重 6.7 ~ 7.5g。花蓝色，籽粒褐色。粗脂肪 41.8%。高抗枯萎病、立枯病。

产量表现：120.3 ~ 215.8kg/667m^2。

适宜种植范围：甘肃兰州、张掖、白银、定西、平凉及新疆、宁夏、山西、河北、内蒙古等同类生态区域。

（五）品种名称：定亚 23 号

育成单位：甘肃省定西市农业科学研究院

亲本来源："8729-13-1-3 × 8431-3A-5-2-1-T4"

选育方法：常规杂交育种

审（认）定时间：2010 年通过全国胡麻品种鉴定委员会

鉴定；2011 年通过甘肃省农作物品种审定委员会审定。

特征特性：生育期 90～118d，属中晚熟品种。株高 60.7～66.7cm，工艺长度 40.1～44.0cm。每果粒数 7.0～8.0 粒，千粒重 7.5～8.0g。花淡蓝色，籽粒褐色。粗脂肪 42.59%，亚麻酸 50.20%。高抗枯萎病、抗旱、中等强度抗倒伏。

产量表现：122.56～134.48kg/667m^2。

栽培要点：甘肃海拔 1 000～2 200m 的产区播期掌握在 3 月下旬至4 月中旬为宜。播种量 3.0～4.0kg/667m^2。

适宜种植范围：新疆伊犁、宁夏固原、山西大同、内蒙古及甘肃干旱或半干旱区的水旱地种植。

（六）品种名称：定亚 24 号

育成单位：甘肃省定西市农业科学研究院

亲本来源："CI2934 × 873"

选育方法：常规杂交育种

审（认）定时间：2014 年通过甘肃省农作物品种审定委员会审定。

特征特性：生育期 97～110d。株高 52.5～65.5cm，工艺长度 25.7～45.0cm。分枝数 2.9～6.1 个。单株果数 10.4～36.6 个，果粒数 6.2～9.0 粒，千粒重 6.1～8.8g。花淡蓝色，籽粒褐色。含粗脂肪 39.6%，亚麻酸 48.9%。抗旱、高抗枯萎病。

产量表现：135.57～140.33kg/667m^2。

栽培要点：低海拔及川区产区播期掌握在 3 月中下旬，高寒区 4 月中旬为宜。播种量 4.0～4.5kg/667m^2。

适宜种植范围：甘肃省胡麻产区种植。

（七）品种名称：定亚25号

育成单位：甘肃省定西市农业科学研究院

亲本来源："坝亚9号 ×（78001–15）"

选育方法：常规杂交育种

审（认）定时间：2019年通过国家非主要农作物品种登记。

特征特性：生育期91~119d。株高58.5cm，工艺长度34.4cm。分枝数5.6个。单株果数25.2个，千粒重7.9g。花蓝色，籽粒褐色。粗脂肪39.4%，亚麻酸48.2%。抗旱、抗枯萎病。

产量表现：81.56~153.25kg/667m^2。

栽培要点：播期在3月下旬至4月中旬。播种量3.0~4.0kg/667m^2，保苗20万~35万株/667m^2。

适宜种植范围：河北张家口、山西大同、内蒙古鄂尔多斯市和乌兰察布市、新疆伊犁、宁夏固原及甘肃定西、兰州、平凉、白银、庆阳、张掖等地区种植。

（八）品种名称：定亚26号

育成单位：甘肃省定西市农业科学研究院

亲本来源："坝亚439× 红木65"

选育方法：常规杂交育种

审（认）定时间：2021年通过国家非主要农作物品种登记。

特征特性：生育期96~125d，属中早熟品种。株高43.0~81.0cm，工艺长度24.5~63.0cm。分枝数2.0~13.0个，单株果数12.1~37.0个，果粒数5.7~8.0粒，千粒重

5.8～10.0g。花紫色，籽粒褐色。粗脂肪 36.82%，亚麻酸 53.99%。

产量表现：54.65～167.76kg/667m^2。

栽培要点：播种量 3.5～4.0kg/667m^2，保苗 25 万～40 万株 /667m^2。

适宜种植范围：甘肃定西、张掖、白银、平凉、榆中、镇原等地种植。

（九）品种名称：伊亚 4 号

育成单位：新疆伊犁州农业科学研究所

亲本来源："（78–28–1）× 伊亚 2 号"

选育方法：常规杂交育种

审（认）定时间：2010 年通过新疆维吾尔自治区非主要农作物品种登记。

特征特性：生育期 80～123d，属中熟品种。株高 54.14～69.10cm，工艺长度 42.21cm。分枝数 5.76 个，单株果数 18.73 个。千粒重 7.48g。花蓝色，籽粒褐色。粗脂肪 41.3%，亚麻酸 17.5%。抗旱、抗倒伏，抗枯萎病和立枯病。

产量表现：136.4～167.0kg/667m^2。

栽培要点：伊犁河谷一般以 3 月下旬至 4 月上旬播种为宜，昭苏以 4 月中旬为宜。播种量 4.5kg/667m^2。

适宜种植范围：新疆胡麻产区及华北、西北部分胡麻产区种植。

（十）品种名称：坝选三号

育成单位：河北省张家口市农业科学院

亲本来源："德国一号"

选育方法：系统选育

审（认）定时间：2016 年通过国家胡麻品种鉴定委员会鉴定。

特征特性：生育期 95～100d。株高 56.7～65.7cm，工艺长度 38.4～46.3cm。分枝数 3.6～6.9 个。单株果数 12.7～36.6 个，千粒重 6.41～6.57g。花蓝色，籽粒褐色。粗脂肪 42.0%～44.3%，亚麻酸 55.0% 以上。抗逆性强，高抗枯萎病。

产量表现：127.6～194.3kg/667m^2。

栽培要点：5 月中旬播种，播种量 3.0～4.0kg/667m^2。

适宜种植范围：张家口市坝上地区、承德丰宁围场、山西、内蒙古、甘肃等邻近省区种植。

（十一）品种名称：宁亚 21 号

育成单位：宁夏农林科学院固原分院

亲本来源：“（定亚 19 号 × 抗 38）× 宁亚 10 号”

选育方法：常规杂交育种

审（认）定时间：2015 年通过宁夏回族自治区农作物品种审定委员会审定。

特征特性：生育期 112d。株高 51.35cm，工艺长度 31.10cm。分枝数 5.15 个。单株果数 17.30 个，千粒重 7.24g。花蓝色，籽粒褐色。粗脂肪 36.5%。

产量表现：109.16kg/667m^2。

栽培要点：旱地播种量 4～5kg/667m^2，保苗 20 万～30 万株 /667m^2；水地播种量为 5～6kg/667m^2，保苗 35 万～45 万株 / 667m^2。

适宜种植范围：宁夏南部山区旱地、水浇地春季种植。

（十二）品种名称：宁亚 22 号

育成单位：宁夏农林科学院固原分院

亲本来源：“8796× 宁亚 10 号”

选育方法：常规杂交育种

审（认）定时间：2016 年通过宁夏回族自治区品种审定。

特征特性：生育期 108d。株高 56.01cm，工艺长度 32.79cm。主茎分枝 5.75 个，单株果数 16.76 个。每果粒数 7.18 粒，千粒重 6.67g。花蓝色，籽粒浅褐色。粗脂肪 38.65%。

产量表现：96.00kg/667m^2。

栽培要点：旱地播种量 3.5～4.0kg/667m^2，保苗 30 万～40 万株 /667m^2；水地播种量为 4.0～5.0kg/667m^2，保苗 40 万～50 万株 /667m^2。

适宜种植范围：宁夏南部山区旱地、水浇地种植，春季播种。

（十三）品种名称：宁亚 23 号

育成单位：宁夏农林科学院固原分院

亲本来源：“9033×9025W-4”

选育方法：常规杂交育种

审（认）定时间：2020 年通过国家非主要农作物品种登记。

特征特性：生育期 105d。株高 52.6 cm，工艺长度 35.5cm。分茎数 1.4 个，分枝数 5.7 个。单株果数 12.7 个，每果粒数 7.5 粒，千粒重 6.35g。花蓝色，籽粒褐色。粗脂肪 42.7%，α-亚麻酸含量为 49.5%。

产量表现：123.34kg/667m^2。

栽培要点：旱地播种量 3.0～3.5kg/667m^2，保苗 30 万～40 万株 /667m^2；水地播种量为 3.5～4.0kg/667m^2，保苗 40 万～50 万株 /667m^2。

适宜种植范围：宁夏中部、南部胡麻产区春季种植。

（十四）品种名称：宁亚 24 号

育成单位：宁夏农林科学院固原分院

亲本来源："陇亚 10 号 ×8431–32–2"

选育方法：常规杂交育种

审（认）定时间：2020 年通过国家非主要农作物品种登记。

特征特性：生育期 108d，幼苗深绿。株高 60.4cm，工艺长度 42.2cm。分茎数 0.5 个，分枝数 5.5 个。单株果数 16.3 个，每果粒数 7.1 粒，千粒重 7.52g。花蓝色，籽粒褐色。粗脂肪 40.2%，α– 亚麻酸含量为 42.3%。

产量表现：158.91kg/667m^2。

栽培要点：旱地播种量 3.5～4.0kg/667m^2，保苗 30 万～40 万株 /667m^2；水地播种量为 4.0～5.0kg/667m^2，保苗 40 万～50 万株 /667m^2。

适宜种植范围：宁夏中部、南部胡麻产区春季种植。

（十五）品种名称：晋亚 10 号

育成单位：山西省农业科学院高寒区作物研究所

亲本来源："8918–1× Norlin"

选育方法：常规杂交育种

审（认）定时间：2009 年通过山西省农作物品种审认定委员会认定。

特征特性：生育期 95 ~ 110d，中熟品种。株高 50 ~ 65cm，工艺长度 40 ~ 50cm。主茎分枝 5 个以上，单果粒数 8 粒以上，千粒重 6g 左右。花蓝色，籽粒红褐色。粗脂肪 39.8%，亚麻酸 50.5%。抗旱、抗倒伏，中抗枯萎病。

产量表现：105.7 ~ 138.7kg/667m^2。

栽培要点：山西省平川地区在 4 月中下旬播种，丘陵山区 5 月上旬播种，播种量 3.0 ~ 3.5kg/667m^2。

适宜种植范围：山西省大同、朔州、忻州、吕梁等胡麻产区肥旱地以及周边类似生态区种植。

（十六）品种名称：晋亚 12 号

育成单位：山西省农业科学院高寒区作物研究所

亲本来源："晋亚 9 号 ×Flanders"

选育方法：常规杂交育种

审（认）定时间：2013 年通过山西省农作物品种审认定委员会认定，2015 年通过国家胡麻鉴定委员会鉴定。

特征特性：生育期 90 ~ 110d。株高 55 ~ 65cm，工艺长度 35 ~ 45cm。分枝数 4 ~ 5 个，单株果数 15 ~ 30 个，千粒重 6.8g 左右。花蓝色，籽粒褐色。粗脂肪 40.5%，亚麻酸 49.2%。抗旱、抗倒伏，抗枯萎病。

产量表现：81.3 ~ 122.7kg/667m^2。

栽培要点：晋西北平川地区在 4 月中下旬播种，丘陵山区 5 月上旬播种，播种量 3.0 ~ 3.5kg/667m^2，行距 20cm，平川区保苗 30 万 ~ 40 万株 /667m^2，丘陵区保苗 20 万 ~ 30 万株 /667m^2。

适宜种植范围：山西、河北、内蒙古、新疆、甘肃等胡麻产区种植。

（十七）**品种名称：轮选 2 号**

育成单位：内蒙古自治区农牧业科学院

亲本来源："母本显性核不育材料，父本天亚六号、列诺特、尚义大桃、加拿大 L6"

选育方法：轮回选择育种

审定时间：2006 年通过国家胡麻鉴定委员会鉴定；2020 年通过国家非主要农作物品种登记。

特征特性：本品种属油纤兼用型胡麻品种，生育期 100～108d，中熟型。株高 60～70cm，工艺长度 40～45cm。千粒重 6.2g 左右。花蓝色，籽粒褐色。粗脂肪 41.4%～42.6%，亚麻酸 >50.0%。生长整齐，成熟一致，落黄好，不贪青。抗旱、抗倒伏，高抗枯萎病。

产量表现：旱地 80～95kg/667m^2，水地 100～150kg/667m^2。

栽培要点：阴山南麓 4 月下旬播种，阴山北麓 5 月上旬播种。水地播种量 3.5～4.0kg/667m^2；旱地播种量 2.5～3.0kg/667m^2。水地种植第一水要早浇，一般掌握在枞形期到快速生长期之间。

适宜种植范围：内蒙古阴山南麓和阴山北麓、宁夏南部山区、甘肃定西、河北坝上等地区水旱地种植。

（十八）**品种名称：内亚六号**

育成单位：内蒙古自治区农牧业科学院

亲本来源："H58［78K-10A × 尚义大头］× 内亚二号"

选育方法：辐射诱变育种

审定时间：2007 年通过内蒙古自治区农作物品种审定委员会认定；2020 年通过国家非主要农作物品种登记。

特征特性：生育期 100～108d，株高 53～75cm，工艺长度 40～51cm，分枝数 4～5 个，千粒重 7.0～7.6g。白色花，籽粒乳白色。粗脂肪 42.4%，果胶 15.3%。

产量表现：108.23～118.36kg/667m^2。

栽培要点：阴山南麓 4 月 20 —25 日播种，阴山北麓 5 月上旬播种；阴山南麓保苗 30 万～40 万株 /667m^2；阴山北麓保苗 25 万～30 万株 /667m^2。避免连作或迎茬，选择 6 年以上轮作换茬；胡麻枯萎病重发区慎用。

适宜种植范围：内蒙古自治区阴山南麓中等肥力水地、阴山北麓旱坡地以及周边地区同等土壤气候条件的地区种植。

（十九）品种名称：内亚油 1 号（LH-89）

育成单位：内蒙古农业大学

亲本来源："H-624×E-1747"

选育方法：甲基磺酸乙酯（EMS）诱变

审（认）定时间：2008 年通过内蒙古自治区农作物品种审（认）定委员会认定。

特征特性：株高 60.3cm，工艺长度 36.3cm。分枝数 6.6 个，单株果数 25.6 个，果粒数 9.0 粒，单株生产力 1.2g，千粒重 6.6g。花蓝色，籽粒褐色。粗脂肪 41.5%，亚麻酸 2.7%。

栽培要点：行距 25cm，播种深度 3～5cm，保苗 25 万～30 万株 /667m^2 为宜。

适宜种植范围：适宜在内蒙古自治区呼和浩特市、乌兰察布市、锡林浩特市等地区种植。

（二十）品种名称：内亚 7 号（SH-266）

育成单位：内蒙古农业大学

亲本来源："H-624× 陇亚七号"

选育方法：常规杂交育种

审（认）定时间：2008 年通过内蒙古自治区农作物品种审（认）定委员会认定。

特征特性：株高 61.6cm，工艺长度 38.6cm。分枝数 6.5 个。单株果数 25.3 个，果粒数 8.6 粒，千粒重 6.3g。花蓝色，籽粒褐色。粗脂肪 42.0%，亚麻酸 53.8%。

栽培要点：行距 25cm，播种深度 3～5cm。保苗 25 万～30 万株 /667m^2 为宜。避免连作或迎茬，胡麻枯萎病重发区慎用。

适宜种植范围：适宜在内蒙古自治区呼和浩特市、乌兰察布市、锡林浩特市等地区种植。

（二十一）品种名称：内亚九号

育成单位：内蒙古自治区农牧业科学院

亲本来源："母本核不育材料 H532N［78N–20）× 五寨］，父本南选、德国三号、美国高油和加拿大 18L"

选育方法：轮回选择育种

审（认）定时间：2012 年通过内蒙古自治区农作物品种审（认）定委员会认定；2013 年通过国家胡麻鉴定委员会鉴定；2020 年通过国家非主要农作物品种登记。

特征特性：生育期 90～105d，中早熟型。株高 59.8cm，工艺长度 35.9cm。分枝数 4～5 个。全株有效果数 16～24 个，千粒重 6.0g 左右。花蓝色，籽粒褐色。粗脂肪 43.7%～44.6%，亚麻酸 51.3%。生长整齐，成熟一致，落黄好，不贪青，抗旱、抗倒伏、抗枯萎病兼抗立枯病。

产量表现：旱地 90～100kg/667m^2，水地 110～170kg/667m^2。

栽培要点：阴山南麓 4 月下旬播种，播种量

$3.5 \sim 4.0kg/667m^2$，保苗 30 万～40 万株 $/667m^2$；阴山北麓 5 月上旬播种，播种量 $2.5 \sim 3.0kg/667m^2$，保苗 25 万～30 万株 / $667m^2$。在水地种植第一水要早浇，一般要掌握在枞形期到快速生长期之间。

适宜种植范围：内蒙古阴山南麓和阴山北麓、甘肃、宁夏、河北、山西等同类生态区域水旱地种植。

（二十二）**品种名称：内亚十号**

育成单位：内蒙古自治区农牧业科学院

亲本来源："核不育材料 192× 新 18"

选育方法：常规杂交育种

审（认）定时间：2015 年通过内蒙古自治区农作物品种审（认）定委员会认定；2020 年通过国家非主要农作物品种登记。

特征特性：生育期 90～110d。株高 66.9cm，工艺长度 45.2cm。分枝数 4～5 个。全株有效果数 17～23 个，千粒重 6.5g 左右。花蓝色，籽粒褐色。粗脂肪 38.0%，亚麻酸 57.4%。抗倒伏、抗枯萎病。

产量表现：$91.7 \sim 118.8kg/667m^2$

栽培要点：阴山南麓 4 月下旬播种，播种量 $3.5 \sim 4.0kg/667m^2$，保苗 30 万～40 万株 $/667m^2$；阴山北麓 5 月上旬播种，播种量 $3.0 \sim 3.5kg/667m^2$，保苗 25 万～30 万株 $/667m^2$。

适宜种植范围：内蒙古自治区阴山南麓中等肥力水地、阴山北麓旱坡地以及周边地区同等土壤气候条件的地区种植。

二、主推品种的主要特性分类

（一）含油率＞ 40% 的品种

陇亚八号、陇亚 10 号、陇亚 13 号、陇亚 14 号、陇亚杂 1 号、陇亚杂 2 号、伊亚 4 号、坝选三号、晋亚 12 号、轮选 1 号、轮选 2 号、内亚油 1 号、内亚七号、内亚九号、定亚 23 号、陇亚杂 1 号、陇亚杂 2 号、宁亚 23 号、宁亚 24 号等。

（二）亚麻酸含量＞ 50% 的品种

坝选三号、晋亚 10 号、晋亚 12 号、轮选 2 号、内亚七号、内亚九号、内亚十号、定亚 23 号、定亚 26 号等。

（三）抗胡麻枯萎病品种

陇亚 8 号、陇亚 10 号、陇亚 13 号、陇亚 14 号、伊亚 4 号、坝选三号、晋亚 10 号、晋亚 12 号、轮选 1 号、轮选 2 号、内亚九号、定亚 23 号、定亚 24 号、陇亚杂 1 号、陇亚杂 2 号等。

（四）抗旱品种

定亚 17 号、定亚 25 号、陇亚 10 号、陇亚 13 号、陇亚 14 号、天亚 10 号、伊亚 4 号、轮选 2 号、内亚九号、固亚 7 号、固亚 11 号、定亚 23 号、定亚 24 号等。

（五）加工专用白种皮品种

内亚六号、张亚 2 号。

第四章　胡麻栽培技术

第一节　胡麻栽培技术发展历程

胡麻栽培技术的发展伴随着育种的发展，可分为4个阶段。

第一阶段：胡麻栽培技术初探阶段

20世纪50年代中期至60年代初，主要开展的是调查研究、总结栽培技术经验等，研究不系统。

第二阶段：胡麻栽培技术系统研究期

20世纪60年代至70年代，较系统地研究了播期、播种量、播种方法、耕作保墒、施肥灌溉等栽培技术，改稀植为合理密植，改迟播为适时播种，改撒播为条播，改不施肥为多施肥，改老品种为新良种，改重茬、迎茬种植为合理轮作倒茬，改板茬不耕为伏秋耕地、春耙耱等生产上适用的栽培技术。

第三阶段：胡麻栽培技术发展突破期

20世纪80年代至90年代，系统栽培研究成果的收获阶段。在单项胡麻栽培技术方面取得了重大突破，并对推广应用的单项技术进行综合配套研究，依据胡麻需水需肥规律，实施了测土配方、合理施肥等技术，形成了胡麻良种良法配套高产综合栽培技术。

第四阶段：胡麻栽培技术提质增效发展期

国家特色油料产业技术体系（原国家胡麻产业技术体系）成立（2008 年）以后，设立了营养与施肥岗位、养分管理与高效施肥岗位，开始对我国胡麻主产区不同地区胡麻需水、需肥规律的研究，同时开展了提质增效、节肥节水的栽培技术研究。

第二节　胡麻栽培技术研究概况

从 20 世纪 70 年代以来，我国在胡麻栽培技术研究方面取得了显著的成效，并从单一学科、单项措施研究向多学科、综合配套技术体系方面发展。国家特色油料产业技术体系（原国家胡麻产业技术体系）成立（2008 年）以后，高玉红、严兴初等围绕提高单产、改善品质、提高水肥利用率、增强抗逆性、降低成本、提高效益、实现绿色环保等方面的问题，对胡麻轮作倒茬、间作套种、水分运筹、养分管理、高产高效抗逆栽培生理等进行了系统研究。从土壤微生态、生理生化、碳氮代谢等方面，阐明了胡麻产量低而不稳的生态学和生理学原因以及胡麻与环境条件之间的关系，明确了胡麻需水需肥规律、肥水管理策略，提出了“以保苗增密、氮磷调水、补钾防倒、配施生物有机肥增粒增重增质”为关键的胡麻提质增效综合调控技术，并大面积应用于生产，显著提高了胡麻产量，降低了生产成本。

一、合理轮作模式研究

高玉红等开展了不同胡麻频率的轮作模式研究，结果表明：胡麻与小麦、马铃薯轮作提高了 0 ~ 60cm 土层土壤有机碳、全氮和速效磷含量，但明显降低了该土层土壤全磷含量。轮作较轮作前和连作 0 ~ 60cm 土层土壤有机碳含量分别提高 23.69% 和 19.94%，其中 25% 胡麻频率（小麦—马铃薯—小麦—胡麻）处理提高幅度最大。与轮作和休闲相比，连作显著降低了 0 ~ 60cm 土层土壤全氮含量，其全氮分解速率高达

0.91Mg/（hm^2·年），同时提高了该土层土壤铵态氮含量，降低了60cm以下土层硝态氮含量。轮作0~60cm土层全氮分解速率较连作和休闲分别降低了73.04%和103.43%。与连作和休闲相比，轮作显著降低了0~30cm土层土壤全磷含量，提高了该土层土壤速效磷含量，尤以50%胡麻频率（马铃薯—胡麻—胡麻—小麦）处理的变化幅度最大。

胡麻与小麦、马铃薯轮作能提高0~10cm土层土壤脲酶和过氧化氢酶活性、0~30cm土层的土壤微生物量碳、微生物熵和微生物生物量碳氮比例，但明显降低了0~30cm土层土壤微生物量氮含量。与轮作前、休闲和胡麻连作相比，轮作0~10cm土层土壤脲酶活性分别提高437.65%、682.86%和34.27%。胡麻连作10~30cm土层土壤脲酶活性最高，较轮作前和休闲分别高出581.04%和59.95%。轮作0~30cm土层土壤微生物碳含量较休闲和胡麻连作明显提高12.38%~70.46%。与轮作和休闲相比，连作显著提高了0~30cm土层土壤微生物氮含量，降低了土壤微生物生物量碳氮比例。

合理轮作模式研究结果表明：轮作系统中土壤细菌中存在25个门，其中变形菌门（Proteobacteria）、放线菌门（Actinobacteria）、酸酐菌门（Acidobacteria）、芽单胞菌门（Gemmatimonadetes）和拟杆菌门（Bacteroidetes）的序列总数占全部序列的88.90%，为优势种群。与轮作前和休闲相比，轮作和连作均显著提高了土壤细菌的多样性，且随着年份的推移，*Kaistobacter*菌属、抗锑斯科曼氏球菌属（*Skermanella*）、甲基杆菌属（*Methylobacterium*）的丰度逐年降低，而粉红贫养杆菌属（*Modestobacter*）、*Leatzea*菌属、硝化螺旋菌属

（*Nitrospira*）的丰度逐年增加。胡麻连作显著提高了节细菌属（*Arthrobacter*）、凯斯通氏菌属（*Kaistobacter*）和粉红贫养杆菌（*Modestobacter*）的丰度。

不同轮作模式显著影响了土壤真菌种群结构，优势种群在轮作、连作和休闲田中发生了变化。胡麻与小麦、马铃薯轮作可降低有害菌的丰度，胡麻连作明显提高了多种有害真菌和少数有益真菌的丰度。与轮作前相比，轮作明显降低了镰刀菌属（*Fusarium*）和耐冷菌属（*Geomyces*）的丰度。与连作相比，轮作明显降低了人参锈腐病菌（*Cylindrocarpon*）、亡革菌属（*Thanatephorus*）和绿僵菌（*Metarhizium*）的丰度。

对不同胡麻轮作系统土壤团聚体结构的研究结果表明，休闲、不同轮作序列和低胡麻频率显著增加了 0 ~ 30cm 土层 < 0.25mm 粒级的土壤团聚体含量。从 0 ~ 30cm 土壤团聚体质量分数可以看出，不同轮作序列对土壤团聚体的影响主要表现在 0.25 ~ 0.50mm 团聚体上。25% 胡麻频率处理下 0.25 ~ 0.50mm 和 0.50 ~ 1.00mm 团聚体含量均显著低于其他处理，分别占团聚体总量的 10% 和 3% 左右。0.25 ~ 0.50mm 团聚体含量表现为休闲较 25% 胡麻处理显著高 48.18%，50% 胡麻频率和 100% 胡麻频率处理分别较 25% 胡麻频率处理显著高出 1 倍和 2 倍。0 ~ 30cm 土层 ≤ 0.50mm 土壤团聚体含量主要受胡麻在轮作序列中所占频率的影响。

轮作序列对 0 ~ 10cm 土层土壤总有机碳含量影响最为显著，且呈表层富集现象，各轮作序列下不同土层间均以休闲处理下土壤总有机碳含量最高。总有机碳和土壤颗粒有机碳含量随胡麻频率的增加而呈下降趋势。土壤颗粒有机碳含量表现为25%胡麻频率≈休闲＞50%胡麻频率＞100%胡麻频率。25%胡麻频率处理下土壤有机碳较连作显著增加4.80%～5.95%。50%胡麻频率处理下胡麻位置对土壤有机碳影响显著，且轮作（胡麻—小麦—马铃薯—胡麻）显著高于两茬连作（小麦—马铃薯—胡麻—胡麻）。0～60cm土层土壤有机碳含量表现为休闲＞25%胡麻频率＞50%胡麻频率＞100%胡麻频率。与播前、休闲、轮作相比，连作显著降低土壤微生物碳氮比，50%胡麻频率轮作序列和土层深度对土壤有机碳和微生物量的互作效应显著。综合来看，休闲可以显著改善土壤理化性状，25%胡麻频率的轮作序列利于保持土壤团聚体稳定性，增加土壤总有机碳和土壤颗粒碳含量，而50%胡麻频率轮作序列能够提高土壤微生物量和微生物碳氮比。表明25%胡麻频率的轮作序列均可维持土壤有机碳的稳定性，是旱地胡麻比较理想的轮作序列。

就胡麻产量而言，马铃薯茬口产量比小麦茬口高16.92%。与马铃薯茬口相比，胡麻茬口种小麦产量提高22.47%。在本试验条件下，轮作系统中胡麻出现频率越高，对小麦和马铃薯的增产作用越大。胡麻、小麦、马铃薯轮作年均产量较连作提高了770～9 705kg/（hm^2·年）。马铃薯—胡麻—小麦—胡麻处理作物年平均产量最高，比其他处理提高了1 100～9 706kg/（hm^2·年）。50%胡麻频率处理的年均产量最高，与胡麻连作和25%胡麻处理相比，高出了144～3 596kg/（hm^2·年）。

二、胡麻需肥规律研究

高玉红等带领团队开展了胡麻需肥规律研究。

（一）胡麻需氮规律

胡麻是需肥较多但又不耐高氮的作物，合理施肥对于胡麻高产至关重要。胡麻为耐瘠薄作物，主要是胡麻长期种植的土地较贫瘠，实际上胡麻需肥量较禾本科作物大。胡麻生育期短，需肥集中，主要从土壤里摄取氮、磷、钾 3 种大量元素及钙、锰、锌、铜、硼等多种微量元素。胡麻的需肥规律与生长发育进程密切相关。氮素吸收在苗期速度较慢，进入枞形期以后明显增快，总体呈现出双驼峰形，其吸收峰值分别出现在出苗后 35 ~ 45d（快速生长期）和出苗后 52 ~ 62d（开花初期）。枞形期磷吸收量仅占全生育期吸收量的 8.3%，吸收高峰在现蕾期至开花期。钾素吸收前期较缓，呈单峰曲线，顶峰出现在植株快速生长期，即出苗后的 35 ~ 45d，前期吸收的钾素主要分布在茎秆中，而不同于氮、磷营养主要贮存于籽实中。

胡麻喜氮而又不耐高氮，可以通过少量多次施氮的方式来提高胡麻的籽粒产量。胡麻中氮素累积量在盛花期达到高峰，施氮利于胡麻对氮素养分的吸收，进而提高籽粒产量。一定范围内施氮提高了营养器官氮素转移量、转移率和对籽粒的贡献率，若超过这个范围，则会阻碍胡麻氮素的再分配和转运及后期营养器官向生殖器官再转运效率，从而导致减产。出苗至枞形期，胡麻的氮素吸收强度较低，枞形期至现蕾期的吸收强度逐渐增加，现蕾以后又逐渐降低，直至成熟。胡麻植株氮素吸收最快的生育时期是现蕾期，胡麻植株营养生长与生殖生长并进的时期是氮素营养吸收强度最大的时期，最大时可以达到 5kg/（m^2·d）。胡麻植株氮素积累量增加最快的时期是现蕾期，与氮素吸收强度最大时期相一致。可见，吸收强度的大小决定了其积累量的增加幅度。现蕾期氮素积累量比枞形期增加了 1.93 ~ 2.39 倍。胡麻籽粒中 47.10% ~ 57.66% 的氮素来源于叶，22.46% ~ 30.94% 的氮素来源于茎，从土壤中吸收的氮素占 21.00% ~ 30.48%。施氮可以促进胡麻干物质积累进程，但氮肥过高或过低均不利于胡麻成熟期干物质的积累。

胡麻干物质最高积累速率出现在盛花期，施氮可以提高苗期至盛花期胡麻干物质积累速率，降低青果期至成熟期干物质积累速率。施氮使得胡麻干物质积累速率高峰提前达到。苗期叶片干物质分配比率最高，随施氮量的增加，其分配比率增大。叶片干物质分配比率逐渐降低，茎秆干物质分配比率逐渐加大，随施氮量的增大变化趋势增强；盛花期高氮水平促进叶片的早衰，进而影响光合作用和干物质积累总量；现蕾期追施部分氮素，可促进青果期叶片和花果干物质分配比率保持一定的优势，为增大干物质积累量创造了条件。施氮对长生育期胡麻品种干物质分配最终结果无明显影响，对短生育期品种干物质分配影响较大，会造成短生育期品种干物质向茎叶的分配增多，减少向果实的分配。特别是在高氮条件下，容易造成短生育期品种徒长，影响其实现从营养生长向生殖生长的转换。

施氮可明显提高胡麻单株有效果数量、千粒重和产量，但果粒数无显著变化。氮肥农学利用效率随氮肥施用量的增加而降低，与胡麻单位面积产量与单株干物质质量呈显著正相关。在种植密度 7.50×10^6 粒 /hm^2 条件下，施氮可显著提高胡麻单位面积产量。基于试验区土壤养分状况，河北省张家口市和内蒙古自治区鄂尔多斯市试验区的最优施氮量分别为 90.0kg/hm^2

和 36.8kg/hm^2，可分别提高胡麻产量 30.84% 和 16.84%，氮肥施用量 150kg/hm^2 是旱地胡麻高产节肥的最佳施肥处理。

氮肥影响着胡麻不同生育阶段的时间，从出苗—开花期、出苗—成熟期天数和灌浆天数随氮肥施用量的不同而不同。出苗—开花期的天数，随施氮量增加而减少，籽粒灌浆时间随氮肥用量的增加而增加。与不施肥相比，低氮、中氮和高氮水平下，灌浆时间分别延长 1.96%、3.92% 和 11.8%。施氮与不施氮相比，出苗至开花时间平均提前了 2.56%；出苗至成熟天数，两年平均增加了 1.51% 。

（二）**胡麻需磷规律**

磷作为作物生长所需要的主要营养元素，对作物生长发育具有重要的影响。施磷有效地促进了胡麻植株地上部干物质的积累，对苗期和枞形期胡麻叶片和茎秆干物质积累均具有促进作用。现蕾期花蕾、茎秆、叶片以及植株地上部干物质日增量均随施磷量增加而显著增加。盛花期和成熟期蒴果干物质日增量逐渐提高，叶片干物质日增量呈现负增长态势，随施磷量增加幅度加大。在胡麻营养生长时期，施磷以促进茎秆和叶片干物质积累为主。进入生殖生长阶段后，以促进蒴果及籽粒干物质积累为主。盛花期是胡麻干物质积累速度最快的时期，其次为成熟期和现蕾期。磷是植物体内移动性相对较大的营养元素之一，移动量取决于作物生长发育阶段和供磷状况。

施磷提高了苗期、枞形期胡麻叶片干物质分配比率。随着胡麻生育进程推进，施磷促进了盛花期茎秆干物质分配比率的增加，达到全生育期最大值。施磷保证了现蕾期叶片功能的延续，促进了营养物质向籽粒的输送。成熟期胡麻蒴果干物质分配比率随施磷量的增加而增大，施磷有效地提高了胡麻籽粒产量。

施磷显著增加了胡麻植株地上部磷素积累总量，随施磷量增加，磷素积累量增幅加大。各器官磷素积累均表现为籽粒磷素积累量最大，茎秆次之，再次是叶片，蒴果皮磷素积累量最小。施磷导致各器官磷素含量分配比例发生变化，籽粒磷素分配比例随施磷量增加呈减少趋势，不同施磷量对茎秆、叶片磷素分配比例产生的影响不同。

由 Logistic 方程中的 A 值可以看出，胡麻植株地上部磷积累量随施磷量增加而增加；胡麻植株干物质积累量亦随施磷量增加而增加，但高磷水平低于中磷水平。施磷显著提高了胡麻茎秆、蒴果皮的干物质积累量和籽粒产量，随施磷量增加，其增幅加大。施磷显著提高了胡麻收获指数，中磷水平胡麻收获指数增幅最大。茎秆干物质积累总量与籽粒产量的关联度最大，蒴果皮次之，叶片最小。

适当施用磷肥，不仅能够提高胡麻产量，而且使磷肥具有较高的肥料利用率，有效防止磷肥损失以及因施磷过量而带来的环境问题。同一施磷水平下，胡麻磷肥利用率发生不同程度的变化。中磷水平下施用磷肥的效果最优，转化为经济产量的能力最强。收获时，高磷水平时胡麻籽粒产量最高，中磷水平时胡麻收获指数最高。高磷水平显著降低了磷肥农学利用率、生理利用率和偏生产力。综合考虑产量、磷肥农学利用率及环境污染等因素，当地胡麻施磷量以 99.36kg/hm^2 为宜。

不同施磷量只是改变胡麻不同生育阶段的养分积累量，总趋势基本一致。胡麻苗期有一定时间的缓慢生长阶段，有限的生长速率限制了养分的作用，因而苗期积累量较少；子实期和成熟期茎和叶片中，磷日增量发生大幅度变化，主要原因在于子实期籽粒的急剧生长，伴随着大量养分向籽粒转移，成熟期籽粒生长趋于稳定，对养分需求减缓，磷素较多地滞留于营养器官茎中；导致成熟期茎中磷日增量升高。

养分的吸收、同化与转运直接影响着作物的生长和发育，从而影响胡麻的产量。了解养分吸收动态变化规律，有助于采取有效措施调控作物生长发育、提高产量。胡麻磷营养的转运来自叶片，随着施磷量的增加，磷素的转运量、转运效率及在籽粒中的比例都有所降低，所以施用过量的磷不利于磷素向籽粒转运。施磷 75kg/hm^2 时，磷素的转运量、转运率及对籽粒的贡献率均最大。

肥料用量和施肥时期是施肥技术的核心，也是影响磷肥利用率的重要因素。不同施磷量只是改变胡麻不同生育阶段的磷养分积累量，总趋势基本一致。从积累百分率来看，胡麻植株在生殖生长后期的子实期和成熟期积累了全生育期磷积累量的 60.05% ~ 70.30%，盛花期、子实期和成熟期积累量占全生育期的 79.02% ~ 92.17%。综合考虑肥料的时效性，在施肥技术上，除基肥需适当施磷，以满足生育前期需磷外，在现蕾前追施磷肥是十分必要的。

磷肥可显著增加胡麻的籽粒产量，随着施磷量的增加，作物产量也随之增加，但当施磷量达一定值，作物产量增加不显著，施磷较不施磷胡麻产量增加 13.09% ~ 31.46%。研究表明，胡麻植株磷素表观利用率随施磷量的增加而降低，中磷处理时最高；施磷量较高时，磷素农学效率随施磷量的增加而下降，中磷处理时最高。说明磷肥的过量施用是导致磷肥利用率下降的重要原因之一。磷肥过量施用使得土壤中残留了大量的磷，不仅浪费资源，而且对地下和地上水体构成威胁，污染了环境。合理适量的施用磷肥，既可保证农业生产持续发展，又可减少农业系统中磷素的流失，提高磷肥利用效率。

综合考虑，胡麻栽培中磷肥的施用，建议由基施改为播前基施外，现蕾期追施；结合胡麻产量、磷肥表观利用效率和磷肥农学效率，同等肥力土壤条件下，施磷（P_2O_5）量以 75kg/hm^2 为宜。

（三）胡麻需钾规律

不同施钾量影响胡麻各生育阶段钾素养分积累，但变化趋势基本一致。枞形期，因胡麻经历较长时间缓慢生长阶段，限制了养分的吸收，钾素积累量最少，全株钾素平均积累量占整个生育期的 2.69%～7.69%。分茎期前，钾素积累主要集中在叶片，分茎期至开花期集中于叶和茎，子实期到成熟期籽粒的钾积累量迅速上升，但茎秆中的钾含量仍然很大。养分的吸收、同化与转运直接影响着作物的生长发育，从而影响产量。

根、茎和叶都是胡麻钾营养转运的主要器官，较不施钾处理，根、茎、叶钾素转运量在低钾、中钾与高钾处理下均有不同程度的增加，表明施钾促进了营养器官贮藏的钾素向籽粒转运。不同施钾处理间比较，中钾处理下根、茎和叶钾素转运量较低钾处理分别增加 19.28%～21.31%、26.34%～53.36% 和 15.87%～56.32%，较高钾处理分别增加 –0.16%～70.11%、–4.98%～68.48% 和 7.35%～45.71%，表明中钾处理有利于提高营养器官所积累钾素向籽粒的转运量，这可能是由于胡麻群体从开花到成熟阶段随钾肥用量增大，吸钾数量和强度在减少，但由于“库”的需求拉力和钾移动性强的原因，植株就会更多地动用根、茎和叶中储存的钾素来满足籽粒充实的生理代谢。根、茎和叶等营养器官对籽粒钾素的贡献率分别为6.71%～14.12%、11.24%～23.97% 和 17.26%～50.83%，可见叶片对胡麻籽粒钾素积累的贡献较根和茎大。

随着胡麻生长发育进程的推进，其吸收的钾素在各营养器官内的分配因植株生长中心的转移而发生变化。在开花前，由于器官的迅速建成，钾素在根中的分配以分茎期至现蕾期最高，为 23.41%～35.89%；在茎中以现蕾期至开花期最高，为 30.95%～55.86%；在叶片中以枞形期至分茎期最高，为 52.44%～71.41%。而后随着生育期的推进而逐渐下降。到成熟期，随叶片的衰老和脱落，钾素在叶片中的分配率下降到 7.91%～18.34%。可见，钾素在根、茎、叶中的分配表现为先增后降的趋势。钾素在蒴果皮中的分配率由开花期至子实期的 18.01%～29.52%，下降到成熟期的 9.73%～20.62%；而在籽粒中的分配率由开花期至子实期的 15.18%～18.24% 开始逐渐增大，到成熟期达到最大，为 28.76%～38.54%。

现蕾期后，胡麻开始营养生长与生殖生长并进阶段，需要吸收大量养分满足生长。因此，从现蕾期开始根、茎、叶器官之间钾素分配趋于均衡，且其钾素积累高峰因施钾量的不同而出现在不同的生育阶段。各处理间比较，中钾处理下胡麻根、茎和叶中钾素的分配率较低，而籽粒中钾素的分配率较高，较不施钾、低钾和高钾处理下的钾素在籽粒中的分配比率在成熟期的增幅分别为16.57%～31.20%、1.08%～26.80%和0.46%～13.93%。开花期以后，随着蒴果皮和籽粒中钾素积累量的增加，分配到营养器官中的钾素逐渐减少，开花至子实期蒴果皮中钾素的积累量较籽粒中大，而成熟期分配到蒴果皮中的钾素明显减少，籽粒中的钾素分配量达到最大。

开花期是胡麻钾素营养转运分配的关键时期。根、茎和叶是钾素营养转运的主要器官，叶的转运率最大。不同施钾水平下，胡麻钾素营养转运分配存在差异，其中，中钾处理下各器官转运分配能力强，尤其是茎和叶的钾素合成和积累较多。结合胡麻钾素积累、转运与分配规律以及籽粒产量，综合考虑研究区域的生态环境、土壤肥力及品种特性的差异，在同等肥力土壤条件下，胡麻的钾肥适宜用量为K_2O 37.5kg/hm^2。

不同施钾水平下胡麻各生育期单株干物质总积累量呈“先升后降”的变化趋势，且在施K_2O 37.5kg/hm^{2}水平下干物质总积累量最大，较不施钾、施K_2O 18.75kg/hm^{2}和施K_2O 56.25kg/hm^{2}分别高出10.41%～42.93%、8.24%～35.78%、7.34%～31.71%。茎部与叶部是干物质积累的主要器官，分别占全株干物质总量的29.85%～37.24%、32.11%～56.78%。

营养器官干物质积累、分配与转移量决定作物籽粒产量。而花后营养器官的同化产物在籽粒产量中所占的比例，能测度花后“源”的供应能力和同化产物的运输状况。研究表明，胡麻盛花期至子实期是籽粒产量形成的关键时期，叶片与茎秆是向籽粒“库”提供同化物的主要“源”。现蕾期，干物质在叶、茎部的分配率分别为23.12%～29.92%和61.17%～72.76%；子实期，分别下降到 8.35% ~ 14.09% 和 42.67% ~ 49.33%，转运到籽粒中的干物质量为全株的 4.11% ~ 15.58%。

籽粒产量的形成是在特定栽培措施下，“源”“库”相互作用、相互制约的结果，协调好“源”与“库”关系，促进物质向“库”器官分配是提高产量的关键。各器官中，主茎干物质输出最多，转运率高达 11.23% ~ 33.37%，叶片次之。各处理花后茎秆的干物质分配率随着生育进程的推进而呈下降趋势，表明在灌浆过程中茎中贮藏的同化物逐渐向籽粒“库”转运。籽粒积累的干物质在整个灌浆过程中呈增加趋势，说明在盛花期后籽粒是活性最大的库。开花后，胡麻叶、茎等营养器官中积累的干物质不同程度地向生殖器官转移。其中，茎干物质输出最多，其转运量为 0.24 ~ 0.29g，移动率为 21.36% ~ 23.77%，转运率为 11.23% ~ 33.37%，移动率较叶高 11.85% ~ 27.23%，对籽粒的贡献最大。施 K_2O 37.5kg/hm^2 胡麻叶片的转运量为 0.10 ~ 0.14g，分别比不施钾、施 K_2O 18.75kg/hm^2 和施 K_2O 56.25kg/hm^2 高出 13.15% ~ 36.30%、11.22% ~ 30.81% 和 10.41% ~ 29.20%。茎秆、果皮在绿色时，也具有合成和积累同化产物的能力，并随着籽粒的灌浆而逐渐将其所储备的部分同化物转移到籽粒中。施 K_2O 18.75kg/hm^2、施 K_2O 37.5kg/hm^2 和施 K_2O 56.25kg/hm^2 处理的单株胡麻果皮干物质转运量分别为 0.02 ~ 0.04g、0.02 ~ 0.07g 和 0.02 ~ 0.04g，分别高出不施钾 4.37% ~ 9.10%、3.78% ~ 8.51% 和 2.07% ~ 10.99%；施 K_2O 37.5kg/hm^2 处理的果皮的转运量为 0.07 ~ 0.22g，移动率为 16.78% ~ 19.76%，转运率为 8.51% ~ 22.37%。

不同施钾处理对胡麻籽粒产量构成因素影响较大，施 K_2O

37.5kg/hm^2 处理的单株有效果数达到 16.70 个，显著高于其他处理 0.06%～12.79%，施 K_2O 37.5kg/hm^2 处理的单株蒴果数较其他处理高 0.17%～11.57% 和 2.50%～38.98%。在胡麻的高产栽培中，可通过调节种植密度和施钾量，在获得较高的籽粒产量的同时提高钾素利用率。盛花期至子实期是胡麻植株生物产量和籽粒“库”形成的关键时期，叶和茎是籽粒充实的主要“源”器官，对籽粒产量的贡献最大。不同施钾水平下胡麻干物质积累和转运存在着显著差异，其中，中钾处理下各器官干物质积累和转运能力强，尤其是茎干物质合成和积累较多，具有较充足的“源”，后期转运量和转运率高。因此，结合胡麻产量、钾肥农学利用率、钾肥偏生产力及钾肥吸收利用率，综合考虑研究区域的生态环境、土壤肥力及品种特性差异，在同等肥力土壤条件下，胡麻的钾肥适宜用量为 37.5kg/hm^2（K_2O）处理。

三、胡麻需水规律研究

不同灌水定额和灌溉时间下，土壤水分由于受不同时期降水、温度、土壤蒸发强度、作物需水量等的影响，表现出随时间和土层深度的变化而变化的特点。在胡麻苗期，土壤含水量在 0～10cm 呈小幅增长趋势，尤以灌水 2 100m^3/hm^2 处理的含水量最高，高达 18.87%，灌水 1 200m^3/hm^2 处理的含水量最低。在 0～40cm 土层土壤含水量随土层加深开始有不同程度的上升，各处理变化趋势基本相似。在 60～100cm 土层各处理土壤含水量的变化趋势各异，2 400m^3/hm^2 处理土壤含水量随土层深度的增加而增加，3 300m^3/hm^2 处理的土壤含水量最高，高达 21.92%，灌水 1 500m^3/hm^2 处理的土壤含水量降幅最大，较灌水 3 000m^3/hm^2 处理降低了 3.40%。由此可知，苗期土壤含水量主要集中在 30 ~ 60cm 土层，而土壤表层含水量较低。

在 0 ~ 20cm 土层，灌水 2 400m^3/hm^2 和灌水 1 800m^3/hm^2 处理下，土壤含水量随土层深度表现为先增加后降低，分别降低到 13.17% 和 13.59%，而后又呈现上升趋势。在 20 ~ 60cm 土层，灌水 1 200m^3/hm^2（现蕾）、灌水 1 200m^3/hm^2（盛花）、灌水 1 800m^3/hm^2（分茎 600m^3/hm^2、现蕾 600m^3/hm^2、盛花 600m^3/hm^2）3 个处理土壤含水量呈下降趋势，降低幅度高达 2.46%。在 60 ~ 100cm 土层灌水 2 400m^3/hm^2（分茎 800m^3/hm^2、现蕾 800m^3/hm^2、盛花 800m^3/hm^2）处理土壤含水量呈上升趋势，升高了 1.89%，而其他各处理均呈下降趋势。

灌水 1 200m^3/hm^2 处理的土壤含水量最高，高达 22.07%。在 15 ~ 60cm 土层土壤含水量呈上升趋势，且各处理变化趋势基本相似。在 60 ~ 100cm 土层，各处理的土壤含水量比枞形期略高，灌水 3 000m^3/hm^2（分茎 900m^3/hm^2、现蕾 1 200m^3/hm^2、盛花 900m^3/hm^2）处理土壤含水量下降趋势最快，降低至 17.27%。在 10 ~ 15cm 土层，灌水 2 700m^3/hm^2（分茎 900m^3/hm^2、现蕾 900m^3/hm^2、盛花 900m^3/hm^2）处理的土壤含水量最高，高达 16.33%，而灌水 1 800m^3/hm^2（分茎 900m^3/hm^2、盛花 900m^3/hm^2）处理的土壤含水量最低，为 9.16%。在 20 ~ 60cm 土层，1 800m^3/hm^2 处理的土壤含水量最低，此后又随土层深度逐渐上升，灌水 1 800m^3/hm^2（分茎 900m^3/hm^2、盛花 900m^3/hm^2）处理土壤含水量变化趋势比较平缓。在 60 ~ 80cm 土层，各处理的水分在这一土层较集中，但随着土层的加深，除灌水

1 800m^3/hm^2（分茎 1 200m^3/hm^2、盛花 600m^3/hm^2）处理，其他各处理土壤含水量又开始下降。

盛花期，在 0～120cm 土层，灌水 900m^3/hm^2（分茎）、灌水 1 200m^3/hm^2（分茎）处理土壤含水量最低，明显低于其他各处理，而灌水 2 100m^3/hm^2（分茎 900m^3/hm^2、盛花 1 200m^3/hm^2）处理的土壤含水量最大。0～40cm 土层，灌水 2 700m^3/hm^2（分茎 900m^3/hm^2、现蕾 900m^3/hm^2、盛花 900m^3/hm^2）、灌水 3 000m^3/hm^2（分茎 900m^3/hm^2、现蕾 1 200m^3/hm^2、盛花 900m^3/hm^2）处理土壤含水量均高于其他各处理。40～160cm 土层，灌水 2 100m^3/hm^2（分茎900m^3/hm^2、盛花1 200m^3/hm^2）、灌水2 400m^3/hm^2（分茎 900m^3/hm^2、现蕾 900m^3/hm^2、盛花 600m^3/hm^2）、灌水 2 700m^3/hm^2（分茎 900m^3/hm^2、现蕾 900m^3/hm^2、盛花 900m^3/hm^2）、灌水 3 000m^3/hm^2（分茎 900m^3/hm^2、现蕾 1 200m^3/hm^2、盛花 900m^3/hm^2）处理的土壤含水量随土层深度的加深而呈增大趋势，且高于其他处理。表明随着灌水量增加，滞留在土壤中的水分也在随土层深度而逐渐增加，各处理土壤含水量的变化不大。表明减少灌溉量可以提高胡麻对土壤贮水的吸收利用，降低了农田总耗水量，从而更有效地增加灌溉水分的利用效率。

土壤贮水的消耗为胡麻播前土壤贮水量与成熟收获后土壤贮水量之差，其值的正负或大小反映了胡麻生长期间水分消耗和降水、灌溉等过程对土壤水分的消耗或补充。胡麻全生育期 0～100cm 土壤梯度内，播前—枞形期胡麻处于自然生长状态，但并不是生长最旺盛时期，所以对土壤的水分消耗比较低，各灌水处理的平均值均小于 0，枞形期—现蕾期时土壤贮水变化量都有所提高，因为此时胡麻生长比较旺盛，耗水量也在增大，1 800m^3/hm^2（分茎 1 200m^3/hm^2、盛花 600m^3/hm^2）和 3 300m^3/hm^2（分茎 1 200m^3/hm^2、现蕾 1 200m^3/hm^2、盛花 900m^3/hm^2）贮水变化量均大于 0，而 2 700m^3/hm^2（分茎 1 200m^3/hm^2、现蕾 900m^3/hm^2、盛花 600m^3/hm^2）处理贮水变化量小于 0。现蕾期—盛花期是胡麻土壤贮水量变化的最大阶段，与上一个阶段比较，土壤贮水变化量显著增加。说明在胡麻生长急需水分的时期，灌水能使胡麻耗水量增加，有利于胡麻的生长发育。

土壤贮水损耗量在灌溉定额 2 100m^3/hm^2 时最大，再增加灌溉额，胡麻土壤贮水消耗量反而降低，说明灌溉定额 2 100m^3/hm^2 能满足胡麻生长发育的需求，继续增加灌溉量反而不利于胡麻土壤贮水消耗量增加，在满足胡麻生长发育的供水需求的同时造成浪费，反而不利于节水目标的实现。

不同灌溉水平下的胡麻总耗水量随着灌水量的增加而增加。与对照相比，不同灌水处理的耗水量显著增加了 33.75%～56.98%，而降水量和土壤贮水消耗量占总耗水量的比例分别降低了 23.59%～36.30% 和 43.45%～83.44%，达到了显著差异水平（$P<0.05$），表明在不灌水条件下，胡麻生长主要消耗降水和土壤水。不同处理的土壤总耗水量及灌水量占总耗水量的百分率均随灌水量的增大而增加，而降水和土壤贮水所占比例则呈下降趋势。表明增加灌水量显著促进了胡麻对灌溉水的吸收利用，明显降低了胡麻对降水和土壤贮水的吸收利用。

与灌水的交互作用对成熟期土壤储水量、生长季土壤水分变化和生长季蒸发量分别有显著影响。I×N 显著影响成熟期土壤储水量、休耕期蒸散量、生长季土壤储量水变化量和全年土壤储水量变化量。平均而言，不施氮处理休耕期蒸散量比施氮 60kg/hm^2 和施氮 120kg/hm^2 显著提高了 13.67% 和 19.18%，不灌水处理比灌水 1 200m^3/hm^2 和灌水 1 800m^3/hm^2 分别显著提高了 50.48% 和 81.99%。灌水 1 200m^3/hm^2 和灌水 1 800m^3/hm^2 较不灌水 ETg 平均分别增长了 24.63% 和 44.68%。ETg N0 处理较 N60 和 N120 分别显著降低了 7.51% 和 17.16%。在灌水条件下，N60 和 N120 的 ETg 较 N0 平均提高了 2.56% 和 6.37%。在高施氮水平下，土壤水分全年变化随灌水量的增加而增加，在相同施氮水平下，灌水增加了胡麻籽粒产量，而在灌水 1 200m^3/hm^2 水平下，高施氮量降低了胡麻籽粒产量。

四、前景与展望

伴随时代发展和人民生活水平提高，市场对胡麻栽培需求将由量变转为质变，胡麻籽、胡麻油等产品逐渐走进千家万户，市场对有机和绿色食品的需求在不断增加，将进一步促进胡麻部分传统耕作向绿色有机种植的转变。

在国家推进主要农作物全程全面农业机械化契机下，胡麻种植模式也将面临从传统人工收获向机械化收获转变的机遇。胡麻机械收获茎秆缠绕、含杂高问题的基本解决，以及适宜丘陵山地胡麻联合收割机的研制成功，为逐步实现胡麻全程机械化提供了技术保障。

新的机遇面临新的挑战。目前关于胡麻机械化栽培技术的研究较为薄弱，在高效施肥、精量机播和苗期管理等前期过程，高效追肥节水等中期管理，以及保叶防衰、抗倒伏、延迟机收等后期管理环节还需要进一步深入研究，从而为全面实现胡麻全程机械化构建技术支撑。

第三节　胡麻栽培技术

一、选地与耕作

（一）地块选择

在种植前要对上茬种植作物的生长情况和田间施肥量做详细的了解，判定耕地肥力状态，这是确定施肥量和施肥种类的重要依据。胡麻虽耐瘠薄，但还是需要进行合理施肥才能获得高产，有条件的地方进行田间肥力测定会更加科学。

选用中上等肥力，4～5年内未种胡麻，平整、无盐碱斑块，杂草较少，水地选择排灌便利的土地。伏耕或秋深耕25cm以上，一般用于胡麻种植的地块应在秋季进行深耕续墒，以积蓄充足的水分，翌年早春解冻后及时耙耱整地，达到土壤细碎、地面平整、上松下实，以利防旱保墒，为胡麻生长创造良好条件。

（二）合理轮作

不同茬口对胡麻的出苗率、产量、品质均有影响，豆茬、麦茬等都是胡麻的良好茬口。前茬作物会带走土壤中部分营养成分，并且土壤中残留的植株体、根际微生物及伴随作物发生的杂草、病虫害都会对土壤有很大的影响，因此，轮作倒茬既可减轻病虫危害，也可改善土壤的营养条件。胡麻忌连作（即第二年仍然在同一块地上种植胡麻）或迎茬（隔年种植，即在同一块地的第二年种植其他作物，而第三年又种植胡麻，茬口相迎），连作或迎茬易引起严重的病害和杂草，同时使土壤养分比例失调，降低土壤肥力，造成减产。据有关资料，连作比轮作一般减产35%~50%，并且轮作地块发生立枯病仅占5%，连作地块高达60%。因此，因地制宜，选好胡麻的前茬十分重要。前茬以大豆、玉米、小麦为宜。荞麦茬胡麻植株矮小，叶片黄，产量低，不适宜种植胡麻。在胡麻栽培中，胡麻枯萎病、立枯病病原菌在土壤中能存活5~6年，因此，胡麻轮作的周期应在5年以上。

（三）精细整地

胡麻的根为直根系，主根入土可达1.0~1.2m，所以胡麻对土壤要求比较严格，种植胡麻应选择地势平坦、土层深厚、保肥力强、排水良好的地块。胡麻种子小，幼芽顶土力弱，发芽需水多。胡麻胚根柔嫩，子叶拱土能力差，播种不宜太深。整地质量直接影响胡麻出苗，因此在耕作栽培上，不论哪种土壤都需要实行精细整地，保持土壤疏松平整，保墒，以利于胡麻保苗。必须在前茬作物收获后及时耕翻，耕深在20cm以上，随耕随耱，早春顶凌耙耱保墒。内蒙古地区春季多风少雨，十年九旱，所以根据不同前茬，整好地、保住墒，提高整地质量对防旱保苗有着重要的意义。

（四）施足基肥

施肥以有机肥为主，为进一步提高单产，配合施用化学肥料。有机肥含有多种营养元素，是保证胡麻正常生长发育的根本措施之一，并且能够改良土壤，在播前秋翻整地时一次性施入土壤。底肥的施用应结合测土的结果进行，做到配方施肥。根据《现代农业科技》的研究发现每生产胡麻籽100kg，需要从土壤中吸收N 6kg、P_2O_5 2kg、K_2O 4kg。有条件的地方，一般施有机肥1 000~2 000kg/667m^2、尿素12kg/ 667m^2、磷酸二铵

13kg/667m²，施肥的方式为集中沟施。有研究指出，配合施尿素 15kg/667m²、磷酸二铵 15kg/667m²、硫酸钾 6kg/667m² 这个组合最佳。

二、播种

保证单位面积有合理而足够的苗（株）数是提高单产、增加总产的中心环节。春旱、晚霜冻以及病虫杂草害都会影响单位面积有效株数。为达到保苗增株目的，保证种子质量，合理密植，选择合适的播种工具、播种方式都是十分重要的环节，生产中应注意以下方面。

（一）精选良种

良种是增产的首要条件。合适的品种和高质量的种子是保证高产的基础。生产用种必须具有品种纯度高、无病虫、杂质少、种子饱满、发芽率高等特点。种子应籽粒饱满、发芽率≥ 90%、纯度≥ 97.0%、净度≥ 96.0%、种子含水量≤ 9.0%，同时要采用上年收获的种子。在胡麻播种前，应及时对种子进行处理，可晒种 1～2d，以提高发芽率。胡麻是自花授粉作物，天然异交率低，利于保留种子优良特性，不提倡使用自留种，若不能做到每年换种，应至少 2 年换 1 次种，如连续播种自留的种子超过 3 年，就会出现出苗不整齐、长势较弱、品质下降、减产严重的现象。因此，要建立种子田，采用先进的科学技术进行管理，成熟后及时收获、脱粒、晒干、入库保存，做到单收、单打、单存，以保证种子质量。

各地应因地制宜，依据本地区的生态条件、地力水平、种植模式等，选择适合本地区种植的品种。内蒙古干旱和半干旱地区选择抗旱性好、抗病、丰产、抗倒伏能力较强的优良品种，如轮选 2 号和内亚九号等品种。

胡麻苗期的主要病害有炭疽病、立枯病、枯萎病，播种前用种子重量 0.2% 的 50% 福美双可湿性粉剂进行拌种。

（二）选择合适的播种工具

良好的播种工具是保证胡麻适期播种、提高播种质量的必要条件。各地依据当地的经济条件及耕作习惯，选择适当的播种机械。耧播或机播，行距 20cm，也可实行宽窄行种植，宽行 33cm，窄行 10cm。胡麻顶土力弱，要掌握好适宜的播种深度，俗话说“深谷子浅糜子，胡麻种在浮皮子”，一般墒情较好时播深 2～3cm，墒情差时播深 3～4cm，播种过深会影响出苗。如果采用牵引五行播种机播种，播种量 2.8kg/667m^2，行距 25cm，播深 3cm 左右，覆土一致，播后磙压，保证播种质量。黏重土壤在播后遇雨雪时就会形成板结层，要及时耙耱，破除板结，以利于出苗，防止出现缺苗现象。

（三）适时早播

胡麻适时播种技术是一项重要的增产技术，因为胡麻播期对营养生长、生殖生长以及产量高低有重要影响。胡麻种子发芽的最低温度为 1～3℃，低于 1℃则不能发芽，最适温度为 20～25℃。适宜播种期为春季日平均气温稳定通过 2℃的初日，表土层 5～10cm 土壤温度稳定在 5℃左右即可播种，播种愈迟，气温愈高，产量愈低，所以应当根据当年气候条件适时早播。适时早播能使胡麻个体有充分的营养生长时间，有利于根系发育、提高抗旱能力。俗话说“土旺种胡麻，七股八个杈；立夏种胡麻，秋后常开花”，这充分说明适时早播的好处。

播种亦不宜过早，地温偏低，影响种子发芽和出苗，如遇“倒春寒”天气，会造成大面积烂苗、死苗，并在快速生长期会遇到“掐脖旱”造成减产；播种过迟，出苗到开花正处于高温多雨季节，营养生长和生殖生长交织进行，生育期缩短，不利于干物质的形成和积累，容易贪青、倒伏，导致花果数减少，产量降低。同时由于各地气候条件不完全一样，具体时间还应灵活掌握。如果播种过迟，则会使胡麻幼苗在温度较高的条件下生长，这样地上部分的生长比地下部分快，扎根不深，抗旱能力差，特别是在现蕾开花期间，容易受旱而减产。胡麻早播可以充分利用土壤解冻后的返浆水，提高出苗率；早播还可以闯过最末一次晚霜危害；早播可延长苗生长时间，使营养体得到充分的生长，为后期胡麻的开花结果创造良好的条件。

胡麻幼苗刚出土时不耐冻，–2℃就会发生冻害，但两对真叶后，能忍受地面最低 –5℃的低温。因此，应该依据当地当年气象条件确定适宜的播期。在内蒙古地区阴山南麓 4 月中下旬播种，阴山北麓 5 月上旬播种。

（四）合理密植

胡麻植株矮小，株型紧凑，叶片上举，为密植作物，但也不是越密越好，过密会因引起倒伏而减产。具体播种量需根据千粒重、发芽率、净度和土壤墒情等而定。

一般旱坡地播种量 2.0 ~ 3.0kg/667m^2，亩保苗 20 万 ~ 25 万株。二阴地播种量 3.5 ~ 4.0kg/667m^2，亩保苗 25 万 ~ 30 万株。灌区播种量 4.0 ~ 5.0kg/667m^2，亩保苗 30 万 ~ 40 万株。

合理密植是胡麻获得高产的重要措施之一。播种 10 ~ 20d 胡麻出苗后进行出苗率调查，估算田间苗数。每块地至少取 5

个以上的样点，样点要均匀分布于地块，每样点 1m^2，数每样点的苗数，样点苗数平均后估算地块苗数。田间苗数的数量决定选择适宜的田间管理措施，若田间苗数低于上述范围，则可以适当增施肥料，增加分茎；若田间苗数高于上述范围，则要控制肥水，降低株高，防止后期倒伏；若田间苗数高于 40 万株 / 667m^2，则可以通过间苗等措施减少田间苗数。

三、田间管理

（一）合理施肥

有机肥料亦称“农家肥料”。凡以有机物质（含有碳元素的化合物）作为肥料的均称为有机肥料。化学肥料是指用化学合成方法生产的肥料，包括氮、磷、钾、复合肥。化肥在农业生产中的大量使用，会带来诸如农产品品质下降、土壤板结、污染水源等问题，而这些都是由于土壤长期缺乏有机质和过量使用化肥造成的，而要解决这些问题最根本的办法就是减少化肥的使用量，增加有机肥的使用，以提高土壤有机质与土壤肥力。水地随播种分层施用种肥磷酸二铵 5kg/667m^2，尿素 2.5kg/667m^2。旱地随播种分层施用种肥磷酸二铵 3～5kg/667m^2，尿素 1kg/ 667m^2。

（二）适当追肥

现蕾到盛花期是胡麻的需肥临界期，在施足基肥的基础上及时追肥，追肥以氮肥为主，最好在胡麻枞形期追施。提苗肥：结合第一次灌水追施尿素 5kg/667m^2 左右，要小水细灌，以免冲坏胡麻幼苗。攻蕾肥：胡麻刚要现蕾时，结合第二次灌水追施尿素 8～10 kg/667m^2，满足植株在营养生长和生殖生长并进时期对水分和养分的需求，以促进分枝、多开花、多结蒴果。如胡麻苗长势旺盛不缺肥，攻蕾肥可以少施或不施。追肥过晚，特别是氮肥追施过晚容易发生贪青晚熟，造成减产；若苗壮，长势旺盛，追肥可不施或少施。

（三）灌水

根据胡麻需水特点，一般在苗高 6 ~ 10cm 时灌第一次水；现蕾到开花前灌第二次水，以满足植株迅速生长和开花结桃对水分的需求；局部地区沙壤土保水能力差的可以根据天气情况在生育期增加 1 次灌水。胡麻开花后，根据天气情况确定是否需要浇水，如遇干旱造成土壤出现龟裂，要继续浅浇水，但要防止倒伏，以免造成减产。在胡麻开花末期至成熟期尽量不灌水，灌水不但会延长成熟时间，同时还会增加倒伏的风险。

（四）中耕

胡麻生育期间一般中耕锄草 2 次。第一次在枞形期（苗高 10 ~ 12cm）进行，浅中耕 3 ~ 5cm 为宜，但要锄细锄尽，达到土壤表层疏松，这样既可避免杂草与幼苗争夺水肥，又能促进幼苗生长。第二次在现蕾时进行，宜深中耕，但注意不要伤根，中耕深度应达 10cm 左右，此时深锄可促进根系发育，扩大根系吸收范围，利于吸收土壤中更多的水分和养分。

（五）胡麻主要病虫草害防治

胡麻生产受到许多因素的制约，其中病虫草害是最主要的制约因素之一。近年来，病虫草害问题日渐突出，降低了胡麻产量和品质，制约了胡麻产业的发展。因此，及时防治病虫草害是保证胡麻稳产丰产的重要保障。胡麻病虫草害防治详细介绍见第五章。

四、收获与贮藏

胡麻收获早晚对产量有直接影响，适时早收有一定增产作用，胡麻最佳收获期为黄熟后期。田间有 75% 的植株上部蒴果开始变褐，叶片凋萎，种子呈固有光泽，并与蒴果隔膜分离，摇动植株沙沙作响，籽粒饱满即可收获。收获后及时晾晒脱粒，否则蒴果易干裂脱粒，影响产量，种皮变厚，出油率降低。胡麻种子外面有一层果胶质，遭雨易粘成团，极易霉烂，以致失去发芽能力，所以应及时脱粒、晾晒、入库。贮藏期间，严格控制贮藏室温度，一般控制在 15℃以下。

第五章　胡麻主要病虫草害研究概况及综合防控技术

第一节　胡麻主要病害研究概况及综合防控技术

一、胡麻主要病害国内外研究概况

国外报道危害胡麻的病害有 15 种之多，其中国际上危害严重的主要病害有：北美洲的锈病［病原：*Melampsora lini* (Ehrenb.) Lév.］、欧洲的派斯莫病［病原：*Septoria linicola* (Speg.) Garassini］和亚洲的枯萎病［病原：*Fusarium oxysporum* f. sp. *lini* (Bolley) Snyder et Hansers］是影响当地胡麻产量的主要病害。胡麻曾被作为植物抗病性研究的模式化植物进行了大量的研究，特别是在胡麻抗锈病研究方面取得了较大的成就。在我国，胡麻主要分布在干旱、冷凉的西北、华北和东北的部分地区，目前发生的胡麻主要病害有枯萎病、白粉病和派斯莫病。

（一）胡麻枯萎病国内外研究概况

胡麻枯萎病是胡麻生产上最重要、最具毁灭性的病害。早在 20 世纪初，由于胡麻枯萎病的发生，导致北美地区的胡麻生产不断地向新开垦的土地转移以避开土传的胡麻枯萎病，直到二三十年代选育出Bison、Redwing和Bolley Golden等抗胡麻枯萎病的品种后，胡麻生产才得以在同一地区大面积种植。1894年在美国北达科他州农业试验站建立了胡麻抗枯萎病鉴定病圃，到现在已有120多年的历史。Spiemeyer等利用RFLP基因连锁图谱鉴定了胡麻2个数量基因座对抗枯萎病的“主效作用”，说明即使抗性是由多基因控制，也可以通过其中的一个或几个基因座（具有主效作用）来得到解决。国外学者通过各种手段间接地研究了抗枯萎病机制，许多研究表明植株感染枯萎病后与抗病有关的几种酶（苯丙氨酸解氨酶PAL、过氧化物酶POD、多酚氧化酶PPO）有明显的变化特点。1961年在美国北达科他州立大学Mandan试验站育成第一个兼抗胡麻锈病和枯萎病的胡麻品种——Renew。荷兰的Kroes、Baayen和Lange对由胡麻枯萎病引起的根腐的组织学进行了研究。

胡麻枯萎病在我国也早有发生，但由于当时未形成较大危害，一直没有引起足够重视，直到20世纪70年代末，该病才表现出严重的危害，并有逐年上升的趋势。1980年最早在新疆伊犁地区严重发生，面积达5.63万亩，占该地区胡麻种植总面积的12.58%。20世纪80年代中期以来，该病害在我国胡麻主产区普遍蔓延。20世纪90年代我国的高抗枯萎病系列品种育成应用后，胡麻枯萎病的危害才得以控制。杨万荣、薄天岳用28份亲本、F_1、F_2及BC_1材料同年种植在自然病圃，生育期间调查枯萎病发病情况，分析F_1与亲本的抗病性关系、F_2抗病遗传表现以及抗病性的回交效应。结果表明，高抗枯萎病品种资源具有的抗性属于细胞核显性遗传，适宜在早代进行严格选择，适合进行回交转育。刘信义、薄天岳等曾于1992—1995年用8个抗病和感病胡麻品种连年种植在河北、山西、内蒙古、甘肃、新疆等地发病均匀的地块进行胡麻枯萎病菌致病性的监测试验，结果表明：几个感病品种如晋亚2号、天亚2号在国内不同地点均表现高度感病；而几个抗病品种的抗病性虽然在不同地点存在差异，但是均较感病品种发病率显著降低。事实上，我国不同育种单位育成的抗枯萎病胡麻品种如内亚九号、陇亚7号、天亚5号、晋亚6号、伊亚2号等在我国胡麻品种联合区试的各个试点均表现为高抗枯萎病，这表明我国胡麻枯萎病菌至今没有明显的生理小种分化。

国家特色油料产业技术体系（原国家胡麻产业技术体系）于2008年启动之后，胡麻病害防控岗位专家张辉研究员带领团队成员，针对胡麻枯萎病开展了以下研究。

1．制定并颁布了《胡麻品种抗枯萎病田间鉴定方法》

胡麻枯萎病从苗期至收获期均有发生，主要通过土壤传播，其次是种子带菌传播，产生的危害较严重。种植抗枯萎病品种是防治胡麻枯萎病最经济有效的办法，所以对品种的抗枯萎病鉴定尤其重要。张辉等在多年鉴定试验工作的基础上，对试验结果进行了总结，制定并颁布了《胡麻品种抗枯萎病田间鉴定方法》，主要是制定胡麻抗枯萎病的分级标准与调查方法，为选育抗枯萎病胡麻新品种提供技术标准。

胡麻枯萎病抗病性调查方法：

出苗期调查出苗率，记录总株数。分别在枞形期、现蕾期和青果期进行3次抗病性调查，并拔除枯萎株。统计枞形期至青果期的总枯死株数和计算总枯死株率（N）。

总枯死株率（N）=［三次调查枯死株总数/总株数 × 100%］

抗枯萎病程度按总枯死株率（N）值大小划分为5个级别：

免疫（I）　N=0%

高抗（HR）　0% < N ≤ 5%

中抗（MR）　5% < N ≤ 20%

中感（MS）　20% < N ≤ 50%

高感（HS）　N > 50%

2．建立胡麻抗枯萎病鉴定病圃，开展品种抗病性鉴定

内蒙古自治区农牧业科学院胡麻课题组于1982年建立胡麻抗枯萎病鉴定病圃，截至目前已经连续种植胡麻40年，并且多次进行人工接菌，该病圃病菌量大、分布均匀，符合做抗病鉴定的要求。内蒙古自治区农牧业科学院是农业部指定的国内开展胡麻抗枯萎病鉴定的单位，负责对全国胡麻联合区域试验材料进行抗枯萎病鉴定，共鉴定出天亚5号、天亚7号、陇亚7号、陇亚10号、陇亚12号、陇亚13号、陇亚杂2号、陇亚杂3号、定亚22号、定亚23号、轮选一号、轮选2号、内亚九号、晋亚8号、晋亚9号、同亚9号、同亚12号、坝亚七号、坝选三号、宁亚17号、伊亚6号等21个抗枯萎病品种并通过国家审（鉴）定。2008年开始对体系胡麻育种专家提供的高代材料和资源材料进行抗枯萎病鉴定。截至2020年12月，从1 186份材料中筛选鉴定出高抗枯萎病材料105份，为育种专家选育综合性状优良的品种提供了准确的抗病性信息。2017年胡麻开始实行新品种登记制度，张辉研究员被农业农村部指定为胡麻新品种登记抗病鉴定专家，负责全国胡麻

新品种登记抗枯萎病鉴定工作，累计对 32 份拟登记胡麻新品种进行了抗枯萎病鉴定。

3．完成了胡麻枯萎病菌遗传多样性及群体结构变异研究

采集了我国甘肃、宁夏、内蒙古、河北、山西和新疆 6 个胡麻主产区枯萎病样本，利用 ISSR 方法开展了胡麻枯萎病菌遗传多样性及群体结构变异研究。

首先，根据培养特征和镜检孢子形态等形态学特征，初步判断分离纯化得到的 678 株菌株均为尖孢镰刀菌；其次，通过 ITS 序列确定 96 株菌株为尖孢镰刀菌；最后，对确定为尖孢镰刀菌的 96 株菌株进行 ISSR 分析。利用软件 NTSYS 分析 ISSR 图谱原始二元数据，计算出菌株之间的遗传相似系数，构建聚类树状图，当相似性系数为 0.88 时，96 株供试菌株被分为 5 个类群，并与地理来源存在相关性。从聚类结果看，第 5 类群亚类Ⅴ包含了除河北省之外的其他 5 省区的菌株，并以山西和甘肃的菌株为主，这说明我国胡麻主产区的枯萎病菌是一个病菌，随着寄主、环境等因素不同，病菌的发育进化使得各省区的病原菌出现了一定的遗传重组和差异。河北坝上地区菌株的差异可能是因为地理环境和生态差异导致的。

本研究结果表明，来源不同的尖孢镰刀菌的不同菌株间，除形态性状出现一定程度的差异之外，DNA 分子水平也出现了明显差异，其基因在 SSR 区域的多态性比较复杂且分化明显，因此，ISSR 标记能显示出各菌株分子水平上的遗传多样性。同时说明 ISSR 分析技术可以分析尖孢镰刀菌种内菌株的遗传多样性。不同地区的病菌 DNA 水平差异说明其致病力也存在差异，给我国胡麻抗枯萎病品种选育提出了新的挑战。

4．开展了尖孢镰刀菌致病机理研究

植物真菌致病机理比较复杂，有多种致病因子参与侵染寄主植物组织的过程。在这些致病因子中，有参与信号识别及信号传导的，有破坏降解植物细胞壁的（如细胞壁降解酶类等），还有植物毒素类、抵抗寄主防卫反应的酶类及小分子物质等，这些致病因子共同起着作用，相互协作。其中细胞壁降解酶类和植物毒素类，在致病力表现中较显著，甚至不可缺少。张辉研究员及其团队重点比较了致病性尖孢镰刀菌与非致病性尖孢镰刀菌在侵染过程中毒素和几种细胞壁降解酶的产生情况，结果表明：致病性尖孢镰刀菌在侵染过程中毒素、蛋白酶、淀粉酶和果胶酶的产生速度和产量均高于非致病性尖孢镰刀菌。

（1）毒素产生的测定。实验原理为：尖孢镰刀菌产生的一些有毒次生代谢产物可以抑制种子的萌发，通过分析种子的萌发率来判断是否有毒素产生。

分别用培养过致病性尖孢镰刀菌和非致病性尖孢镰刀菌的PDB，改良 Fries 培养基和查氏培养基滤液浸泡胡麻种子。结果显示，直接用培养基浸泡过的胡麻种子萌发率可以达到 98% 左右，用培养过非致病性尖孢镰刀菌的培养基滤液浸泡过的胡麻种子萌发率可以达到 80% 左右，用培养过致病性尖孢镰刀菌的培养基滤液浸泡过的胡麻种子萌发率仅达到 40% 左右，而且种子即使萌发芽长也受到抑制。本实验说明致病性尖孢镰刀菌在侵染过程中产生的毒素要比非致病性尖孢镰刀菌产生的多，说明尖孢镰刀菌可以通过产生毒素进行侵染。

（2）蛋白酶产生的测定。实验原理为蛋白遇 $HgCl_2$ 溶液变浑浊。如果尖孢镰刀菌可以产生蛋白酶，就会将蛋白降解，加

入 $HgCl_2$ 溶液（5% $HgCl_2$，2mol/L HCl，蒸馏水 100mL）就会产生透明圈。根据透明圈的产生来判断是否有蛋白酶产生。

结果显示，致病性尖孢镰刀菌和非致病性尖孢镰刀菌均有透明圈产生，说明它们均有产生蛋白酶的能力。但是从透明圈直径和菌落直径的大小来看，致病性尖孢镰刀菌透明圈直径和菌落直径基本一致，非致病性尖孢镰刀菌透明圈直径远小于菌落直径，说明致病性尖孢镰刀菌菌丝生长的速度与蛋白酶的分泌几乎是同步的，非致病性尖孢镰刀菌蛋白酶的产生要滞后于菌丝生长的速度。本实验说明致病性尖孢镰刀菌在侵染过程中产生的蛋白酶要比非致病性尖孢镰刀菌产生得快且多，说明尖孢镰刀菌可以通过产生蛋白酶进行侵染。

（3）淀粉酶产生的测定。实验原理为碘遇淀粉变蓝。如果尖孢镰刀菌可以产生淀粉酶，就会将淀粉分解，加入 0.3%（m/V）的碘 / 碘化钾溶液就不会变蓝，而是产生透明圈。根据透明圈的产生来判断是否有淀粉酶产生。

结果显示，致病性尖孢镰刀菌和非致病性尖孢镰刀菌均有透明圈产生，说明它们均有产生淀粉酶的能力。但是从透明圈直径和菌落直径的大小来看，致病性尖孢镰刀菌透明圈直径和菌落直径基本一致，非致病性尖孢镰刀菌透明圈直径远小于菌落直径，说明致病性尖孢镰刀菌菌丝生长的速度与淀粉酶的分泌几乎是同步的，非致病性尖孢镰刀菌淀粉酶的产生要滞后于菌丝生长的速度。本实验说明致病性尖孢镰刀菌在侵染过程中产生的淀粉酶要比非致病性尖孢镰刀菌产生的快且多，说明尖孢镰刀菌可以通过产生淀粉酶进行侵染。

（4）果胶酶产生的测定。试验原理为果胶质遇钌红溶液会变色。如果尖孢镰刀菌可以产生果胶酶，就会将果胶质分解，加入 0.03%（m/V）钌红溶液就不会变色，而是产生透明圈。根据透明圈的产生定性判断是否有果胶酶产生。采用 DNS 法定量测定果胶酶活性。

定性测定结果显示，致病性尖孢镰刀菌和非致病性尖孢镰刀菌均有透明圈产生，说明它们均有产生果胶酶的能力。但是从圈的透明度来看，致病性尖孢镰刀菌产生的透明圈要大且亮，非致病性尖孢镰刀菌产生的透明圈小且浅。定量测定结果显示致病性尖孢镰刀菌果胶酶产量（17.62U/g）显著（$P < 0.05$）高于非致病尖孢镰刀菌果胶酶产量（6.58U/g）。本实验说明尖孢镰刀菌可以通过产生果胶酶进行侵染。

5．开展了抗、感枯萎病胡麻品种生理生化指标分析

生活在自然界的植物，会面临各种各样环境胁迫（如病原菌侵染、干旱、冷冻等），当其受到逆境胁迫时，其细胞膜结构被改变、体内酶活性降低、光合作用受到抑制，使得它的正常的生理、生化代谢紊乱，其体内积聚过多的有害物质。植物受到胁迫时，其光能吸收率会降低，从而固定 CO_2 的能力受到抑制，O_2 等被作为电子受体而产生了超氧阴离子自由基（$\cdot O_2^-$），$\cdot O_2^-$ 又触发一系列反应，最终导致植物体内活性氧（ROS）大量猝发。过剩的活性氧（ROS）会对植物体内的细胞器造成损伤。当植物细胞膜周围的活性氧浓度超过正常值，膜脂会被氧化生成丙二醛（MDA），相对较高的 MDA 含量也会对植物造成一定程度的伤害。因而，植物在长期进化过程中为了应对环境胁迫引起的各种伤害，其体内的免疫应答反应可被 ROS 激活，同时，随着胁迫的持续以及有害物质的累

积，植物通过调用、合成渗透调节物质来保护自我。植物还进化形成完善的抗氧化系统来维持 ROS 的代谢平衡。过氧化物酶（POD）和超氧化物歧化酶（SOD）是存在于植物细胞内、清除过剩活性氧（ROS）的关键酶。通过对抗枯萎病品种和感枯萎病品种根部 MDA、POD、SOD 含量进行分析测定，结果显示，抗枯萎病品种根部 POD、SOD 含量均高于感病品种，MDA 含量低于感病品种，说明在枯萎病菌侵染下，抗病品种可通过产生 POD、SOD 来防御病原菌侵入并保护自身细胞免受伤害。

6．开展了胡麻抗枯萎病遗传机制研究

为了从分子水平上揭示胡麻抗枯萎病相关的遗传机制，对内亚六号（感病）和内亚十一号（抗病，内亚六号突变体）进行混池测序，分别获得了 553 295 个和 550 996 个 SNP 位点。根据各类型 SNP 突变的数量对样本和突变类型分析，15 号染色体上发现 C 碱基被替换 T 碱基的 SNP 位点，该 SNP 位点的 38bp 处检测了 *Lus10000407* 基因，主要功能为糖基转移酶，该基因在植物的生长发育和抗病抗逆等过程中发挥重要作用。通过 InDel 检测，2 个材料之间的差异片段为 223 个，在 15 号染色体缺失片段的 8 177bp 处的基因编码区检测到 *Lus10000407* 基因，与 SNP 位点关联的基因相同，说明很可能该基因编码区的 C 碱基被替换 T 碱基导致突变，即内亚六号（感病）的 *Lus10000407* 基因编码区的 SNP 位点（C/T）突变导致内亚十一号抗病。下一步将通过这 2 个材料杂交获得 F_2 代群体进行图谱定位，结合转录与 qPCR 技术表达水平上进一步验证，最后利用基因编辑技术验证该基因功能。

7．筛选出3株胡麻枯萎病生物防治菌剂，并对其防治机理进行了初步研究

为筛选拮抗胡麻枯萎病菌的生防微生物，对采自我国不同省份的胡麻根围土壤进行了细菌分离和拮抗菌筛选，筛选出了对胡麻枯萎病病原菌有较强拮抗作用的3株生防菌——枯草芽孢杆菌、放线菌和萎缩芽孢杆菌。

（1）枯草芽孢杆菌XJ2–20。XJ2–20盆栽实验的胡麻枯萎病防效可达56.3%，对151株尖孢镰刀菌菌株的抑菌率最高可达64.5%，其发酵滤液可抑制尖孢镰刀菌生长及抑制分生孢子萌发。菌株XJ2–20的抑菌活性物质的最佳硫酸铵沉淀浓度为70%，活性物质对热和胰蛋白酶敏感，最适pH值为7。其最佳发酵条件：LB液体培养基（初始pH值7.2），每300mL三角瓶装液量50 ~ 100mL，29℃培养5d。

（2）放线菌GS2–1。GS2–1对151株尖孢镰刀菌均有较好的抗性，抑菌率最高可达到73.9%；其发酵液可导致镰刀菌孢子膨大变形，菌丝折叠断裂。其最佳发酵条件：培养时间6d，温度29 ~ 32℃，初始pH值7.2，装液量100mL/300mL三角瓶，培养基为改良2号液体培养基。其抑菌活性物质可以被氯仿萃取，并且具有较好的热稳定性，最适pH值为7 ~ 9。盆栽试验结果表明，GS2–1菌剂对胡麻枯萎病的防效93%以上都在50% ~ 68.8%。

（3）萎缩芽孢杆菌SF1。SF1对尖孢镰刀菌的抑菌率可达51.53%。菌丝向上接种、种龄8h、发酵时间24h、常温下分离纯化，pH值7、28℃培养105h时，菌株SF1的抑菌活性最强。萎缩芽孢杆菌SF1对绝大多数分离的致病菌都有良好的抑菌

效果。

（二）胡麻白粉病国内外研究概况

国外关于胡麻白粉病的研究较少。我国杨学等人于2004—2005年在胡麻生长季节定期定点观察了胡麻白粉病的发生程度，分析温度、湿度、光照等气象因素及不同播种密度和不同播期对胡麻白粉病发生发展规律的研究。何建群等人在2004—2006年通过对宾川县胡麻白粉病发病的6个级别进行多点取样调查的结果表明，白粉病发病程度对胡麻经济性状和产量、质量的影响较大。据李广阔于2007年调查胡麻白粉病在新疆的发生及危害情况显示，胡麻白粉病在新疆胡麻种植区已成为胡麻田的主要病害。

张辉带领团队成员对胡麻白粉病开展了以下研究。

1．明确了我国胡麻主产区白粉病发生规律

分别在我国胡麻主产区甘肃省兰州市、新疆伊犁和内蒙古乌兰察布市开展了胡麻白粉病发生规律的调查。结果表明，我国胡麻主产区白粉病发生的气象条件为平均气温达到20℃、降雨量达到30mm。白粉病始发后1～3d病情发展缓慢，始发后4～10d病情迅速发展。阴天高湿条件下利于胡麻白粉病的流行。若持续降雨且气温较高，白粉病发生率将会大大提升，发展迅速，所以应选择在白粉病始发初（始发后1～3d）用药防治。

2．建立了胡麻抗白粉病鉴定温室病圃，开展资源材料及品种的抗白粉病鉴定

利用温室病圃创造白粉病发生条件，诱发白粉病发生，对全国的育种资源材料及品种进行抗白粉病鉴定，目前已从

9 000 余份材料中筛选鉴定出 1 份抗白粉病材料和 8 份耐白粉病材料。目前国内推广的品种均不抗白粉病，只是存在发病轻与重的差异。

3．筛选出 3 种防治胡麻白粉病高效低毒低残留杀菌剂

经过多年多点试验，筛选到 3 种防治胡麻白粉病高效低毒低残留杀菌剂，分别为 40% 氟硅唑乳油 7.5g/667m^2、43% 戊唑醇悬浮剂 15.0g/667m^2 和 50% 啶酰菌胺可湿性粉剂 36.0g/667m^2。其中 40% 氟硅唑乳油防效为 84.8%，43% 戊唑醇悬浮剂防效为 82.6%，50% 啶酰菌胺可湿性粉剂防效为 85.4%。经农业部农产品检验检测中心对上述 3 种杀菌剂处理过的种子进行检测，未检出农药残留，上述 3 种杀菌剂可放心使用。

（三）胡麻派斯莫病国内外研究概况

派斯莫病又称斑点病或斑枯病，是一个检疫性病害。据国外文献报道，该病于 1911 年最先在阿根廷被发现，苏联 1930 年引进非洲胡麻种子发现该病，1934 年宣布为对外检疫对象。20 世纪早期在阿根廷工作的 Carolo Spegazzini 首次用通用名派斯莫来描述这种“缢缩”效应。派斯莫病在世界各胡麻种植国均有发生，该病在英国胡麻上普遍发生。1938 年，Wollenweber 描述了该病病原菌的完整形态，与 *Sphaerella linorum* 相似产生气流传播的子囊孢子；1942 年，Garcia-Rada 重命名为 *Mycosphaerella linorum*；1946 年首次在爱尔兰被记载，1976 年在苏格兰，1985 年在英国约克郡相继记载。1955 —1957 年，在波兰的几个试验站鉴定了胡麻派斯莫病的第一症状。1999 年，在立陶宛，报道派斯莫病菌（*Septoria linicola*）是腔胞菌（Coelomycetes）的一个新种。该新种发现于立陶宛的2个地区而且受派斯莫病菌损害的胡麻栽培品种是立陶宛新引进的。该病菌导致的胡麻病害为派斯莫病，危害胡麻茎秆及叶片，其有性态在立陶宛尚未发现。

胡麻派斯莫病在河北、内蒙古、山西均有发现。在黑龙江和云南等地发病率为10%~30%，严重地块在收获期80%以上植株有病斑，造成胡麻落叶和早衰，发病严重时降低种子产量和质量。国内对派斯莫病的研究相对较少。张辉等对采集到的派斯莫病病株进行了病原菌分离鉴定，并对病原菌生物学特性进行了研究，明确了不同条件对胡麻派斯莫病病原菌菌丝生长、产孢量和分生孢子萌发的影响及孢子的致死温度。胡麻派斯莫病病原菌在PDA培养基上菌丝生长最好，在PDA+10%寄主汁液培养基上产孢最好；菌丝生长和产孢的温度范围为10~30℃，以25℃最适；在pH值4~10范围内菌丝均能生长和产孢；光照对菌丝生长及产孢无显著影响；对碳源的利用上，菌丝生长以双糖最佳，产孢以多糖最佳；对氮源的利用上，以无机氮最佳。胡麻派斯莫病病原菌在10%胡麻汁液、25℃、相对湿度100%+水滴、pH值7时，孢子萌发率最高，全光照对孢子萌发不利。孢子的致死温度为53℃、10min，另外在52℃、20min孢子也不能萌发。

（四）胡麻锈病国内外研究概况

胡麻锈病在世界各胡麻产区均有发生。在美国、澳大利亚和西欧等地，有关胡麻锈病的研究已有70多年的历史。Henry首次报道了胡麻对锈病的抗性是由基因控制的，并证明抗锈基因为显性基因。Myers命名了L和M两个独立遗传的抗锈病位点。Flor 根据多年对胡麻与胡麻锈病菌的遗传学研究，提出了著名的“基因对基因假说”（Gene for gene hypothesis），基本观点：“针对寄主植物的每一个抗病基因，病原物就必然会产生一个相对应的致病基因。植物体只对具有相应无致病力基因的病原物表现抗性，而病原物只对具有相应抗病基因的植物体表现无致病力。”这一假说为经典遗传学与分子遗传学分析植物与病原物互作关系提供了基础理论，现已被 40 多种植物与病原物互作的实例所验证，并得到不断完善。Hammond 等成功地选育出同时含有 *L6*、*M3* 和 *P3* 抗锈基因的胡麻品种。Lanrence 等人克隆了胡麻抗锈病基因 *L6*，属于植物中分离克隆的第一批抗病基因。Murdoch、Kobayashi 和 Hardham 利用单克隆技术对胡麻锈病细胞壁成分单克隆抗体进行了生产和特征描述。 Anderson、Lawrence 等从分子遗传学水平上研究胡麻抗锈病基因 *M* 与亮氨酸的关系。

由于胡麻锈病目前在我国很少发生，在生产上难以见到病株，因此我国对胡麻锈病的研究也很少，只有薄天岳对胡麻抗锈病基因标记进行了研究。

二、胡麻主要病害特征特性及综合防控技术

（一）胡麻枯萎病

1．病原与症状

胡麻枯萎病病原菌为 *Fusarium oxysporum* f. sp. *lini*，半知菌亚门镰刀菌属胡麻专化型镰刀菌。此菌产生 3 种类型的孢子：小型分生孢子无色，卵圆形或肾形单胞，有一个隔膜；大型分生孢子无色，月牙形或镰刀形，两端略尖稍弯曲，具

有 2～9 个隔膜，典型的为 3 个隔膜，大小为（4～7.5）μm×（25～45）μm；厚垣孢子，淡黄色，近圆形，光滑，顶生或间生于菌丝及大型分生孢子上，单生或串生。

胡麻枯萎病从苗期至收获期均有发生，以苗期发病最重，在苗期引起植株猝倒和死亡。它的病原菌主要有 2 种侵染方式：一种侵袭幼根的皮层，而不侵袭维管束，干旱时根部表皮变皱，呈灰褐色或淡蓝色，土壤湿度大，根变黑腐烂；另一种从土壤经由根部进入茎内，在导管里发育，堵塞导管或毒害植株，最初下部叶片黄化，失绿凋萎，向上部发展，梢部下垂，最后全株死亡，变褐色，病株根系被破坏，极易从土中拔出。胡麻前期发病多呈萎蔫状，植株变褐，整个胡麻田像火烧过，后期发病多成片发生，受害植株矮小，很容易从地里拔出，即使未死的成株，因导管的堵塞，也出现长条形失绿，呈红褐色的条斑。

2．传播途径和流行规律

胡麻枯萎病的初侵染源主要是病田土壤和带菌种子。此病原菌腐生性很强，土壤中残株上的病菌可存活多年，病菌可侵入蒴果和种子，分生孢子能附在种子表面越冬，这些均可成为翌年初侵染来源。分生孢子借雨水传播，重复侵染。在田间，病原菌还可借流水、灌溉水、农具和耕作活动而传播蔓延。

胡麻枯萎病是系统性土传维管束病害，它的发生及危害受土壤及耕作栽培条件的影响很大。在胡麻重茬、迎茬地块，可使病菌在土壤内不断积累，发病加重。胡麻田地势低洼，排水不良，地下水位高，造成土壤湿度大，病害则加重。一般土温达20℃时开始发病；25~30℃时最适合枯萎病的发生，是发病的高峰期；超过35℃时，病情停止发展。

3．防治方法

（1）选用抗病品种。选用抗枯萎病品种是防治枯萎病最为经济有效的方法，目前生产上推广种植的抗病品种：内亚九号、内亚十号、陇亚13号、陇亚14号、定亚25号、伊亚4号、晋亚10号、晋亚12号、宁亚21号和坝选三号等。对种子要认真精选，使其具备成熟、饱满、光泽良好、无病等条件。

（2）合理轮作。有条件的地区实行5年以上的轮作，避免重茬、迎茬种植。

（3）控制病源。病原菌可以附着在种子和病株残体上存活多年，所以应选择无病的地块留种，收获后及时清理田间病株，避免病株残体及带病土壤通过种子传播扩散。

（4）加强田间管理。合理密植，以利田间通风透光；合理控制氮肥，增施磷肥，配合钾肥，能促进根系发育，提高抗病力；节约灌水，避免田间积水。

（二）胡麻立枯病

1．病原与症状

胡麻立枯病病原菌为*Rhizoctonia solani* Kühn.，半知菌亚门丝核菌属。在自然条件下只形成菌丝体和菌核，病菌主要由菌丝体繁殖传染。初生菌丝无色，较纤细；老熟菌丝呈黄色或浅褐色，较粗壮，肥大，菌丝宽为8.0~15.0μm，在分枝处略呈直角，分枝基部略细缢，近分枝处有一隔膜。在酷暑中有时能形成担子孢子，担子孢子无色，单孢，椭圆形或卵圆形，大小为（4.0~7.0）μm×（5.0~9.0）μm，能生成表面粗糙的菌核，菌核成熟时呈棕褐色，形状不规则。

胡麻幼苗出土前受到立枯病病原菌侵染，可造成烂芽而影响出苗。幼苗出土后，罹病植株先在幼茎基部的一边出现黄褐色条状斑痕，病痕逐渐向上下蔓延，形成明显的凹陷缢缩，直至腐烂断裂，致地上植株叶片萎蔫、变黄死亡，易从地表处折倒死亡。发病轻的植株，地上部不表现症状，只在地下茎或直根部位形成不规则的褐色稍凹陷病痕，轻者可以恢复，重者顶梢萎蔫，逐渐全株枯死。条件适宜时，病部出现褐色小菌核。

2．传播途径和流行规律

胡麻立枯病的病原菌是典型的土传真菌，能在土壤的植物残体及土壤中长期存活。病原菌菌丝在罹病的残株上和土壤中腐生，又可附着或潜伏于种子上越冬，成为翌年发病的初侵染源。条件适宜时，菌丝可在土壤中扩展蔓延，反复侵染。在田间，病原菌还可借动物、昆虫、流水、灌溉水、农具和耕作活动等途径传播蔓延，对防治造成较大难度。

胡麻苗期的气候条件是影响立枯病发生的主导因素，播种后如果土温较低，出苗缓慢，抵抗力弱，会增加病原菌侵染的机会。出苗后半个月之内，幼茎柔嫩，最易遭受病原菌侵染。虽然病原菌的发病适宜温度较高，但其发病的温度范围较广，一般在土温 10℃左右即开始活动。在多雨、土壤湿度大时，极有利于病原菌的繁殖、传播和侵染，有利于病害的发生。

胡麻立枯病是以土壤传播为主的病害，因此它的发生发展受土壤及耕作栽培条件的影响很大。在胡麻重茬、迎茬地块，可使病菌在土壤内不断积累，发病加重，胡麻田地势低洼，排水不良，易造成田间积水，土壤湿度增大，病害则加重。土质黏重，土壤板结，地温下降，使幼苗出土困难，生长衰弱，立枯病严重。播期过早、过深，均使出苗延迟，生长不良，也有利于发病。深翻和精耕细作的胡麻田，植株生长旺盛抗病力强，发病轻。由于病原菌可以侵染许多其他农作物和杂草，其他来源的病菌也可能有助于病害的流行。

3．防治方法

（1）选用抗病品种。选用抗立枯病的胡麻品种是防治病害、减少损失的有效方法。目前应用的抗病或耐病品种：内亚九号、内亚十号、陇亚 13 号、陇亚 14 号、定亚 25 号、伊亚 4 号、晋亚 10 号、晋亚 12 号、宁亚 21 号和坝选三号等。

（2）合理轮作。胡麻立枯病病原菌腐生于土壤中，多年种植胡麻的连作地不仅土壤理化性状变劣，对麻株生长发育不利，而且土壤中的病菌日积月累，增加了土壤中病原菌的初侵染源。因此，在实际生产中胡麻不宜连作和隔年种植，尽量与其他非寄主作物实行 5 年以上轮作，较为理想的轮作方式有：豆类—小麦—胡麻、糜谷—豆类—小麦—玉米—胡麻、小麦—马铃薯—玉米—糜谷—胡麻等。

（3）加强栽培管理。选择土层深厚、土质疏松、保水肥强、排水良好、地势平坦的黑土地、二洼地，深翻和精耕细作，增施底肥，氮、磷、钾和微量元素合理搭配施用，根据苗情，结合降雨，巧施追肥。及时清除田间杂草，防治虫害，培育壮苗，促进胡麻的生长，以提高植株抗病力。收获后清除胡麻残体，减少越冬菌源。

（4）药剂防治。胡麻立枯病的初次侵染源来自土壤和种子带菌，播前种子用药剂处理是十分必要的。播前用种子重量0.5%~0.8%的50%多菌灵拌种或每100kg种子用70%土菌消可湿性粉剂300g和50%福美双可湿性粉剂400g混合均匀后再拌种。出苗后用80%的退菌特可湿性粉剂1 000倍或用50%多菌灵可湿性粉剂500倍液灌根。

（三）胡麻白粉病

1．病原与症状

胡麻白粉病病原菌为胡麻粉孢（*Oidium lini* Skoric），半知菌亚门真菌，其有性态为二孢白粉菌（*Erysiphe cichoracearum* Dc.），子囊菌亚门真菌。病原菌侵染胡麻后，菌丝着生于寄主表面，依靠深入寄主表皮细胞内的吸器吸取养分，菌丝上垂直着生分生孢子梗，分生孢子梗顶端着生成串的分生孢子，分生孢子无色，圆筒形，单胞，大小为（6.0~15.0）μm×（22.5~40.5）μm，自顶端向下逐渐成熟后，单个脱落，有的也形成短链。胡麻生育后期，在菌丝层中产生黑色小点（即子囊壳），这是白粉菌的有性繁殖器官。子囊壳瓶状，黑褐色，大小为（27.0~46.5）μm×（33.0~105.0）μm。子囊孢子无色，单胞，椭圆形，大小为（1.5~4.5）μm×（4.0~10.5）μm。

胡麻白粉病主要危害叶片和茎秆。病原菌侵染一般先从下部叶片开始，逐渐往上部叶片和茎秆侵染。受侵染后，茎、叶及花器表面出现白色绢丝状光泽的斑点，随着病斑不断扩大，呈现圆形或椭圆形，放射状排列。病菌侵染扩展到一定程度，在叶片的正面出现白色粉状薄层（菌丝体和分生孢子），粉状层之后可扩大至叶片背面和叶柄，最后覆盖全叶。病菌粉状层随后变成灰色或浅褐色，上面散生黑色小粒（病原菌子囊壳）。发病的叶片提前变黄，卷曲枯死，严重影响植株的光合作用，最终引起胡麻种子、纤维的减产和质量的下降。

2．传播途径和流行规律

胡麻白粉病病原菌是一种表面寄生菌，以子囊壳在种子表面或病残体上越冬，翌年壳中的子囊孢子在适宜的温度、湿度条件下传播引起初次侵染，发病后由白粉状霉上产生大量分生孢子，经风雨传播，引起再侵染。一个生长季节中再侵染可重复多次，造成胡麻白粉病的发生和危害。

白粉病发生的最适宜温度是20~26℃，在阴天、高湿条件下有利于白粉病的发生和流行。胡麻播期过晚，苗期温度高，可促进白粉病的发生，苗期即可发病。撒播通风透光条件不良、密度过大利于白粉病发生及蔓延。

3．防治方法

（1）合理轮作。在有条件的地方，应采取胡麻与其他非寄主作物轮作4年以上，尽量避免重茬或迎茬种植。

（2）化学防治。胡麻白粉病田间发病一般较晚，在胡麻生育阶段的中后期，即现蕾期之后，但不同年份发病早晚也有所不同，温湿度条件适宜，一旦发病，流行很快。因此，白粉病防治，一是要早防，在田间勤观察，在白粉病始发初（始发后1~3d），用40%氟硅唑乳油7.5g/667m^2、43%戊唑醇悬浮剂15.0g/667m^{2}或50%啶酰菌胺可湿性粉剂36.0g/667m^2，任一种，选择晴朗无风或微风天气，每亩兑水45kg喷雾防治。二是要重复防，一般在初防之后7d左右重复喷药防治，重病田块增加用药次数，直至控制住病害。同时喷药要细致，防止漏喷，苗高的加大用药量、用水量，保证下部分叶片附有药液，同时上述农药应交替使用，以降低抗药性的产生。

（四）胡麻派斯莫病

1．病原与症状

胡麻派斯莫病病原菌为 *Septoria linicola* Gar.（胡麻生壳针孢），半知菌亚门真菌；有性态为 *Mycosphaerella Linorum*（Wr.）Gbncia-Raba（胡麻球腔菌），子囊菌亚门真菌。病原菌子囊壳球形至卵形，黑褐色，直径 70.0～100.0μm；子囊圆筒形或棍棒形，无色，大小为（11.5～15.0）μm×（27.0～48.0）μm，内含 8 个子囊孢子排列成不规则两列或单列；子囊孢子梭形，稍弯曲，无色，大小为（2.5～6.9）μm×（9.6～17.0）μm。无性态分生孢子器寄生于寄主组织中，扁球形，黑褐色，大小为（50.0～73.0）μm×（77.0～126.0）μm。分生孢子直杆形或弓形，两端钝圆，无色，有 0～7 个隔膜，多为 3 个隔膜，大小为（1.5～4.5）μm×（12.0～52.5）μm。

胡麻派斯莫病从幼苗出土、开花、结果及种子成熟期间都能侵染和危害。胡麻子叶、真叶上的病斑一般呈近圆形，初期为黄绿色，后逐渐变成褐色至暗褐色，迅速扩大到全叶，叶片变褐干枯，表面散生许多黑色小粒点状的分生孢子器，真叶中心病斑变透明，布满集中的黑点，病叶干枯脱落。茎部染病初生褐色长圆形斑，扩展后呈不规则形，严重的可环绕全茎，因与绿色交错分布使茎变得五光十色，斑点中心开始透明，出现黑色分生孢子器，后病斑蔓延融合变灰褐色，覆盖大片分生孢子器，在枯茎上形成子囊壳。感病植株的种子瘦小、粗糙。胡麻植株开花以后病症最明显，在花蕾和蒴果上也可出现病斑，接近成熟期时，斑点边缘变成灰色及黑褐色，在斑点中央产生许多小黑点（分生孢子器），从而导致发病植株产量低、品质差。

2．传播途径和流行规律

胡麻派斯莫病病原菌以菌丝体和分生孢子器及子囊壳在胡麻种子或病残体上越冬，翌年当气候条件适宜时即产生分生孢子和子囊孢子，传播引起初次侵染。重复侵染主要靠病部不断产生的分生孢子，一个生长季节中再侵染可重复多次，造成田间病害的严重发生和危害。初次侵染和再次侵染都可以借助风、流水、昆虫、人为农事操作等途径传播。带菌胡麻种子是病害远距离传播的主要途径之一。

气温在 20～30℃时，最适宜派斯莫病的发生和危害，阴雨天多、湿度高的气候条件有利于派斯莫病的发生和流行。

3．防治方法

（1）选用抗病品种。选用抗病品种是防治派斯莫病有效方法。在选用抗病品种的同时，也需要在无病田留种，而且要采取严格的检疫措施，防止带病种子远距离传播病害。

（2）合理轮作。由于胡麻派斯莫病的病原菌可在土壤中的植物病残体内存活多年，连作地块的病原菌数量随着连作年限的增加而增加，土壤的理化性质及营养状况也会随着连作年限的增加而变劣，对胡麻植株的生长发育和综合抵抗力产生不良影响，从而导致病害加重，并促进多种病害的混合、交错发生。在有条件的地方，建议采用与非寄主作物轮作 5 年以上，避免重茬或迎茬种植。

（3）加强栽培管理。胡麻种植要选择土层深厚、土质疏松、保水肥、排水良好的地块。秋季深翻地，精耕细作，合理密植，并增加钾肥的施用，以提高胡麻的抗病力。收获后要及时清除田间胡麻残体，以减少初侵染菌源。

（4）化学防治。胡麻派斯莫病的初次侵染源来自土壤和种子带菌，播前种子用药剂处理是十分必要的。试验表明：用种子重量 0.3% 的多菌灵拌种，药剂拌种后至少密封 1 周后播种效果最佳。在病害发生初期，及时喷药，可抑制病害的发生与流行，在胡麻株高 15cm 时，喷洒 50% 甲基托布津可湿性粉剂 1 000 倍液或 50% 多霉灵 800～1 000 倍液，隔 7～10d 喷洒 1 次，连喷 2～3 次，现蕾期加喷 1 次，可以达到良好的防治效果。

（五）胡麻锈病

1．病原与症状

胡麻锈病病原菌为 *Melampsora lini*（Ehreb.）Lév.，担子菌纲锈菌目栅锈菌科栅锈菌属。胡麻锈病寄主范围窄，是一种单主寄生的专性寄生菌，无中间寄主，整个生活史都在胡麻上完成。锈菌锈子腔散生在叶片两面，近圆形至椭圆形，黄色至橘黄色，内生锈孢子。夏孢子倒卵形至椭圆形，表生细刺，孢子间混生丝状体，夏孢子堆叶上的直径 0.3～0.9mm，茎上的长达 2.0mm，夏孢子堆生在叶的两面或茎表皮下，初为红褐色，后变黑，茎上的为 1.5～2.5cm。冬孢子圆柱形或角柱形成层排列，褐色光滑，大小（46.8～80.0）μm ×（8.0～19.0）μm。担孢子球形，无色至黄色。锈病病菌有生理分化现象，国外已发现 42 个生理小种。

锈病在胡麻整个生育期间均可发生侵染和危害，但总体上开花前症状更为明显，一般先侵染上部叶片，后扩展到下部叶片、茎、枝、蒴果及花梗等部位。病原菌首先侵染幼叶和嫩茎，病部呈淡黄色或橙黄色小斑，即性孢子器和锈孢子器，以后在叶、茎、蒴果上产生鲜黄色至橙黄色的小斑点为夏孢子堆。到成熟期则在病部表皮下产生许多密集的褐色至黑色有光泽的不规则斑点，即为冬孢子堆，茎上特别多，叶及萼片上较少。由于此病能使胡麻植株的光合作用降低，并影响种子产量，同时茎部病斑常使纤维折断，不易剥离，也影响纤维产量和品质。

2．传播途径和流行规律

胡麻锈病以种子上黏附的冬孢子及病残体上的冬孢子堆越冬，翌春条件适宜时，冬孢子萌发产生担孢子进行初侵染，侵染胡麻的嫩叶和茎秆，一般感染后约 2 周即形成性孢子器，并再经 4 ~ 10d 出现锈孢子器，内生锈孢子。锈孢子从气孔侵入胡麻叶而形成夏孢子堆，散出大量夏孢子，随气流和昆虫传播，到达健康的植株上，再从气孔侵入进行重复侵染。至生长后期在胡麻上形成冬孢子堆，并以冬孢子在病株残体和种子上越冬。

气候条件与胡麻锈病发病程度有密切关系。病株残体上的冬孢子，翌年萌发产生担孢子先侵染胡麻幼苗，约半月后形成性孢子器，4 ~ 10d 形成锈子腔，产生大量锈孢子，再侵染上部叶片形成夏孢子堆，夏孢子在 22℃下能存活 1 个月左右，靠气流传播，从胡麻气孔侵入，以后夏孢子在田间循环侵染流行。侵染最适温度为 18 ~ 20℃，夏孢子在水中发芽，因此在有风、雾或露水的潮湿天气里，气温在18～20℃时，最适宜夏孢子的传播与侵染，每5～10d就能产生一代夏孢子，夏孢子可连续产生数代，病势发展迅速。而在凉爽干燥的天气中，胡麻很少感染锈病。夏孢子只能侵染绿色多汁的胡麻，当胡麻开始成熟时，夏孢子堆则被冬孢子堆所代替。

胡麻锈病的发生和发展受土壤理化性状和气候因素的影响很大，胡麻田地势低洼，排水不良，易造成田间积水，土壤湿度增大，病害则加重。土质黏重，土壤板结，使幼苗出土困难，生长衰弱，锈病发生就严重。

胡麻锈病的发生与种植品种有很大关系，抗锈病品种多为单基因垂直抗性，即一个品种抗一个生理小种，而生产中常以某一个生理小种为主、多个生理小种同时发生，在应用抗主要生理小种的抗病品种后，随着主要生理小种被抑制，次要小种可上升为主要小种，缺乏兼抗多个生理小种的多抗品种或具有水平抗性的品种是造成胡麻锈病发生严重的原因。

3．防治方法

（1）选用抗病品种。选用抗锈病品种是防治胡麻锈病最为经济有效的措施。胡麻锈病具有高度的专化性，病菌有生理小种的分化并存在不断变异的可能，因此在选用抗病品种时要注意特定产区病菌生理小种的状况。胡麻不同品种间对锈病有明显的抗性差异，很多品种是抗某一生理小种的单抗性品种，即垂直抗性品种；也有不少是具有多个抗病基因、可抗多个生理小种的多抗品种，即水平抗性品种。一般情况下，选用具有多个抗病基因的水平抗性品种更为有利。故在引种和选种工作中，要结合本地情况选用抗锈病品种。

（2）药剂防治。胡麻锈病的初次侵染源来自种子带菌，因此播前种子用药剂处理十分必要。播前使用种子量0.3%的20%萎锈灵可湿性粉剂拌种。生长期间发病喷洒20%三唑酮乳油2 000倍液，或20%萎锈灵乳油或可湿性粉剂500倍液，或12.5%三唑醇可湿性粉剂1 500～2 000倍液，喷30～50kg/667m^2，隔10d喷1次，连续防治2～3次，可以取得良好的防治效果。

（3）综合防治。在胡麻产区实行轮作换茬十分必要，较好的轮作模式为秋作物—豆科作物—小麦—胡麻或豆科作物—小麦—秋作物—胡麻，避免重茬或迎茬种植。收获时尽可能彻底清理胡麻茎秆等残体，收获后立即翻耕，将病残体埋入地下以减少菌源。适当减少施氮量，氮、磷、钾合理搭配施用。

第二节　胡麻主要虫害研究概况及综合防控技术

一、胡麻主要虫害研究概况

（一）国外胡麻主要虫害研究概况

国外胡麻虫害防控研究主要集中在印度和波兰等国家，其中以印度开展的研究较为系统和详尽。Rabindra Prasad 等人多年来对印度开展的胡麻主产区兰契和赖布尔地区的胡麻害虫做了详细的调查，一共调查到害虫 30 种，优势种群主要有长翅稻蝗、叶蝉、金斑蛾、蚜虫、蓟马、稻绿蝽、螟虫、棉铃虫、尘白灯蛾和 budfly（注：国内未检索到该害虫，暂无中文名），其中 budfly 危害较为严重，主要取食胡麻花蕾，严重发生时可使胡麻减产 80%，甚至绝收。胡麻害虫天敌主要是蜘蛛、叶甲类成虫和隐翅虫等。据 Twardowski Jacek 报道，在波兰，flea beetle、*Aphthona euphorbiae* Schrank 和 *Longitarsus parvulus* Paykull 这 3 种害虫发生较为严重。国外对胡麻害虫的防治方法主要采用植物杀虫剂、生防菌、新型化学杀虫剂。农艺耕作措施主要采用选育抗虫胡麻品种、调节播期和适宜的播种密度。国外专家研究认为，胡麻害虫发生具有普遍性和多样性，对胡麻生产威胁较大。根据印度、俄罗斯的研究报道，胡麻虫害能够造成胡麻减产达 50% ~ 70%。

近年来，国外有关胡麻虫害的群落结构和害虫演替规律以及防控技术研究报道相对较少。国外专家研究认为胡麻虽然为小作物，但害虫具有种类多样性、群落结构复杂的特点，据报道，印度胡麻害虫种类达 30 种，英国胡麻害虫达 30 种之多。世界各地不同胡麻种植区域害虫群落结构明显不同，亚麻瘿蚊（*Linum usitatissimum*）是印度危害胡麻的特有种类，也是危害最严重的害虫；蚜虫、蓟马、夜蛾、潜叶蝇以及卷叶蛾则是不同胡麻栽培区域危害胡麻的共有害虫，但不同栽培区域的种类不同，例如印度的蚜虫以萝卜蚜与花生蚜为主，而我国以亚麻蚜与亚麻无网长管蚜为主。另外，芸芥长蝽（*Nysins ericae*）和苜蓿盲蝽（*Adelphocoris lineolatus*）对胡麻产量的危害比较严重，而国外对这 2 种害虫报道很少。

由于受全球气候变化的影响，有害生物有普遍增多的趋势，迁入胡麻生态系统中的害虫有所发生，害虫群落结构与危害复杂性呈逐年增加的趋势。目前，世界范围内胡麻害虫的防控主要以化学防控为主，生物防控目前还仅处于探索阶段，由于胡麻为小作物，受关注的程度不高，国外基本全部采用化学农药进行防治，给食品安全与环境安全带来了一系列的问题。采用绿色高效的防控手段，进行胡麻害虫防控，将成为今后胡麻害虫防控研究的重要方向之一。

（二）国内胡麻主要虫害研究概况

在国家特色油料产业技术体系（原国家胡麻产业技术体系）启动之前，国内对胡麻田虫害研究报道不多，基本集中于某一种有突出为害性的个体种群，如对亚麻蚜发生及防治指标研究，对胡麻漏油虫的发生及防治研究。目前检索到的文献报道只有胡晓军等对牧草盲蝽危害胡麻做过初步观察，刘寿民、岳德成和赵书文等对胡麻短纹卷蛾（胡麻漏油虫）的生物学特性和防治方法做过一些观察研究。

国家特色油料产业技术体系（原国家胡麻产业技术体系）启动之后（2008 年），胡麻虫害防控岗位专家安维太研究员及其团队成员开始对我国胡麻虫害防控技术进行系统研究，初步建立了胡麻主要虫害和天敌基础信息平台，胡麻地共有昆虫 9 目 35 科 59 种，其中害虫 7 目 27 科 43 种，天敌昆虫 5 目 9 科 16 种，主要害虫有亚麻蚜、苜蓿盲蝽、豌豆潜叶蝇、牛角花翅蓟马，主要天敌昆虫有多异瓢虫、异色瓢虫、中华草蛉。初步探明了胡麻蚜虫、蓟马和漏油虫及其天敌的田间消长规律和防治指标。

1．苜蓿盲蝽研究概况

（1）田间消长规律和生活史研究。通过养殖和田间调查，观测苜蓿盲蝽发生规律和生活史，综合分析 2015—2020 年的调查数据，苜蓿盲蝽一年发生 4 代，世代叠加。以卵在苜蓿和多年生杂草茎秆内越冬，翌年春 3 月初开始孵化，4 月上中旬为第一代若虫和成虫盛发期，5 月初第二代成虫陆续出现，此时正值胡麻苗期，危害后使胡麻形成多个分茎。5 月下旬到 6 月上旬是全年危害高峰，此时正值胡麻快速生长期，成虫和若虫吸食胡麻生长点，第三代若虫于 6 月上中旬出现，6 月中下旬，第三代成虫开始羽化，7 月上中旬羽化盛期，第三代成虫多在夜间产卵，未现蕾的植株和分枝的上部分，也会被害。8 月下旬到 9 月，第四代若虫、成虫在胡麻次生苗取食或转移到牧草上危害，10 月中旬在多年生杂草中产卵越冬。

（2）生物杀虫剂对苜蓿盲蝽室内毒力测定及毒力比较。室内毒力测定的结果显示：1.5% 除虫菊素水乳剂、1.3% 苦参碱、1% 苦皮藤素乳油和 0.5% 藜芦碱对苜蓿盲蝽的活性差异较大，

0.5% 藜芦碱 LC_{50} 值最大，为 19.7mg/L，其次是 1% 苦皮藤素乳油和 1.3% 苦参碱，浓度分别为 7.11mg/L 和 6.17mg/L，1.5% 除虫菊素水乳剂的 LC_{50} 值最小，为 2.04mg/L。以 0.5% 藜芦碱作为标准药剂，计算了各药剂的相对毒力大小，顺序排列为：1.5% 除虫菊素水乳剂 >1.3% 苦参碱 > 1% 苦皮藤素乳油 >0.5% 藜芦碱。

（3）生物杀虫剂对苜蓿盲蝽的田间药效。1.5% 除虫菊素水乳剂、1.3% 苦参碱、1% 苦皮藤素乳油和 0.5% 藜芦碱 4 种生物杀虫剂对苜蓿盲蝽的田间防效显示，1.3% 苦参碱对苜蓿盲蝽的防效较好，药后 1d、3d、5d 和 7d 的防效分别为 56.25%、51.20%、77.42% 和 72.37%；其次是 1% 苦皮藤素，药后 1d、3d 和 5d 的防效分别为 53.33%、58.17% 和 69.89%。0.5% 藜芦碱和 1.5% 除虫菊素对苜蓿盲蝽的防效不显著。

（4）化学杀虫剂对苜蓿盲蝽的田间药效。4.5% 联苯菊酯、25% 灭幼脲、4.5% 噻虫嗪和 20% 氯虫苯甲酰胺 4 种化学杀虫剂对苜蓿盲蝽的防效显示，药后 1d，4.5% 联苯菊酯防效最好，为 78.46%，其次是 25% 灭幼脲；药后 3d，4.5% 联苯菊酯防效达 91.42%，20% 氯虫苯甲酰胺防效最差，为 29.02%；药后 5d、7d 和 14d，25% 灭幼脲防效最好，分别为 86.45%、74.21% 和 63.16%。在 4 种杀虫剂中，对苜蓿盲蝽防效显著的是 25% 灭幼脲。

（5）苜蓿盲蝽防治指标。苜蓿盲蝽危害胡麻的产量损失率测定：随着苜蓿盲蝽虫口密度的增大，胡麻单株产量明显降低，通过回归分析，得出苜蓿盲蝽虫口密度与产量损失率的回归方程为 $y=7.743x-2.088$，相关系数 r 为 0.952，相关性达极显著水平。

苜蓿盲蝽经济允许损失水平的确定：作物的经济允许损失水平是由作物产量、当时的作物价格、防治成本（包括用药费、用工费、药械磨损费和作业损失费等）、防治效果和经济系数（完成一项作业所产生的经济、社会效益与作业费用的比值）等要素决定的。经过2018—2020年的调查，苜蓿盲蝽发生在孕蕾期，以高效氯氰菊酯防治苜蓿盲蝽1次为例，每亩地的防治成本为12.9元（农药费3.9元、人工费7.6元、药械使用和折旧费1.4元），防治效果为90%，胡麻的价格为7.0元/kg，产量为70kg/667m^2，则苜蓿盲蝽的经济允许损失水平为11.7%。

苜蓿盲蝽危害胡麻的防治指标的确定：苜蓿盲蝽防治指标为经济允许损失水平与产量损失率相等时的苜蓿盲蝽数量。若胡麻的产量期望为70kg/667m^2，苜蓿盲蝽的经济允许损失水平为11.7%，则苜蓿盲蝽的防治指标1.85头/百株，为了便于指导田间生产，以每亩胡麻成株数40万计算，则每平方米胡麻株数为600株，田间调查中，一复网的面积为1.5m^2，则防治指标表述为每复网17头。

2. 象甲研究概况

（1）象甲幼虫空间分布型和聚集强度。对象甲幼虫空间分布进行拟合并卡方检验。二项分布和波松分布检测中，*P*值均小于0.05，说明与实际分布具有极显著的差异，因此象甲的分布不符合二项分布和波松分布；用负二项分布似然法拟合和核心分布拟合，*P*值均大于0.05，说明与实际分布差异不显著，所以综合看来象甲分布型应属于负二项分布。用扩散

系数 C 判断象甲幼虫空间分布格局，6 块地的扩散系数分别为 1.73、1.80、1.40、1.56、1.64 和 1.66，假设 C=1，$t=(C-1)/\sqrt{2/(n-1)}$，C 与“1”的差异性检验结果表明象甲幼虫的分布属于聚集分布。

将各样地的调查数据做 m^*-m 回归分析，表明象甲幼虫平均拥挤度（m^*）与平均密度（m）线性相关。由于 $\alpha=-1.7994<0$，说明个体间相互排斥；$\beta=2.4041>1$，则说明其空间分布型为聚集分布。

按照 Taylor 幂法则，将各样地的调查数据代入，得出象甲是聚集分布，且具有密度依赖性，即其聚集度随着种群密度的升高而增加。

（2）化学杀虫剂对象甲成虫室内毒力测定及毒力比较。室内毒力测定结果显示，啶虫脒、高效氯氰菊酯、溴氰菊酯、氰戊菊酯、吡虫啉、毒死蜱和阿维菌素对象甲成虫的活性差异较大。毒死蜱的 LC_{50} 值最大，为 44.86mg/L，其次是阿维菌素和吡虫啉，分别为 29.5mg/L 和 9.95mg/L，啶虫脒的 LC_{50} 值最小，为 0.45mg /L。以毒死蜱作为标准药剂，计算了各药剂的相对毒力大小，顺序排列为：啶虫脒 > 高效氯氰菊酯 > 溴氰菊酯 > 氰戊菊酯 > 吡虫啉 > 毒死蜱 > 阿维菌素。

（3）化学杀虫剂对象甲成虫的田间药效。25% 灭幼脲、4.5% 联苯菊酯、4.5% 噻虫嗪和 20% 氯虫苯甲酰胺 4 种药剂对象甲成虫的防效显示，4.5% 联苯菊酯和 25% 灭幼脲对象甲成虫的防效较好，药后 3d 的防效分别为 91.97% 和 84.05%，药后 14d 的防效分别为 70.93% 和 78.03%，这 2 种药剂的速效性和持效性较好；20% 氯虫苯甲酰胺在药后 5d 的防效最大，为

54.96%，之后防效在14d后降为9.55%，对蓟马的防效最差。

（4）象甲危害指数与千粒重的关系。象甲危害指数与千粒重呈非线性关系，但释放象甲的小区胡麻千粒重都高于对照（不放虫的小区），用多项式回归方程模拟结果 $y=-0.1981x^2+0.9029x+6.0766$（$R^2=0.8090$），随着象甲危害指数的增加，胡麻千粒重先增加后略有下降。当象甲的危害指数为2.4367时，胡麻千粒重最大，达7.3326g。当象甲的危害指数高于2.5047时，胡麻千粒重有所下降。

（5）胡麻产量最大的象甲种群数量模拟。象甲种群密度与小区产量、千粒重都存在良好的二次函数关系。象甲种群密度与产量关系 $y=-0.0051x^2+0.7277x+86.107$（$R^2=0.8814$），象甲种群密度与千粒重关系 $y=-0.0001x^2+0.0235x+6.1$（$R^2=0.9144$）。当象甲 $4m^2$ 种群密度达到85.6头时，小区产量最高为 $121.532g/m^2$，当象甲 $4m^2$ 种群密度达到74.75头时，千粒重最高为7.2363g。

根据回归方程计算，象甲危害指数为2.3162时的小区产量最大，根据危害指数与种群密度的回归方程，$4m^2$ 田间象甲为92.23头，危害指数为2.5137时的胡麻千粒重最大，此时 $4m^2$ 田间象甲为100.01头，与先前的分析结果基本一致。

（6）象甲危害后胡麻组织5种内源激素含量变化。分别在在胡麻苗期、现蕾期和开花期采集象甲危害后的胡麻植株的根、茎、叶组织，以胡麻正常植株作对照，采用UPLC–ESI–MS/MS分析方法，对吲哚–3–乙酸（IAA）、6–糠基氨基嘌呤（KIN）、茉莉酸（JA）、赤霉素 A_3（GA_3）、油菜素内酯（BR）进行定性定量检测，分析象甲危害后胡麻组织5种内源激素含量变化。试验结果表明，5种植物内源激素在象甲危害后，根组织、茎秆组织和叶片组织中均有所增加，其中吲哚-3-乙酸（IAA）和茉莉酸（JA）在根组织和茎秆组织中含量较胡麻正常生长的组织中的含量显著增加，象甲危害后IAA在胡麻根组织中3个生育期的含量分别为10.49ng/g、12.39ng/g和17.23ng/g，较对照分别增加了81.80%、5.09%和6.55%。象甲危害后茉莉酸（JA）在胡麻根组织中3个生育期的含量分别为133.08ng/g、42.18ng/g和45.54ng/g，较对照分别增加了287.54%、59.65%和115.63%。

（7）象甲危害后胡麻根组织和茎秆组织结构观察。在胡麻苗期和现蕾期取受象甲危害的植株和未受危害的植株做组织切片观察，比较组织结构异同。

根组织结构观察结果表明，在胡麻苗期和现蕾期，在相同视野12 160μm^{2}下，被象甲危害后，根组织平均细胞数量为224.83个和210.00个，未被象甲危害的根组织平均细胞数量为339.33个和239.83个；在胡麻苗期和现蕾期，被象甲危害后，根组织细胞平均横截面积为776.29μm^{2}和745.23μm^2，未被象甲危害的根组织细胞平均横截面积为316.23μm^{2}和557.07μm^2。

茎秆组织结构观察分析结果表明，在胡麻苗期和现蕾期，被象甲危害后，茎组织皮层细胞平均面积分别为244.88μm^{2}和212.83μm^2，未被象甲危害的茎组织皮层细胞平均面积分别为146.90μm^{2}和166.98μm^2；在胡麻苗期和现蕾期，被象甲危害后，茎组织中柱细胞平均横截面积为317.39μm^{2}和322.67μm^2，未被象甲危害的茎组织中柱细胞平均横截面积

分别为 375.87μm^2 和 354.56μm^2，说明茎组织中柱细胞对象甲为害的反应不显著

3．蚜虫研究概况

（1）蚜虫及其天敌田间消长规律。危害胡麻的蚜虫主要是亚麻蚜和无网长管蚜，其田间消长变化主要发生在胡麻的枞形期至开花期，危害高峰期出现在 6 月中下旬。胡麻田蚜虫和天敌多异瓢虫的群体密度年际间变化较大，百株胡麻蚜虫数量在 224 ~ 2 873 头；而天敌多异瓢虫数量每 10 复网 10 ~ 74 头，最多可达到 100 头以上。蚜虫和多异瓢虫的发生动态和变化趋势是从 5 月下旬蚜虫开始出现，6 月中旬蚜虫种群数量增加较快，到 7 月上旬达到峰值，7 月中下旬快速下降；而多异瓢虫的群体密度变化趋势与蚜虫消长变化趋势基本一致。

（2）利用天敌控制蚜虫消长变化规律。根据盆栽试验和实验室模拟研究结果：第一组试验，当蚜虫密度为 40 ~ 120 头 / 皿时，多异瓢虫捕食率为 57.5% ~ 87.71%，并呈直线上升趋势；但当蚜虫密度增加到 160 头 / 皿时，多异瓢虫的捕食率则下降为 68.44%，通过研究模拟，计算每头多异瓢虫一天的最大捕食蚜虫量是 256 头。第二组试验，当蚜虫密度固定为 120 头 / 皿时，不同密度群体的瓢虫捕食蚜虫数量排列顺序：1 头（100.8）> 2 头（89.0）> 3 头（76.8）> 4 头（71.0）> 5 头（69.3）。

（3）危害防治指标研究。随着蚜虫群体密度的增大，胡麻单株产量明显降低，危害损失率排序：10 头 / 百株（8.29%）< 60 头 / 百株（23.11%）< 80 头 / 百株（33.66%）< 160 头 / 百株（40.72%）。利用经济允许损失水平数学模型模拟，预

期产量为 50kg/667m^2 的经济允许损失水平为 17.46%，防治指标为 851 头 / 百株；预期产量为 100kg/667m^2 的经济允许损失水平为 6.98%，防治指标为 507 头 / 百株；预期产量为 160kg/667m^2 的经济允许损失水平为 4.37%，防治指标为 378 头 / 百株。

（4）化学杀虫剂对蚜虫的室内毒力测定。室内毒力测定的结果显示：25% 灭幼脲悬浮剂、4.5% 联苯菊酯水乳剂、4.5% 噻虫嗪悬浮剂和 20% 氯虫苯甲酰胺悬浮剂 4 种化学杀虫剂对蚜虫的毒力活性差异较大，其中 25% 灭幼脲 LC_{50} 58.18mg/L 毒力最小，其次是 20% 氯虫苯甲酰胺 LC_{50} 31.75mg/L。各药剂 LC_{50} 的大小排序为：25% 灭幼脲（LC_{50} 58.18mg/L）＞ 20% 氯虫苯甲酰胺（LC_{50} 31.75mg/L）＞ 4.5% 联苯菊酯（LC_{50} 12.61mg/L）＞ 4.5% 噻虫嗪（LC_{50} 10.13mg/L）。

（5）生物杀虫剂对蚜虫的室内毒力测定。室内毒力测定的结果显示：0.5% 藜芦碱、1.3% 苦参碱、1.5% 除虫菊素和 1% 苦皮藤素 4 种生物杀虫剂对蚜虫的毒力活性差异较大，其中 1.5% 除虫菊素水乳剂的 LC_{50} 19.7mg/L 毒力最小，其次是 1% 苦皮藤素乳油 LC_{50} 7.11mg/L。各药剂 LC_{50} 的大小排序为：1.5% 除虫菊素水乳剂（LC_{50} 19.7mg/L）＞ 1% 苦皮藤素乳油（LC_{50} 7.11mg/L）＞ 1.3% 苦参碱（LC_{50} 6.17mg/L）＞ 0.5% 藜芦碱（LC_{50} 2.04mg/L）。

（6）蚜虫防治方法研究。通过对防治蚜虫的高效低毒化学杀虫剂和生物杀虫剂筛选、防治蚜虫化学杀虫剂和生物杀虫剂室内毒力测定和防治蚜虫田间药效试验研究，推荐防治蚜虫化学杀虫剂首选毒死蜱（LC_{50} 3.514mg/L），其防效 97.50%，稀释 1 000～1 200 倍；其次选用高效氯氰菊酯（LC_{50} 2.43mg/L），其防效 95.65%，稀释 1 000～1 500 倍；或吡虫啉（LC_{50} 2.826mg/L）。生物杀虫剂选择藜芦碱（LC_{50} 2.813mg/L），其防效为 85.92%，苦参碱（LC_{50} 2.700 mg/L），其防效为 73.41%。

二、胡麻主要害虫特征特性及综合防控技术

（一）苜蓿盲蝽

1．形态特征

三环苜蓿盲蝽：成虫长 9mm，深色。头部黑褐色，前面中央常呈黄褐色。触角第一节黑褐色，第二节端半部及基部暗褐色，第三、第四节色略淡。前胸背板淡黄色，后有 4 个大黑斑两两相连。小盾板黄褐色，端部淡黄色，基部黑褐色，并在中部及两侧角向下延伸至中段。前翅黄褐色，前缘具黑色细边，爪片缝及内侧黑褐色，革片中部至端部有 1 边缘不明显的长形褐色至黑褐色斑，楔片黄色，尖端黑色。膜区茶褐色。足黄褐色，后足股节暗褐色，端部内侧有 1 淡色纹，胫节黄绿色至黄褐色，基节、转节黑褐色。胸部腹板及腹部中央黑褐色，腹板两侧各有 1 纵列黑点。

黑头苜蓿盲蝽：成虫长 9mm，黄绿至淡黄褐色，背面密覆白细毛。触角黑褐色，唯第二节中前部、第三、第四节基部黄色。头部黑色，中部、触角基部周围赤褐色。前胸背板后部有 4 个两两相连的黑斑。小盾板黄色，基部黑褐色，有细横皱纹。翅前缘有细黑边，翅面有黑褐色条斑或条纹。楔片黄色，端角黑褐色，膜区茶褐色，腹部腹面中央黑褐色，两侧有黑色纵列。足黄褐色，转节黑褐色，股节有深色小点，后足股节端

半部黑褐色，近端部有黄褐色斑。

淡须苜蓿盲蝽：成虫长 9mm，深色种，背面覆黄色细毛。触角黄色，着生于复眼内像中央，第二至第四节端部暗褐色。头部黄褐色，头顶至端部有暗色晕斑。前胸板黄褐色，胝区褐色，后部有 1 黑色宽横带，并在两侧延至侧板。小盾板黑褐色，毛较密，有细横皱纹。翅前缘有细黑边，爪区暗褐色、革片后半中央有 1 三角形暗褐色斑纹，楔片黄色，端角黑色，膜区茶褐色。体下黑褐色、三角区鲜黄色，腹板中央黑褐色，两侧黄褐色，有的个体两侧各有 1 纵列小黑点，足黄褐色、股节散布褐色小点，端节黑色。

2．生活习性与危害

分布在甘肃、河北、山西、陕西、宁夏、山东、河南、江苏、湖北、四川、内蒙古等省区，是胡麻主要害虫之一。主要危害苜蓿、胡麻、草木樨、马铃薯、豌豆、菜豆、玉米等。每年发生 3 ~ 4 代，多数以卵在豆科作物（苜蓿或其他豆科作物）的茎秆或残茬中越冬。在第二年春季 4—5 月间当日平均气温达到 19℃左右时，若虫孵化出 3 ~ 4 星期后，大约在 5 月中下旬第一代成虫出现。第二代若虫出现在 6 月中下旬，第三代若虫出现在 7 月间，第 4 代若虫出现在 8 月间。第一代危害苜蓿，第二代以危害胡麻为主，也危害豆类和马铃薯等作物。苜蓿盲蝽在天气晴朗的情况下比较活跃，在春夏繁殖时期好集居在植株顶端的幼嫩部分吸吮汁液。雌虫在胡麻等作物茎秆上啄成小孔然后将卵产在其中。被害的植株嫩梢往往凋枯而死，被害的花蕾和子房变黄脱落，影响胡麻种子收成，危害严重时减产 15% ~ 20%。

3．防治方法

20% 氰戊菊酯乳油 1 500 倍液、20% 氰戊菊酯乳油 1 500 倍液、10% 二氯苯醚菊酯乳油 2 000 ~ 2 500 倍液、2.5% 功夫乳油或 20% 灭扫利乳油 1 500 ~ 2 000 倍液均可收到较好的防效。苜蓿盲蝽每年发生 3 ~ 4 代，从胡麻枞形期到青果期对胡麻植株生长点、花蕾、青果都能危害，而且危害期较长。由于第一代成虫主要危害苜蓿，因此距离苜蓿田块较近的胡麻田一般危害较严重，要注意及时防治。

（二）**象甲**

1．形态特征

成虫：体长（不包括喙）2.0 ~ 2.4mm，宽 1.1 ~ 1.3mm，均长 2.2mm，宽 1.2mm；头半球形，喙管黑色，弯月形，长 0.8 ~ 1.0mm，达到中胸位置，喙管不活动时弯曲于胸下；触角膝状，着生于喙的中前部，鞭节 9 节，末端 3 节膨大呈梭形且密被短细毛，其余各节者生数根长粗毛；复眼发达，圆形，黑褐色，有光泽，密致网纹；前胸背板纵中线处下陷成沟，其后端较深，沟内刻点窝中刚毛为羽状，其他刻点窝内刚毛为刺状；前胸腹板前缘向后凹入呈“U”形并密生羽状刚毛；中胸小盾片半圆形；鞘翅略有金属光泽，每一鞘翅具有 10 列纵沟，翅的纵隆脊上有 2 列刻点窝；腿节内侧面生羽状刚毛，外侧面生刺状刚毛；胫节和跟节密被细毛，胫节末端多黄褐色长毛；腹节明显可见 5 节，尾微露，腹板多皱纹。雌虫体略大，鞘翅暗绿色，尾部末端稍钝，雄虫体略小，鞘翅暗蓝色，尾部末端略尖。

幼虫：低龄幼虫乳白色，体细且直。初孵幼虫长 1.0mm，宽 0.1mm 左右，老熟幼虫乳白带黄，体长 3.5～4.0mm，宽 1.0～1.2mm，半月形。头浅褐色，脱裂线呈倒“Y”形，基本上将头正面分成三等份。

蛹：为裸蛹，长 2.4mm，宽 1.6mm，乳白色，喙管、蛹角、翅芽及足半透明。头半球形，头顶有 2 根长刚毛，头额界处隆起，其上着生 2 根刚毛，复眼黑色，喙管 5 节，里节和中节各着生 2 根刚毛。胸背板左右侧面各有 7 根刚毛，近圆形排列。各腿节末端外侧面有 2 根刚毛，上短下长。腹部活动灵活，其末端有中向短刺 1 对。蛹藏匿在土茧内，土茧卵圆形，长径 4.0～4.5mm，短径 2.9～3.2mm，厚度 0.1mm。

卵：椭圆形，长径 0.3mm，短径 0.2mm，白色半透明，表面光滑。

2．生活习性与危害

越冬成虫出土后，取食胡麻幼苗的叶片并交尾，1 对成虫可交尾数次，卵主要产于胡麻分茎期和枞形期生长健壮植株的茎秆生长点以下髓部组织中，一般单茎有卵 1 粒，部分可见 2～4 粒，最多调查到卵 8 粒。

象甲在胡麻上一年发生 1 代，无世代重叠现象。4 月下旬冬小麦返青后越冬代成虫开始活动，5 月中旬末达到高峰期，成虫夜间潜伏在小麦植株下部，白天出来活动。5 月下旬在胡麻苗高 5～8cm 时成虫迁入胡麻田，取食胡麻幼苗的叶片并交配产卵，卵主要产于生长健壮植株的茎秆生长点以下 1cm 左右髓部组织中，一般单茎有卵 1 粒，少数可见 2～8 粒，产卵期持续 35d 左右。5 月下旬初，卵开始孵化为幼虫，6 月上旬为幼虫危害期，幼虫期 20～45d。幼虫孵出后即在茎秆内取食，幼虫期5龄，幼虫生长发育至老熟时，在茎壁上啃一小孔爬出寄主入土壤结土茧化蛹，蛹分布在5cm以上的表土层，蛹期15～20d后（胡麻青果期）羽化出土的成虫开始越夏，越夏成虫取食自生胡麻苗的叶片，10月上旬成虫转移至地埂疏松的表土中开始越冬。

3．防治方法

苗期用生物杀虫剂1.3%苦参碱、1.5%除虫菊素和1%苦皮藤素防治成虫，防治效果可达到40%～60%。

苗期后期或现蕾前期用内吸性杀虫剂防治幼虫。10%吡虫啉可湿性粉剂1 000倍液对象甲幼虫有很好的防效，经过胡麻植株残留检测，其残留期不超过30d，而胡麻从现蕾到成熟需要60d以上，安全有效。

（三）**蚜虫**

1．形态特征

有翅蚜体长1.3mm，头及前胸灰绿色，中胸背面及小盾片漆黑色，额瘤不发达。触角端部黑色，长及胸部后缘，第三节有感觉孔7～10个，单行纵列。复眼黑色或黑褐色。腹部深绿色，侧缘有模糊黑斑数个；腹管淡绿色，略长于尾片，端部缢缩如瓶口。无翅蚜体长1.5mm，全体绿色，口吻短，长不及两中足基部。触角第三节无感觉孔。其他特征与有翅蚜相同。

2．生活习性与危害

在我国胡麻主产区均有分布，是胡麻主要害虫之一。一年发生数代，一般在5月中、下旬开始危害胡麻，6月上、中旬气温不断升高，而蚜虫种群数量不断增加常会出现危害高峰，可连续发生至8月间。蚜虫群集在胡麻顶端，危害嫩叶嫩芽，使叶枝卷缩或植株枯萎而死，是胡麻生产上普遍发生的害虫，几乎每年都有不同程度发生，一般在危害比较严重的情况下，胡麻减产10%~15%。

3．防治方法

根据蚜虫对白、粉、黄、蓝、灰颜色具有很强趋性的特点，5月中、下旬在胡麻田摆放诱虫色板，对蚜虫进行诱杀，也可以随时掌握胡麻田间蚜虫的虫口密度和危害情况。一般每亩地摆放10张色板，每隔5~10d更换1次诱虫色板。

当胡麻进入现蕾期（5月中、下旬），如发现百株胡麻蚜虫数量达到500头以上，可选用下列杀虫剂：毒死蜱1 000~1 200倍液、高效氯氰菊酯1 000~1 500倍液；阿维菌素乳油2 000~3 000倍液、啶虫脒乳油1 500~2 000倍液，进行喷雾防治。由于蚜虫多在心叶及叶背危害，药液不易喷到，故应尽量选用兼具内吸、触杀、熏蒸作用的药剂。同一种药剂长期使用会使蚜虫产生抗药性，因此要将推荐的防治蚜虫药剂交替使用。

（四）蓟马

1．形态特征

成虫雌体长1.3~1.5mm，褐色至紫褐色，头短于前胸，两颊后部收缩；腹部背面第八节后缘完整，体鬃粗短而色暗。雄虫较小而色黄。

2．生活习性与危害

寄主植物有小麦、水稻、胡麻、糜子、豌豆、蚕豆、扁豆、大豆、马铃薯、苜蓿及豆科绿肥等20多种植物。主要发生在旱地胡麻上，发生在胡麻的整个生育期。主要取食叶芽、嫩叶和花，轻者造成上部叶片扭曲，重者成片胡麻早枯，叶片和花干枯、早落。一般5月中旬开始发生，随气温升高，6月中旬种群数量成倍增长，至6月下旬达全年危害高峰期。

蓟马体型微小，虫口繁多，在农田广泛存在。除个别种捕食微体昆虫属益虫外，多数为植食性昆虫，是农业经济昆虫的一个重要类群。蓟马的成虫、若虫是以锉吸式口器进行取食，严重危害作物心叶、嫩叶和花器，使叶片褪色失绿卷曲而干枯，或造成空壳秕粒而减产。因其体型微小、危害隐蔽的特点，常不被人们所注意。

3．防治方法

根据蓟马对白、粉、黄、蓝颜色具有很强趋性的特点，5月中、下旬在胡麻田每亩地摆放10张色板对蓟马进行诱杀，每隔5~10d更换一次诱虫色板。3%印楝素、0.5%藜芦碱、2.5%鱼藤酮、1%苦参碱，对蓟马都有一定防效。

利用0.5%藜芦碱可溶性液剂500~800倍液、0.3%印楝素乳油800~1 200倍液、3.8%苦参碱可溶性液剂750~1 000倍液、2.5%高效氯氰菊酯乳油1 000倍液、20%氰戊菊酯乳油1 200倍液、40%毒死蜱乳油1 000~1 500倍液或2.5%吡虫啉乳油500~750倍液，可以有效防治蓟马。

（五）黏虫

1．形态特征

成虫为黄褐色的中型蛾子，体长19~20mm。前翅中央有2个扁圆形淡黄色的斑纹及小白点1个。有1条由翅尖斜向内方的短黑线，后翅前缘基部雌蛾有翅缰3根，雄蛾仅1根，在翅的外缘还有7个小黑点。卵呈馒头形，初产卵乳白色，渐变黄色，孵化时变为黑色，有光泽，多产在枯黄的叶尖、叶背或叶鞘上，排列成行或重叠成块。

幼虫为圆筒形，长约38mm。头部淡褐色并有黑色的“八”字纹。身体背面有5条蓝黑色的纵线。有3对胸足，5对腹足。蛹为枣红色，长18～20mm，纺锤形，有光泽，腹部第5、第6、第7节的背面各有一排横列的齿状刻点，尾部有刺4根，以中间的2根最大。

2．生活习性与危害

成虫夜间活动，对糖、酒、醋味趋性特强，幼虫3龄以后生长很快，食量大增，危害作物严重。在7月上中旬以第2代幼虫从麦田转移到胡麻田危害，它可以咬破茎皮或咬断蒴果的小枝梗，特别是在气候潮湿、作物生长茂密和杂草丛生的情况下危害较重。

3．防治方法

在成虫盛发期，利用糖醋液或酸菜汤诱杀。也可用谷草诱蛾产卵，于清晨加以捕杀。

利用化学杀虫剂2.5%氯氟氰菊酯、2.5%顺式氰戊菊酯、2.5%溴氰菊酯、4.5%高效氯氰菊酯任一种，以15～20ml/667m^{2}的药液兑水30kg喷防；25%快杀灵乳油25～40ml/667m^{2}药液兑水30kg喷防。

（六）漏油虫

1．形态特征

成虫体长约6mm，翅长14～16mm，体褐色。头腹部灰黄带白。幼虫初孵化时白色，老熟时淡红色或蜡黄色，长6～8mm。蛹长5～6mm，蛹茧有越冬茧和化蛹茧2种，均由丝黏着土粒而形成。

2．生活习性与危害

一年发生一代，以幼虫在表土中（深约 1cm）作茧越冬。6 月上旬幼虫破茧出土，再作茧化蛹，蛹期大约 10d。在胡麻开花盛期，成虫发生最多。成虫盛期在 6 月下旬。雌蛾每头约产卵 35 粒，多产在胡麻植株中部叶片上，小部分产在蒴果萼片上。卵期 7d，幼虫钻入蒴果危害种子，被危害蒴果的种子全部被吃光或残缺不全。幼虫老熟后在蒴果上开一圆形孔爬出，落土结茧越冬。

3．防治方法

选用早熟品种，适当提早播种期和避免重茬，是减轻漏油虫危害的基本措施。

播前药剂处理土壤或收获时在堆放胡麻捆处撒毒土防治。40% 辛硫磷乳油 350g/667m^2 加水稀释 10 倍，与 60kg 细干土拌匀，堆闷 30min 后撒施；或 4% 敌马粉、4.5% 甲敌粉任一种 1 500g/667m^2 加 60kg 细干土，配成毒土撒施。

在成虫产卵期用 2.5% 溴氰菊酯、4.5% 高效氯氰菊酯、20% 的氰戊菊酯任一种，1 000 ~ 1 200 倍液喷防，或 50% 杀螟松乳油 1 000 ~ 1 500 倍液，或 80 % 敌敌畏乳油 1 200 ~ 1 500 倍液喷雾。

（七）苜蓿夜蛾

1．形态特征

成虫体长 15mm，展翅 32mm。幼虫头黄色，体呈浅绿色至深肉色，有黑斑，每 5 ~ 7 个为一组，在中央的斑点形成倒“八”字形，此可与黏虫区别（黏虫有正“八”字黑纹）。老熟幼虫体长约 40mm。蛹淡褐色，末端有 2 刚毛，位于 2 个突起上，体长 15～20mm。

2．生活习性与危害

主要危害胡麻、苜蓿、豆类、向日葵、马铃薯、甜菜等作物。当胡麻幼果形成后，幼虫从外面钻入蒴果危害种子。

每年约繁殖 2 代，以蛹在土壤内越冬。于 6 月间大量出现在苜蓿田间，采吮花蜜。卵散产于各种植物的叶片上和花上，因此时花少营养不良，第 2 代成虫常不孕。幼虫除危害叶片外常危害花蕾、果实及种子，稍有惊扰立即弹跳落地。

3．防治方法

在成虫产卵期用 2.5% 溴氰菊酯、4.5% 高效氯氰菊酯、20% 氰戊菊酯任一种 1 000～1 500 倍液、25% 快杀灵乳油 25～40ml/667m^2 加水 30kg、40% 毒死蜱乳油 25～37g/667m^2 加水 30kg、50% 杀螟松乳油 1 000～1 500 倍液或 80% 敌敌畏乳油 1 200～2 000 倍液喷雾。幼虫可在青果期喷雾防治。适时早收可减轻危害。

（八）灰条夜蛾

1．形态特征

成虫体长 14mm，翅展 35mm。下唇须褐色，头顶及胸背为黑、褐、白鳞毛覆盖。幼虫体长 35mm，幼龄时粉绿色，并有 2 条白色气门线。气门下线白色较宽而明显，气门下方常有粉红色晕斑；腹面黄绿色。蛹长 13mm，黄褐色，翅足部分绿色。

2．生活习性与危害

危害胡麻、马铃薯、甜菜、豌豆、玉米、高粱、向日葵、灰藜等多种作物和杂草。一年发生 2 代，以蛹在土壤中越冬。第二年 4 月上旬越冬成虫开始活动，出现 2 个峰期，第 1 峰期是 4 月下旬，虫量较多，第 2 峰期是 8 月中旬，虫量较少，以后陆续发生至 10 月间绝迹。6 月上旬至 7 月上旬为第 1 代幼虫危害期，蛀害胡麻蒴果，第 2 代幼虫量较第 1 代少，主要危害灰条菜等藜科杂草，至 9 月下旬陆续老熟，入土化蛹越冬。成虫昼伏夜出，卵散产于寄主叶背，有趋糖蜜和强趋光习性。幼虫最喜食灰条菜等藜科杂草，有假死习性，稍有触动即卷曲落地。

3．防治方法

6 月上、中旬幼虫初龄阶段及时喷药防治。用 2.5% 溴氰菊酯、4.5% 高效氯氰菊酯、20% 的氰戊菊酯任一种 1 200 ~ 2 000 倍液喷防，25% 快杀灵乳油 25 ~ 40ml/667m^2 加水 30kg、80%敌敌畏乳油 1 200 ~ 2 000 倍液或 50% 杀螟松乳油 1 500 ~ 2 000 倍液喷雾。此外应用黑光灯诱杀越冬成虫，亦有一定防效。

（九）草地螟

1．形态特征

成虫体长 8 ~ 12mm，翅展 20 ~ 26mm，触角丝状，前翅灰褐色，具暗褐色斑点，沿外缘有淡黄色点状条纹，翅中央稍近前缘有一淡黄色斑，后翅淡灰褐色，沿外缘有 2 条波状纹。卵长约 1mm，椭圆形，乳白色。幼虫体长 19 ~ 21mm，头黑色有白斑，前胸盾板黑色，有 3 条黄色纵纹，虫体黄绿或灰绿色，有明显的纵行条纹。

2．生活习性与危害

可危害35科200多种植物，一年发生2～4代，以老熟幼虫在土内吐丝作茧越冬。翌春5月化蛹及羽化。成虫飞翔力弱，喜食花蜜，初孵幼虫多集中在枝梢上结网躲藏，取食叶肉，3龄后食量剧增，以第1代幼虫危害为主。

3．防治方法

对危害胡麻的草地螟幼虫要在3龄前使用下列农药防治。化学药剂：绿色功夫、来福灵、高效氯氰菊酯、阿维·毒乳油；生物药剂：中农1号水剂、0.3%苦参素4号、0.3%苦参素3号均对草地螟具有极其显著的防治效果，且持效期长。目前草地螟对溴氰酯类农药已经产生抗药性，因此不宜用敌杀死来防治草地螟。

（十）小地老虎

1．形态特征

成虫为一种灰褐色的中型蛾子。前翅为灰褐色，有2对“之”字形横纹，翅中部有黑色肾状纹，其外侧有褐色三角形纹，尖端向外与来自外缘的2个黑色三角形斑相对。后翅为灰白色。卵很小，馒头形，淡黄色，有光泽，表面有许多纵横交叉的隆起纹，形如棋盘。幼虫灰褐带浅黄色，体表有明显的大小颗粒，每个体节的背上有马蹄形的黑色斑纹。尾节的臀板为黄褐色，有2条深褐色的纵带。蛹为红棕色。

2．生活习性与危害

胡麻小地老虎主要危害胡麻根部，甚至把茎咬断，造成缺苗断垄或全部吃光。一般田块被害苗率6%～14%，水渠边附近严重田块高达50%，有虫36头/m^2。

一年发生3代，第1代成虫3月中旬出现，第1代幼虫在5月上旬至6月下旬出现；第2代发生在6月下旬至7月下旬；第3代幼虫发生在8月中旬至9月下旬。以第1代幼虫危害胡麻。

3．防治方法

在成虫发生期，用糖醋液诱杀。即用2份糖、1份酒、4份醋、10份水加适量敌敌畏乳油或敌百虫配制成糖醋液。也可用酒糟或带有酸甜味的其他代用品，加水、加适量敌敌畏乳油倒在器皿内，于日落以前放在高出作物的架上或树丛上诱杀成虫。

小地老虎1~3龄幼虫期抗药性较差，且暴露在寄主植物或地面上，是药剂防治的最适时期。40%毒死蜱乳油26~40g/667m^{2}兑水30kg；或用2.5%溴氰菊酯、4.5%高效氯氰菊酯、20%的氰戊菊酯任一种1 500~2 000倍液喷防；或用50%辛硫磷乳油50~100g/667m^{2}随水灌施或拌细土10~20kg或拌在适量尿素中，结合灌水撒施。田间喷药防治应根据小地老虎昼伏夜出的生活习性，在傍晚前用药，可以提高防效。

鲜草毒饵诱杀幼虫。用80%敌敌畏50g、鲜草（灰菜、小旋花等）30~40kg配制毒饵，其方法是：先把鲜草切成5~6cm长，喷水湿润后，再喷洒敌敌畏，充分搅拌，于傍晚撒入田间，用量约为10~14kg/667m^2。使用毒饵时，应将田间杂草除尽，效果更好。

（十一）黑绒金龟子

1．形态特征

成虫：小型金龟子，体长7.0～8.0mm，宽4.5～5.0mm；雄虫比雌虫略小，全体像卵形前狭后宽，黑色或黑褐色，鞘翅面有天鹅绒般闪光，故有天鹅绒金龟子之称。触角赤褐色共9节，有时左或右10节，鳃片3节。鞘翅比前胸背板略宽，上有刻点及细毛，每翅有9条纵纹，外缘有少数刺毛成列。前胫外缘有2齿。胸腹部腹面黑褐色，刻点粗大，有赤褐色长毛。

幼虫：体长15.0mm，头黄褐色，胴部乳白色，密被赤褐短毛。

蛹：长8.0mm，黄褐色，复眼朱红色。

卵：椭圆形，长1.2mm，光滑，乳白色。

2．生活习性与危害

危害玉米、胡麻、高粱、甜菜、向日葵、桑树、蔬菜、果树等作物和林木。主要分布在甘肃、宁夏、陕西及华北、东北等省（区）。1年1代，以成虫在土中越冬。一般对刚出苗的胡麻进行危害，尤其对旱地胡麻危害比较严重。成虫在15:00～16:00开始出土危害胡麻幼苗，17:00～20:00聚集最多，20:00以后逐渐入土，潜伏于表土层2～5cm深处。5月下旬至6月上旬成虫入土约在10cm土层内产卵。幼虫以作物根及腐殖质为食，7月下旬至8月间作土穴化蛹，8月下旬至9月化为成虫即在土内越冬。

3．防治方法

（1）杀灭出土成虫。

① 喷药：根据成虫出土后几天不飞翔的习性，可在虫

口密度大的田块、地埂喷施2.5%敌杀死或5%来福灵乳油1 000～1 500倍液，防治效果均在90%以上；采用4.5%瓢甲敌（氰戊菊酯类或氯氰菊酯类）乳油1 500倍液防治效果也很好。

② 诱杀：根据成虫先从地边危害的习性，于下午成虫活动前，将刚发叶的榆、杨树枝用2.5%敌杀死乳油1 000倍或80%敌敌畏800倍浸泡后放在地边，每隔2m放1枝，诱杀效果较好。

③ 毒土：每667m^{2}用4%敌马粉2.5kg兑干细土60kg混匀后撒施。

（2）防治出土前成虫。根据黑绒金龟子在上年危害作物茬地越冬，翌年4月上旬集中在土表5～10cm的习性，在越冬田块结合播种施毒土防治。具体方法是：

① 40%辛硫磷乳油0.35kg/667m^{2}兑水稀释10倍与60kg细干土拌匀堆闷30min后撒施。

② 4%敌马粉或4.5%甲敌粉1.5kg/667m^{2}兑60kg细干土或混在有机肥中，拌匀后撒施在垄沟或先撒后播种打磨。

（十二）金针虫

1．形态特征

沟金针虫：成虫体长14～18mm，深褐色，密生黄色细毛。前胸背板呈半球形隆起。卵近椭圆形，乳白色。幼虫金黄色，扁平，体节宽大于长，尾节两侧隆起，有3对锯齿状突起，尾端分叉并向上弯曲。蛹纺锤形，19～22mm，初淡绿色后渐变褐色。

细胸金针虫：成虫体长8～9mm，体细长，密生暗褐色短毛，圆筒形。卵圆形，乳白色。幼虫淡黄色，细长，各节长大于宽，尾节圆锥形，背面近前缘两侧各有1个褐色圆斑、末端中间有1个红褐色小突起。蛹长8~9mm，初乳白色后渐变黄色。

2．生活习性与危害

幼虫在土中取食播种下的种子、萌出的幼芽、农作物和菜苗的根部，致使作物枯萎致死，造成缺苗断垄，甚至全田毁种。

3．防治方法

辛硫磷粉剂0.5kg/667m^{2}与细土40~50kg拌匀，撒后锄地覆土；4%敌马粉2.5kg/667m^{2}兑干细土60kg混匀后撒施；40%辛硫磷乳油0.35kg/667m^{2}兑水稀释10倍与60kg细干土拌匀堆闷30min后撒施；4%敌马粉或4.5%甲敌粉1.5kg/667m^{2}兑60kg细干土或混在有机肥中，拌匀后先撒后播种打磨。

第三节　胡麻主要草害研究概况及综合防控技术

一、胡麻主要草害研究概况

（一）国外胡麻主要草害研究概况

在胡麻田杂草研究方面，加拿大和美国研究了杂草和胡麻对土壤养分竞争能力的差异、杂草的防治阈值等。国外在胡麻田杂草防控方面采取的主要措施如下。

1．采用保护性耕作（少耕和免耕）控制杂草

加拿大采用保护性耕作控制杂草，除草剂使用量并未因免耕或少耕而增加。

2．利用化感作用控制杂草

具有化感作用植物的残体覆盖大田后能有效控制杂草。研究发现，收获后的大麦、小麦和燕麦的残体对第 2 年杂草的生长均有抑制作用，高粱残体具有显著的控制杂草的能力，高粱根系分泌物可以抑制藜的种子萌发和幼苗生长。目前美国约有 25% 的土地使用秸秆还田的方式防控杂草。

3．采用轮作控制杂草

加拿大、日本、韩国、埃及和泰国等国家通过轮作控制杂草。

4．种植转基因抗除草剂品种防除杂草

加拿大通过种植转基因抗除草剂胡麻品种防除杂草。

（二）国内胡麻主要草害研究概况

在国家特色油料产业技术体系（原国家胡麻产业技术体

系）启动之前，我国在胡麻田杂草研究方面报道较少。在除草剂对胡麻的安全性方面，宋喜蛾、董丽平等研究了除草剂对胡麻安全性的影响，董丽平等、王鑫等研究了除草肥（除草剂 + 磷酸氢二铵）对胡麻的安全性及除草效果。在胡麻田除草剂筛选方面，除草剂有播前和播后苗前土壤处理的氟乐灵、野麦畏和地乐胺（现改名为“仲丁灵”），播前对出土杂草进行茎叶喷雾的草甘膦或草甘膦异丙胺盐；苗期茎叶喷雾防除一年生阔叶杂草的 2 甲 4 氯钠盐，防除一年生禾本科杂草的精喹禾灵、精噁唑禾草灵、烯禾啶和精吡氟禾草灵，兼防一年生阔叶杂草与禾本科杂草的 2 甲 4 氯钠 + 精喹禾灵、2 甲 4 氯钠 + 烯禾啶；防除菟丝子的野麦畏、二氯烯丹、鲁保 1 号生防菌和仲丁灵。在胡麻田杂草综合防除技术研究方面，从 20 世纪 70 年代开始研究了欧洲菟丝子的综合防除措施。在胡麻田杂草发生规律方面，张炳炎、王永强研究了欧洲菟丝子、胡麻菟丝子的生物学特性、传播途径和发生规律，刘宝森等探明了藜、反枝苋田间发生密度与胡麻产量呈显著的负相关关系。在胡麻田杂草种类调查方面，陈卫民、李广阔、王剑等调查了新疆伊犁地区胡麻田杂草种类，张玉琴等调查了甘肃庆阳地区胡麻田杂草种类。

国家特色油料产业技术体系（原国家胡麻产业技术体系）启动之后（2008 年），胡麻草害防控岗位专家胡冠芳研究员及其团队成员在胡麻田杂草种类和群落组成、胡麻田除草剂筛选、胡麻田杂草发生危害规律、施药器械、农药喷雾助剂对灭草松防除胡麻田藜等阔叶杂草的增效作用等方面开展了深入系统的研究，并取得了预期结果。

1．胡麻田杂草种类和群落组成研究

调查明确了我国不同生态类型区胡麻田杂草种类和群落组成。胡麻田阔叶杂草主要有卷茎蓼、藜、小藜、灰绿藜、滨藜、刺藜、蒺藜、菊叶香藜、反枝苋、凹头苋、腋花苋、萹蓄、猪殃殃、苣荬菜、苦苣菜、打碗花、田旋花、西伯利亚蓼、沙蓬、大刺儿菜、刺儿菜、蒲公英、地肤、荠菜、角茴香、龙葵、狼紫草、蒙山莴苣、碱蓬、独行菜、宽叶独行菜、猪毛菜、野薄荷、节节草、老鹳草、苍耳、牻牛儿苗、圆叶锦葵、冬葵、山苦荬、野油菜、油菜、香薷、鹤虱、荞麦、苦荞麦、马齿苋、地锦、野胡萝卜、离子草、蒙古蒿、黄花蒿、小花糖芥、问荆、两栖蓼、酸模叶蓼、草地风毛菊、益母草等60余种。禾本科杂草主要有狗尾草、无芒稗、野燕麦、赖草、虎尾草、野糜子、芦苇、画眉草、马唐、白茅、牛筋草等13种。杂草群落在不同年份间差异较大，以6～12元群落居多，最多可达53元群落。

（1）甘肃省胡麻田杂草种类、优势种及主要群落类型。

阔叶杂草种类有打碗花、卷茎蓼、油菜、荠菜、萹蓄、藜、苣荬菜、蒙山莴苣、狼紫草、杂配藜、艾蒿、曼陀罗、蒲公英、泽漆、车前、巴天酸模、齿果酸模、刺儿菜、大刺儿菜、顶羽菊、苘麻、苦苣菜、荞麦、杖藜、苍耳、野薄荷、田旋花、王不留行、猪殃殃、山苦荬、红蓼、紫花地丁、芸芥、草木樨、白花草木樨、紫花苜蓿、白蒿、野枸杞、菊叶香藜、飞廉、刺藜、瓣蕊唐松草、广布野豌豆、牻牛儿苗、宝盖草、大画眉草、离蕊芥、角茴香、反枝苋、独行菜、西伯利亚蓼、播娘蒿、三齿萼野豌豆、小藜、地肤、藤长苗、风花菜、节节草、猪毛菜、圆叶锦葵、马齿苋、繁缕、黄花蒿、龙葵、红蓼、野滨藜、灰绿藜、甘草、柴胡、半夏、碱蓬、野大麻、扁豆、续断菊、箭舌豌豆、鹅绒委陵菜、益母草、高山紫菀、白蒿、茵陈蒿、野苜蓿、酢浆草、酸模叶蓼、冬葵、短尾铁线莲、小蓝雪花、鹤虱、地锦、苦荞麦、问荆、野胡萝卜、尼泊尔蓼、鼬瓣花、黄芩、离子草、蛇莓、小根蒜、葎草、亚麻菟丝子、蒺藜等100余种。

禾本科杂草种类有野燕麦、赖草、芦苇、狗尾草、无芒稗、梭梭草、早熟禾、野糜子、画眉草、虎尾草、白草、牛筋草等14种。

优势种为卷茎蓼、藜、小藜、萹蓄、猪殃殃、苣荬菜、野燕麦、打碗花、西伯利亚蓼、狗尾草、无芒稗、大刺儿菜、小刺儿菜、地肤、角茴香。

杂草群落类型为3～53元群落，以7～12元群落居多。主要群落类型为：

① 7元群落：卷茎蓼＋苣荬菜＋藜＋狼紫草＋萹蓄＋野燕麦＋荠菜。

② 8元群落：油菜＋猪殃殃＋卷茎蓼＋野燕麦＋苣荬菜＋萹蓄＋角茴香＋藜。

③ 9元群落：卷茎蓼＋角茴香＋刺儿菜＋猪殃殃＋芦苇＋角茴香＋播娘蒿＋藜＋苣荬菜。

④ 10元群落：野燕麦＋猪殃殃＋刺儿菜＋藜＋荠菜＋萹蓄＋角茴香＋打碗花＋紫花苜蓿＋野燕麦。

⑤ 11元群落：赖草＋大刺儿菜＋打碗花＋卷茎蓼＋角茴香＋野燕麦＋油菜＋田旋花＋猪殃殃＋藜＋萹蓄。

⑥ 12 元群落：野燕麦 + 打碗花 + 卷茎蓼 + 萹蓄 + 藜 + 猪殃殃 + 油菜 + 车前 + 刺儿菜 + 荠菜 + 角茴香 + 巴天酸模。

（2）宁夏回族自治区胡麻田杂草种类、优势种及主要群落类型。

阔叶杂草种类有藜、打碗花、卷茎蓼、野大麻、刺儿菜、大刺儿菜、苣荬菜、角茴香、蒲公英、亚麻菟丝子、萹蓄、反枝苋、茵陈蒿、黄花蒿、锦葵、沙蓬、刺藜、山苦荬、独行菜、播娘蒿、鹤虱、二裂委陵菜、田旋花、车前、野西瓜苗、猪殃殃、牻牛儿苗、野胡萝卜、荠菜、益母草、牛繁缕、猪毛菜、西伯利亚蓼、狼紫草、杂配藜、三齿萼野豌豆、离蕊芥、鹅绒委陵菜、高山紫菀、雪见草、苍耳、地肤等 50 种。

禾本科杂草种类有无芒稗、野燕麦、赖草、野糜子、芦苇、狗尾草、虎尾草等 10 种。

优势种为卷茎蓼、藜、苣荬菜、灰绿藜、野燕麦、萹蓄、角茴香、刺儿菜、打碗花、田旋花、野燕麦。

杂草群落类型为 7 ~ 22 元群落，以 7 ~ 10 元群落居多。主要群落类型为：

① 7 元群落：藜 + 打碗花 + 卷茎蓼 + 角茴香 + 野大麻 + 苣荬菜 + 蒲公英。

② 8 元群落：藜 + 灰绿藜 + 萹蓄 + 卷茎蓼 + 猪殃殃 + 角茴香 + 打碗花 + 野燕麦。

③ 9 元群落：藜 + 灰绿藜 + 萹蓄 + 卷茎蓼 + 猪殃殃 + 角茴香 + 打碗花 + 野燕麦 + 大刺儿菜。

④ 10 元群落：藜 + 灰绿藜 + 萹蓄 + 卷茎蓼 + 猪殃殃 + 角茴香 + 打碗花 + 野燕麦 + 大刺儿菜 + 黄花蒿。

（3）内蒙古自治区胡麻田杂草种类、优势种及主要群落类型。

阔叶杂草种类有萹蓄、山苦荬、反枝苋、打碗花、牻牛儿苗、苍耳、苣荬菜、刺藜、藤长苗、猪毛菜、藜、芸芥、蒲公英、圆叶锦葵、蒙山莴苣、草地风毛菊、油菜、鬼针草、车前、瓣蕊唐松草、黄花蒿、刺儿菜、卷茎蓼、野西瓜苗、角茴香、荞麦、苦荞麦、蒺藜、两栖蓼、菊叶香藜、地锦、向日葵、西伯利亚蓼、龙葵、巴天酸模、灰绿藜、芸芥、草木樨、艾蒿、宽叶独行菜、独行菜、腋花苋、鹅绒藤、碱蓬、亚麻菟丝子、酸模叶蓼、田旋花、青葙、苦参、益母草、中亚滨藜、大籽蒿、苦苣菜、亚麻菟丝子、水棘针、香薷、野胡萝卜、冬葵、马齿苋、凹头苋、鹤虱、莨菪等 70 种。

禾本科杂草种类有无芒稗、野糜子、狗尾草、赖草、白草、芦苇、虎尾草、羊草（碱草）、画眉草、披碱草等 13 种。

优势种为无芒稗、反枝苋、芦苇、碱蓬、藜、野西瓜苗、虎尾草、巴天酸模、野糜子。

杂草群落类型为 3～27 元群落，以 5～10 元群落居多。主要群落类型为：

① 5 元群落：龙葵 + 藜 + 无芒稗 + 牛筋草 + 圆叶锦葵。

② 6 元群落：藜 + 无芒稗 + 野糜子 + 反枝苋 + 圆叶锦葵 + 碱蓬。

③ 7 元群落：龙葵 + 藜 + 猪毛菜 + 苣荬菜 + 田旋花 + 无芒稗 + 牻牛儿苗。

④ 8 元群落：藜 + 无芒稗 + 野糜子 + 苣荬菜 + 萹蓄 + 芦苇 + 打碗花 + 西伯利亚蓼。

⑤ 9 元群落：藜 + 苣荬菜 + 卷茎蓼 + 冬葵 + 节裂角茴香 + 刺儿菜 + 反枝苋 + 无芒稗 + 狗尾草。

⑥ 10 元群落：反枝苋 + 藜 + 刺藜 + 菊叶香藜 + 虎尾草 + 无芒稗 + 油菜 + 向日葵 + 蒺藜 + 萹蓄。

（4）河北省胡麻田杂草种类、优势种及主要群落类型。

阔叶杂草种类有刺儿菜、藜、苍耳、苣荬菜、碱蓬、猪毛菜、紫花苜蓿、卷茎蓼、苦荞麦、荞麦、委陵菜、油菜、两栖蓼、蒙古蒿、地肤、车前、龙葵、蒙山莴苣、打碗花、香薷、巴天酸模、反枝苋、问荆、萹蓄、酸模叶蓼、香附子、野大豆、红蓼、野胡萝卜、草地风毛菊、圆叶锦葵、野西瓜苗、牻牛儿苗、广布野豌豆、刺藜、灰绿藜、风花菜、西伯利亚蓼、蒲公英、独行菜、篱打碗花、角茴香、点地梅、播娘蒿、大籽蒿、艾蒿、鹤虱、山苦荬、黄花蒿、草木樨、鹅绒委陵菜、三齿萼野豌豆、野薄荷、播娘蒿、披针叶黄华、藤长苗、锦葵、夏至草、青葙等 70 种。

禾本科杂草种类有狗尾草、白草、芦苇、无芒稗、羊草（碱草）、野糜子、野燕麦、画眉草、虎尾草、马唐、裸燕麦、大画眉草等 15 种。

优势种为藜、无芒稗、野糜子、狗尾草、酸模叶蓼、芦苇、苦荞麦、苣荬菜、问荆、萹蓄、白草、刺儿菜、反枝苋、刺藜、角茴香、碱蓬、卷茎蓼。

杂草群落类型为 3 ~ 29 元群落，以 7 ~ 12 元群落居多。主要群落类型为：

① 7 元群落：狗尾草 + 野糜子 + 碱蓬 + 苦荞麦 + 披碱草 + 油菜 + 卷茎蓼。

② 8 元群落：藜 + 苣荬菜 + 苦荞麦 + 萹蓄 + 卷茎蓼 + 野燕麦 + 猪毛菜 + 草地风毛菊。

③ 9 元群落：苦荞麦 + 卷茎蓼 + 藜 + 萹蓄 + 苣荬菜 + 狗尾草 + 刺藜 + 草地风毛菊 + 野燕麦。

④ 10 元群落：萹蓄 + 狗尾草 + 藜 + 苣荬菜 + 苦荞麦 + 刺藜 + 卷茎蓼 + 野燕麦 + 猪毛菜 + 草地风毛菊。

⑤ 11 元群落：狗尾草 + 萹蓄 + 藜 + 苣荬菜 + 苦荞麦 + 野糜子 + 刺藜 + 卷茎蓼 + 草地风毛菊 + 苍耳 + 田旋花。

⑥ 12 元群落：藜 + 苣荬菜 + 刺藜 + 狗尾草 + 苦荞麦 + 萹蓄 + 卷茎蓼 + 野糜子 + 草地风毛菊 + 猪毛菜 + 田旋花 + 野燕麦。

（5）山西省胡麻田杂草种类、优势种及主要群落类型。

阔叶杂草种类有藜、大刺儿菜、牻牛儿苗、蒺藜、灰绿藜、卷茎蓼、打碗花、田旋花、碱蓬、酸模叶蓼、节节草、沙蓬、刺儿菜、苍耳、苦苣菜、苣荬菜、山苦荬、葡枝委陵菜、西伯利亚蓼、草地风毛菊、藤长苗、亚麻菟丝子、地肤、芸芥、蒙古蒿、黄花蒿、狼紫草、车前、反枝苋、圆叶锦葵、鹤虱、油菜、短尾铁线莲、草木樨、紫花苜蓿、艾蒿、问荆、朝天委陵菜、密花香薷、红蓼、猪毛菜、马齿苋、地梢瓜、播娘蒿、牛繁缕、甘草、鹅绒藤、青葙、野滨藜、荠菜、独行菜、角茴香、白蒿、半夏、牻牛儿苗、瓣蕊唐松草、地锦、野胡萝卜、荞麦、苦荞麦、野西瓜苗、蒙山莴苣等 70 种。

禾本科杂草种类有芦苇、无芒稗、狗尾草、野燕麦、白茅、野糜子、牛筋草、马唐、狗牙根、芦苇、虎尾草、赖草、看麦娘等 15 种。

优势种为无芒稗、苣荬菜、卷茎蓼、野胡萝卜、藜、刺藜、狗尾草、苦苣菜、节节草、瓣蕊唐松草、反枝苋、野糜子、野燕麦、蒙山莴苣。

杂草群落类型为 5 ~ 27 元群落，以 6 ~ 12 元群落居多。主要群落类型为：

① 6 元群落：马唐 + 无芒稗 + 藜 + 看麦娘 + 反枝苋 + 荠菜。

② 7 元群落：藜 + 赖草 + 打碗花 + 狗尾草 + 无芒稗 + 苍耳 + 甘草。

③ 8 元群落：狗尾草 + 无芒稗 + 赖草 + 打碗花 + 芦苇 + 苍耳 + 甘草 + 白草。

④ 9 元群落：白草 + 篱打碗花 + 野糜子 + 打碗花 + 狗尾草 + 芦苇 + 苣荬菜 + 刺儿菜 + 无芒稗。

⑤ 10 元群落：白草 + 打碗花 + 艾蒿 + 藜 + 赖草 + 狗尾草 + 无芒稗 + 芦苇 + 苍耳 + 狗尾草。

⑥ 11 元群落：白草 + 打碗花 + 狗尾草 + 赖草 + 艾蒿 + 野糜子 + 苣荬菜 + 藜 + 芦苇 + 紫花苜蓿 + 反枝苋。

⑦ 12 元群落：苣荬菜 + 打碗花 + 无芒稗 + 酸模叶蓼 + 卷茎蓼 + 芦苇 + 碱蓬 + 沙蓬 + 反枝苋 + 刺儿菜 + 藜 + 西伯利亚蓼。

（6）新疆维吾尔自治区胡麻田杂草种类、优势种及主要群落类型。

阔叶杂草种类有卷茎蓼、油菜、苦苣菜、刺儿菜、田旋花、藜、苣荬菜、莨菪、萹蓄、酸模叶蓼、圆叶锦葵、香薷、巴天酸模、小藜、猪殃殃、大车前、鹅绒委陵菜、反枝苋、小蓝雪花、牛繁缕、婆婆纳、野薄荷、续断菊、冬葵、马齿苋、野西瓜苗、曼陀罗、节节草、腋花苋、野大麻、黄花蒿、龙葵、紫花苜蓿、荠菜、苘麻、地锦、地肤、三叶草、宝盖草、高山紫菀、凹头苋、三齿萼野豌豆、白蒿、猪殃殃、亚麻菟丝子、蒲公英、大刺儿菜、斑种草、野胡萝卜、鼠尾草、窄叶野豌豆、广布野豌豆、苦豆子等60种。

禾本科杂草种类有狗尾草、无芒稗、野燕麦、雀麦、狗芽根等7种。

优势种为藜、无芒稗、油菜、野燕麦。

杂草群落类型为3~22元群落，以6~11元群落居多。主要群落类型为：

① 6元群落：无芒稗+藜+卷茎蓼+田旋花+油菜+刺儿菜。

② 7元群落：无芒稗+藜+卷茎蓼+田旋花+油菜+苣荬菜+白蒿。

③ 8元群落：无芒稗+藜+卷茎蓼+反枝苋+油菜+刺儿菜+野大麻+酸模叶蓼。

④ 9元群落：无芒稗+藜+卷茎蓼+油菜+刺儿菜+苣荬菜+节节草+紫花苜蓿+白蒿。

⑤ 10元群落：无芒稗+藜+卷茎蓼+田旋花+油菜+刺儿菜+苣荬菜+窄叶野豌豆+野薄荷+苦豆子。

⑥ 11元群落：无芒稗+藜+卷茎蓼+田旋花+油菜+刺儿菜+苣荬菜+窄叶野豌豆+野燕麦+白蒿+苦豆子。

赵利等采用田间调查和室内测定、相对丰度和生态位计算与分析相结合的方法，对兰州地区胡麻田杂草群落进行了研究，明确了兰州地区胡麻田间杂草种类和优势种群，同时探明了优势杂草的生态位，结果表明，时间生态位宽度由大到小依次为地肤、刺儿菜、萹蓄、藜、苣荬菜，其时间生态位宽度为 0.81 ~ 0.86，表明这几种杂草与胡麻的共生期较长，对胡麻的危害较大。水平生态位宽度由大到小依次为地肤、藜、狗尾草、无芒稗、苣荬菜，其水平生态位宽度为 0.50 ~ 0.96，表明在水平范围内，它们与胡麻争夺水分和养分的激烈程度较大。垂直生态位宽度由大到小依次为地肤、萹蓄、狗尾草、夏至草、无芒稗、藜，其垂直生态位宽度为 0.35 ~ 0.73，表明在空间上它们与胡麻争夺生长空间的激烈程度较大。综合生态位宽度的大小反映了杂草对胡麻危害程度的大小，上述杂草中综合生态位由大到小依次为：地肤、狗尾草、藜、无芒稗、萹蓄和苣荬菜，其综合生态位为 1.59 ~ 2.56，表明它们对胡麻的危害程度较大。时间生态位重叠值的大小反映物种在时间发生上的重叠情况。除打碗花与苣荬菜、藜和萹蓄，苣荬菜与藜、萹蓄、无芒稗、地肤、龙葵、夏至草，藜与无芒稗，无芒稗与马齿苋、夏至草，马齿苋与夏至草等的重叠值较小外，其他杂草之间的重叠值均在 0.5 以上，其中地肤、龙葵、马齿苋、夏至草、狗尾草的时间生态位重叠值均在 0.5 以上，表明这几种杂草与多数优势杂草生长期重叠时间长，对生态环境要求较为相似。水平生态位重叠值的大小反映物种在水平空间发生上的重叠情况。地肤与苣荬菜，龙葵与打碗花、苣荬菜、萹蓄、无芒稗，马齿苋与打碗花、苣荬菜、萹蓄、无芒稗、龙葵，夏至草与打碗花、苣荬菜、萹蓄、无芒稗、龙葵、马齿苋之间的水平生态位重叠值在 0.5 以上，表明这些杂草水平空间资源争夺激烈；其他杂草之间均低于 0.5，可以认为这些杂草之间并未出现强烈的资源利用竞争关系。垂直生态位重叠值的大小反映物种在高度发生上的重叠情况。上述 10 种杂草相互间垂直生态位重叠值均在 0.65 以上，其中马齿苋和龙葵之间重叠值达 0.98，表明这些杂草种群相互之间垂直生长空间竞争激烈，同样，对肥力的争夺也激烈。

2．胡麻田除草剂筛选研究

（1）播后苗前土壤封闭处理除草剂的筛选。筛选出播后苗前土壤封闭处理兼防胡麻田藜、卷茎蓼、荠菜、油菜、刺儿菜等阔叶杂草与狗尾草、无芒稗、野燕麦等禾本科杂草的 6 个安全高效除草剂混用组合，即丙炔噁草酮 + 莠去津、丙炔噁草酮 + 乙・莠、丙炔噁草酮 + 甲・乙・莠、丙炔噁草酮 + 精异丙甲草胺、甲・乙・莠 + 精异丙甲草胺、乙・莠 + 精异丙甲草胺；防除胡麻菟丝子的 2 种高效除草剂是仲丁灵和野麦畏。

（2）苗期茎叶喷雾除草剂的筛选。筛选出苗期茎叶喷雾对胡麻安全、对阔叶杂草与禾本科杂草具优良防效的新型除草剂及其混用组合，如防除野燕麦、无芒稗、狗尾草、野糜子、虎尾草等禾本科杂草的高效氟吡甲禾灵、炔草酯、烯草酮和唑啉草酯；防除藜、卷茎蓼、反枝苋、刺儿菜、荞麦、苦荞麦、油菜、野油菜等阔叶杂草的 2 甲・辛酰溴、2 甲・溴苯腈、辛酰溴苯腈、灭草松和混用组合苯唑草酮 + 噻吩磺隆、灭草松 + 噻吩磺隆；防除刺儿菜、苣荬菜、蒙山莴苣、蒲公英、艾蒿、紫花苜蓿、三齿萼野豌豆、救荒野豌豆等菊科和豆科杂草的二氯吡啶酸和二氯吡啶酸钾盐；一次用药兼防阔叶杂草与禾本科杂草的混用组合 2 甲・辛酰溴或 2 甲・溴苯腈、辛酰溴苯腈、灭草松 + 精喹禾灵或高效氟吡甲禾灵等，其中 2 甲・辛酰溴、精喹禾灵、高效氟吡甲禾灵、2 甲・辛酰溴或 2 甲・溴苯腈 + 精喹禾灵或高效氟吡甲禾灵已在甘肃、新疆、宁夏、内蒙古、河北、山西等省区胡麻主产区实施大面积示范推广，可有效防除胡麻田大多数阔叶杂草与禾本科杂草。

（3）防除大麦、稷、裸燕麦和皮燕麦除草剂的筛选。甘肃省大麦，内蒙古、河北、山西等省区稷（糜子）、裸燕麦（莜麦）、皮燕麦种植面积较大，大麦、稷、裸燕麦和皮燕麦收获时遗落在土壤中的种子翌年出苗后变成了严重危害胡麻的杂草，目前已成为生产中亟待解决的突出问题。鉴此，草害防控岗位团队开展了大量的除草剂筛选试验，筛选出苗期茎叶喷雾防除胡麻田大麦的安全高效除草剂高效氟吡甲禾灵、精吡氟禾草灵、烯草酮和精喹禾灵；防除稷的安全高效除草剂唑啉草酯、高效氟吡甲禾灵、精吡氟禾草灵、烯草酮、炔草酯、精喹禾灵和烯禾啶；防除裸燕麦的安全高效除草剂唑啉草酯、高效氟吡甲禾灵、精吡氟禾草灵、烯草酮和精喹禾灵；防除皮燕麦的安全高效除草剂唑啉草酯、高效氟吡甲禾灵、精吡氟禾草灵、炔草酯、精喹禾灵和烯禾啶。

（4）防除多年生杂草除草剂的筛选。筛选出了苗期茎叶喷雾防除胡麻田多年生禾本科杂草芦苇的安全高效除草剂高效氟吡甲禾灵，涂心或滴心防除胡麻田刺儿菜、大刺儿菜、苣荬菜、蒙山莴苣、巴天酸模、齿果酸模、打碗花、田旋花、紫花苜蓿、艾蒿等多年生阔叶杂草的草甘膦异丙胺盐和氨氯吡啶酸，苗期茎叶喷雾防除艾蒿的二氯吡啶酸 +2 甲 4 氯钠盐、二氯吡啶酸和灭草松。

（5）防除反枝苋除草剂的筛选。近年来，甘肃、内蒙古、河北等胡麻主产区反枝苋危害逐年加重，而 2 甲 · 辛酰溴或 2 甲 · 溴苯腈因对反枝苋防效较差而不能有效控制其危害，基于此，筛选出了苗期茎叶喷雾防除反枝苋的 1 种高效除草剂和 5 个混用组合，即苯唑草酮，2 甲 · 辛酰溴 + 灭草松，辛酰溴苯腈 + 灭草松，2 甲 · 辛酰溴 + 苯唑草酮，辛酰溴苯腈 + 苯唑草酮，灭草松 + 苯唑草酮。一次用药兼防反枝苋与无芒稗的 1 种安全高效除草剂和 3 个混用组合，即苯唑草酮，苯唑草酮 +2 甲 · 辛酰溴 + 精喹禾灵，苯唑草酮 + 辛酰溴苯腈 + 精喹禾灵，苯唑草酮 + 灭草松 + 精喹禾灵，有效突破了反枝苋难以防除的技术瓶颈。

（6）防除芸芥除草剂的筛选。基于山西等胡麻主产区芸芥发生危害严重的实际情况，筛选出了苗期茎叶喷雾防除芸芥的 1 种安全高效除草剂和 1 个混用组合，即灭草松，灭草松 +2 甲 · 辛酰溴或 2 甲 · 溴苯腈。

3．胡麻田杂草发生危害规律研究

探明了我国胡麻主产区如甘肃省不同生态类型区、宁夏固原市和内蒙古乌兰察布市胡麻田杂草的发生消长规律，明确了地膜覆盖条件下胡麻田杂草的发生危害规律，播种期、播种密度对胡麻田杂草发生以及对胡麻产量的影响，使用化肥和有机肥条件下胡麻田杂草的发生危害规律，不同耕作方式下胡麻田杂草的发生危害规律，不同作物茬口、轮作条件下胡麻田杂草的发生危害规律，杂草伴生时间对胡麻产量的影响，这些研究结果为制定胡麻田杂草综合治理技术体系提供了科学依据。

（1）不同生态类型区胡麻田杂草发生消长规律

① 甘肃省胡麻田杂草发生消长规律。甘肃省不同生态类型区（兰州、古浪、景泰、榆中、定西、灵台、环县）胡麻田杂草从 4 月 2—7 日开始出苗，至 5 月 12—15 日全部出齐，其

后杂草种类保持不变，至胡麻成熟期种类逐渐减少；杂草在4月25—28日呈现出1个出苗高峰，此后至胡麻成熟期平均密度逐渐降低；随着时间的推移，杂草的平均株高逐渐增加，至胡麻成熟期株高达到最高；平均鲜重也随时间的推移逐渐增加，至胡麻盛花期达到最高，此后逐渐降低。藜的平均株高和鲜重随时间的推移而逐渐提高，在胡麻成熟期达到最高。野燕麦的平均株高在胡麻成熟期达到最高，平均鲜重在胡麻盛花期达到最高。根据阔叶杂草与野燕麦的发生消长规律，提出了适宜防除时期，防除藜、卷茎蓼、反枝苋等阔叶杂草的适宜施药时期为5月12—19日；防除野燕麦的适宜施药时期为4月28日至5月5日。

2018年平凉市高平镇调查结果表明，胡麻苗齐至成熟期内，藜、反枝苋、水棘针和狗尾草4种优势杂草的密度、株高及鲜重均随生育时期的推进有不同程度的波动。藜的密度波动幅度较大，呈“先递增后递减”态势，峰值出现在5月9日，达191株/0.75m^2，之后缓慢下降，至胡麻成熟期（7月29日，下同）降至59株/0.75m^2；其株高和鲜重呈“持续递增”态势，5月29日之前为缓慢递增期，之后为快速递增期，至胡麻成熟期分别增至109.27cm和2 069.26g/0.75m^2。反枝苋的密度呈“先递增后递减”态势，峰值出现在5月29日，达97株/0.75m^2，之后逐渐降低，至胡麻成熟期降至33株/0.75m^2；其株高和鲜重呈“持续递增”态势，前者波动较大，5月29日后较快速递增，至胡麻成熟期增至43.53cm，后者波动较小，至胡麻成熟期增至112.3g/0.75m^2。水棘针的密度和鲜重波动幅度小，其株高有一定波动，呈“先缓慢递增再缓慢递减”态势，峰值出现在6月29日，为24.5cm。狗尾草的密度波动剧烈，呈“先快速递增后快速递减”态势，峰值出现在5月29日，达369株/0.75m^2，至胡麻成熟期降至52株/0.75m^2；其株高有一定波动，呈“缓慢递增”态势，至胡麻成熟期达到38.27cm；其鲜重波动幅度小。可见，在陇东旱塬区胡麻田，藜的发生密度较大、竞争优势明显、生长势强，是主要防控对象，其最佳防控时期为5月9—19日；狗尾草发生密度最大，但其竞争力弱、株高和鲜重小，不属主要防控对象；水棘针和反枝苋发生密度较小，且全生育期明显受胡麻胁迫，不会对胡麻生长发育产生明显影响，也不属于主要防控对象。

② 乌兰察布市胡麻田杂草发生消长规律。2012年调查结果表明，乌兰察布市胡麻田阔叶杂草从6月4—11日平均株高和鲜重均有一个突增过程，6月11日的平均株高较6月4日增加了0.88倍，平均鲜重则增加了1.50倍。表明6月4日左右是乌兰察布市防除胡麻田阔叶杂草的适宜时期。

③ 固原市胡麻田阔叶杂草发生消长规律。2012年调查结果表明，固原市胡麻田阔叶杂草从5月26日至6月7日平均株高和鲜重均有一个突增过程，6月7日的平均株高较5月26日增加了2.53倍，平均鲜重则增加了4.81倍。表明5月26日左右是固原市防除胡麻田阔叶杂草的适宜时期。

（2）地膜覆盖条件下胡麻田杂草发生危害规律。2013年兰州市榆中县调查结果表明，白色地膜胡麻田杂草出苗早、密度高、生长快，与胡麻幼苗争夺肥、水、光，严重影响胡麻幼苗正常生长。5月20日至6月14日因杂草生长快，对胡麻正常生长发育有严重影响。黑色地膜胡麻田杂草均分布在种植穴周围，密度低、生长较慢，5 月 20 日之前对胡麻幼苗生长影响不大，5 月 27 日至 6 月 20 日因杂草生长快，对胡麻正常生长发育有影响。露地胡麻田杂草密度高于黑色地膜胡麻田杂草，但不及白色地膜胡麻田杂草，且生长较慢，5 月 20 日之前对胡麻幼苗生长影响不大，5 月 27 日至 6 月 14 日因杂草生长快，对胡麻正常生长发育有严重影响。

黑色地膜胡麻田杂草密度低、生长较慢，前期对胡麻幼苗生长影响不大，因此可采用黑色地膜覆盖防除胡麻田杂草。以 5 月 27 日杂草株数计算，与白色地膜覆盖比较，黑色地膜覆盖的株防效可达 94.79%。因黑色地膜胡麻田杂草均分布在种植穴周围，可采用种植穴覆土的方法防除杂草，覆盖黑色地膜结合种植穴覆土，是防除胡麻田杂草有效的物理和人工防除措施，避免了使用除草剂对环境的污染问题。2015 年中央 1 号文件对“加强农业生态治理”作出专门部署，强调要加强农业面源污染治理，解决农田残膜污染就是其中目标之一，要使用厚度在 0.01mm 以上的黑色地膜，从源头上保证农田残膜可回收，以有效解决西北干旱地区的农膜污染问题。有条件的地方宜推广应用可降解地膜。

（3）播种期、播种密度对胡麻田杂草发生以及对胡麻产量的影响。结果表明，播种期对胡麻田杂草发生程度具有显著影响，并呈现出播种期越晚杂草发生越轻之趋势。在 4kg/667m^2 播种量条件下，分别于 4 月 2 日、9 日、16 日播种，杂草总株数（株 /m^2）分别较 3 月 26 日播种减少 33.54%、45.49%、52.26%，总鲜重（g/m^2）分别减少 23.28%、69.91%、88.76%。测产结果，播种期对胡麻产量也有显著影响，并呈现出播种期越晚，产量越低之趋势，3 月 26 日播种的胡麻产量最高，为 131.70kg/667m^2，但 4 月 2 日播种的产量与其十分接近（128.55kg/667m^2），4 月 9 日、16 日播种的产量显著降低（117.42、96.33kg/667m^2）。由此可见，为有效减少杂草的发生，可较正常播种时间推迟 7d（4 月 2 日前后）播种胡麻，对胡麻产量基本无影响。兰州（甘肃中部）地区农田杂草一般在 3 月中旬即开始陆续出苗，有些多年生杂草如刺儿菜、巴天酸模、赖草、打碗花、田旋花等出苗更早，推迟播期减轻杂草发生的原理在于杂草出苗后通过耖地、耙耱等农事操作过程致使杂草死亡，有效降低了土壤中的杂草种子库数量。

研究结果表明，播种期对胡麻田杂草发生程度具有显著影响，并呈现出播种期越晚杂草发生越轻之趋势；播种期对胡麻产量也有显著影响，并呈现出播种期越晚，产量越低之趋势。综合杂草发生程度与胡麻产量，兰州（甘肃中部）地区胡麻的适宜播种期为 4 月 2 日前后，在此期间播种对胡麻产量影响不大，但可有效减轻杂草的发生程度，从而减少除草剂的使用量，有利于保护生态环境。

研究结果表明，随着胡麻播种密度的提高，胡麻田杂草的发生量逐渐减轻。播种量为 4kg/667m^2、5kg/667m^2、6kg/667m^2、7kg/667m^2、8kg/667m^2，杂草株数分别较播种量 3kg/667m^2 减少 11.53%、31.73%、54.81%、51.92%、65.39%，鲜重分别减少 10.26%、32.28%、47.37%、60.70%、78.93%。测产结果，4kg/667m^2 播种量处理的产量最高，为 131.0kg/667m^2；其次为 3kg/667m^2 播种量，产量为 123.8kg/667m^2，较 4kg/667m^2 播种量减产 5.50%；5kg/667m^2、6kg/667m^2、7kg/667m^2、8kg/667m^2 播种量

的产量随播种密度的提高而逐渐降低，分别为 120.5kg/667m^2、104.2kg/667m^2、73.6kg/667m^2、62.3kg/667m^2，较 4kg/667m^2 播种量分别减产 8.02%、20.46%、43.82%、52.44%。随着胡麻播种密度的提高，杂草发生量逐渐减轻而产量却逐渐降低，主要系由胡麻密度越高倒伏越严重造成的减产率越高所致。

研究结果显见，胡麻播种密度与杂草发生量关系密切，播种密度越高，杂草发生量越轻，此是胡麻与杂草相互竞争的结果。胡麻播种密度对产量也有显著影响，随着播种密度的提高，杂草发生量逐渐减轻而产量却逐渐降低，主要是由于胡麻密度越大倒伏越严重造成的减产所致。依据播种期和播种密度对胡麻田杂草发生程度以及对胡麻产量的影响规律分析，甘肃中部地区胡麻的适宜播种期为 4 月 2 日前后，播种量为 4kg/667m^2。

（4）使用化肥和有机肥条件下胡麻田杂草发生危害规律。2014 年兰州市榆中县试验结果表明，胡麻田施用有机肥和化肥处理的杂草群落和密度差异较大。施用牛粪之胡麻田杂草总体密度为 498 株/m^2，较施用化肥（369 株/m^2）和空白对照（349 株/m^2）分别增加 34.96% 和 42.69%，小画眉草意外变为优势种，而此种杂草在榆中多年未见发生；施用羊粪之胡麻田杂草总体密度为 460 株/m^2，较施用化肥（369 株/m^2）和空白对照（349 株/m^2）分别增加 24.66% 和 31.81%。

总体看来，施用有机肥（特别是未充分腐熟的有机肥）可导致胡麻田杂草密度增加，有机肥因原料种类和来源不同，可致杂草群落发生显著性变化。以榆中良种繁殖场试验地为例，以前从未发现有小画眉草危害，但 2013 年突然发现有 2 块地小画眉草危害十分严重，已成为优势种群，就是由牛粪引致。

2015 年兰州市榆中县试验结果表明，施用有机肥有利于杂草生长，杂草株数和鲜重最高，分别为施用 NP、NPK 的 1.41 倍、1.34 倍和 1.26 倍、1.21 倍；施用 NP 和 NPK，杂草株数和鲜重差异不大，表明杂草对钾肥不敏感，需求量不大。不施肥或只施氮肥，因土壤肥力下降或土壤养分失衡，杂草株数和鲜重明显减少，仅为施用有机肥的 48.45% 和 35.92%。增施磷肥，氮肥效应得到充分发挥，杂草株数和鲜重较单施 N 分别提高至 1.44 和 2.09 倍。

（5）不同耕作方式下胡麻田杂草发生危害规律。调查结果表明，深耕（25～30cm）可有效防除一年生和多年生杂草，与旋耕（10～12cm）比较，可降低 60% 以上的杂草密度。免耕田主要为越年生或多年生杂草（黄花蒿、艾蒿、播娘蒿、荠菜、苣荬菜、山苦荬、刺儿菜、委陵菜、巴天酸模、赖草，等），因返青早且多数植株高大、茎叶繁茂、根系发达，对胡麻的危害更为严重。深耕防除杂草的机理在于通过深耕可将土壤表层的杂草种子埋入深层，将大量根状茎杂草翻至地面干死、冻死，减少杂草危害。

持续免耕，杂草种子大量集中于土表，杂草发生早、密度高、危害重，但萌发整齐，利于防除。实行“间歇耕法”，即立足于免耕，隔几年进行一次深耕，是控制农田杂草的有效措施。多年生杂草较少的地块，采用浅旋耕灭茬；多年生杂草发生严重的地块，宜采用深耕灭茬。

（6）不同作物茬口、轮作条件下胡麻田杂草发生危害规律。2013—2015 年调查了甘肃省、内蒙古和河北省胡麻主产区不同作物轮作条件下胡麻田杂草的发生危害情况。

玉米茬：藜、卷茎蓼、马唐、狗尾草、无芒稗发生重（杂草总体密度：28～630 株 /m^2），刺儿菜轻（总体密度：0～25 株 /m^2）。

马铃薯茬：杂草发生轻（总体密度：0～159 株 /m^2）。

苦荞麦、荞麦茬：苦荞麦、荞麦发生重（总体密度：53～840 株 /m^2），特别是在苦荞麦、荞麦收获期间遇大雨或暴雨、大风、冰雹，大量的种子流落到土壤中，翌年出苗后成为严重危害胡麻的阔叶杂草。

大麦、莜麦（裸燕麦）、皮燕麦、糜子茬：大麦、莜麦、糜子发生严重（总体密度：210～1 020 株 /m^2），成为严重危害胡麻的禾本科杂草。

油菜、芸芥茬：油菜、芸芥危害重（总体密度：40～280 株 /m^2），成为严重危害胡麻的阔叶杂草。

蔬菜茬（甘蓝、大白菜、花椰菜、芹菜、西葫芦、胡萝卜等）：禾本科杂草发生轻（总体密度：0～50 株 / m^2），马齿苋、反枝苋、藜发生重（总体密度：125～490 株 / m^2）。

2015 年同时调查了定西市不同类型连作和轮作田杂草的发生危害情况。

胡麻连作田：杂草总体密度 18～460 株 /m^2。

小麦胡麻轮作田：杂草总体密度 26～510 株 /m^2。

马铃薯胡麻轮作田：杂草总体密度 15～487 株 /m^2。

小麦马铃薯轮作田：杂草总体密度 32～570 株 /m^2。

马铃薯小麦轮作田：杂草总体密度 13～360 株 /m^2。

胡麻小麦轮作田：杂草总体密度 10～348 株 /m^2。

胡麻马铃薯轮作田：杂草总体密度 8 ~ 325 株 /m^2。

总体评价，定西市胡麻连作、小麦胡麻轮作、马铃薯胡麻轮作、小麦马铃薯轮作田中杂草发生危害较重，而马铃薯小麦轮作、胡麻小麦轮作和胡麻马铃薯轮作田杂草发生危害较轻，对杂草具有一定程度的抑制作用。

（7）杂草伴生时间对胡麻产量的影响。2015 年兰州市榆中县的研究结果表明，胡麻在全生育期无草（伴生 0d）的条件下，产量可达 162.73kg/667m^2，在杂草伴生 10、20、30、40、50 和 60d 的条件下，胡麻产量分别降至 158.65、155.03、138.61、124.62、101.80 和 72.60kg/667m^2，较 0d 分别减产 4.08、7.70、25.92、38.11、60.93、90.13kg/667m^2，减产率分别为 2.51%、4.73%、15.93%、23.42%、37.44% 和 55.39%。杂草伴生 10、20d 的减产幅度不大，且较平缓，分别为 2.51%、4.73%；伴生 30、40d 后产量有一个突降过程，减产幅度分别达 15.93%、23.42%。在全生育期有草（伴生 130d，藜、卷茎蓼、反枝苋、角茴香、猪殃殃、打碗花、萹蓄、荠菜、苣荬菜、刺儿菜、无芒稗、狗尾草、野燕麦等，盛发期密度为 612 株 /m^2）的条件下，产量仅为 30.81kg/667m^2，较 0d 减产 131.92kg/667m^2，减产率为 81.07%。鉴于此，应在胡麻苗齐后 20d 内（此期胡麻株高在 7cm 以下）进行人工或化学除草，将产量损失降至最低。

研究结果显见，杂草伴生时间对胡麻产量具有显著影响，伴生时间越长产量越低。杂草伴生 10、20d，胡麻减产幅度不大，分别为 2.51%、4.73%；伴生 30、40d 后，胡麻产量有一个突降过程，减产幅度分别为 15.93%、23.42%。胡麻田人工或化学除草的适期为胡麻苗齐后 20d（此期胡麻株高为 7cm 左右），此期除草可将产量损失降至最低。

4．除草剂对后茬作物的安全性、在胡麻田土壤中的残留消解动态以及在胡麻籽中的残留量检测研究

（1）2甲·辛酰溴等5种除草剂对后茬作物的安全性。40% 2甲·辛酰溴EC $100ml/667m^2$、30%辛酰溴苯腈EC $100ml/667m^2$、80%溴苯腈SP $50g/667m^2$、108g/L高效氟吡甲禾灵EC $80ml/667m^2$和10%精喹禾灵EC $60ml/667m^2$ 5种除草剂在胡麻苗期（株高7～10cm）进行茎叶喷雾处理，小麦、玉米、油菜、黄豆、马铃薯和胡麻6种后茬作物的出苗率、株高、鲜重和产量与对照无显著差异，表明5种除草剂对6种后茬作物安全。鉴此，在胡麻苗期施用40% 2甲·辛酰溴EC或30%辛酰溴苯腈EC、80%溴苯腈SP、108g/L高效氟吡甲禾灵EC、10%精喹禾灵EC不影响后茬作物种植，可根据各地生产实际灵活安排茬口。

（2）甲·乙·莠等3种除草剂对后茬作物的安全性。42%甲·乙·莠SC $225ml/667m^2$、40%乙·莠SC $225ml/667m^2$、90%莠去津WG $90g/667m^2$播后苗前土壤处理对后茬春小麦、玉米、马铃薯、春油菜、大豆、红胡麻（陇亚10号）和向日葵安全，出苗率、苗期叶色及长势、出苗后30d的平均株高、鲜重、产量与CK无显著差异。但对白胡麻（张亚2号）具有药害作用，虽对出苗率无影响，但苗期顶梢变黄、抑制生长，平均株高和鲜重较CK分别降低5.57%、7.03%、10.47%和7.28%、11.38%、17.73%，较CK分别减产8.06%、9.82%、12.25%。总体评价，42%甲·乙·莠SC $225ml/667m^2$、40%乙·莠SC $225ml/667m^2$、90%莠去津WG $90g/667m^2$播后苗前土壤处理对

后茬春小麦、玉米、马铃薯、春油菜、大豆、红胡麻（陇亚10号）和向日葵安全，对白胡麻（张亚2号）具有药害作用。鉴此，使用甲·乙·莠或乙·莠、莠去津的胡麻田，后茬不宜种植白胡麻（张亚2号）。

（3）噻吩磺隆对后茬作物的安全性。胡麻苗期施用高剂量噻吩磺隆（35g/667m^2），后茬玉米、大豆、向日葵、荞麦、马铃薯、春油菜的相对出苗率分别达到97.36%、96.83%、97.96%、95.93%、96.68%和90.46%；施用低剂量噻吩磺隆（23g/667m^2），后茬玉米、大豆、向日葵、荞麦、马铃薯、春油菜的相对出苗率分别达到98.41%、98.94%、98.98%、99.68%、98.35%和92.29%。可见，胡麻苗期施用低剂量至高剂量噻吩磺隆，对6种后茬作物的出苗均无明显影响，相对而言，以春油菜的出苗率稍低于其他作物。

胡麻苗期施用高剂量噻吩磺隆，后茬玉米、大豆、向日葵、荞麦、马铃薯、春油菜在各调查期的株高较空白对照分别降低0.33～1.03cm、0.13～0.97cm、0.13～1.00cm、0.25～0.80cm、0.20～0.56cm、1.84～2.94cm；施用低剂量噻吩磺隆，后茬玉米、大豆、向日葵、荞麦、马铃薯、春油菜在各调查期的株高较空白对照分别降低0.18～0.30cm、0.06～0.27cm、0.00～0.33cm、0.06～0.37cm、0.10～0.30cm、1.14～1.27cm。显见，胡麻苗期施用噻吩磺隆对后茬作物株高的影响在不同剂量间和作物间存在一定差异，其中玉米、大豆、向日葵、荞麦、马铃薯5种后茬作物的株高在低剂量下，受影响不明显，但在高剂量下有一定影响；春油菜株高在低、高剂量下均有较明显影响。

胡麻苗期施用高剂量噻吩磺隆，后茬马铃薯、向日葵、玉米和大豆的产量较空白对照分别减产 1.87%、1.55%、1.45% 和 2.75%；施用低剂量噻吩磺隆，后茬马铃薯、向日葵、玉米和大豆的产量较空白对照分别减产 1.02%、0.93%、0.92% 和 0.92%。因此，胡麻苗期施用低剂量至高剂量噻吩磺隆对马铃薯、向日葵、玉米和大豆 4 种后茬作物的产量均无明显影响，以低剂量的影响更小。

从出苗率、株高、产量影响 3 个方面综合评价，胡麻苗期施用噻吩磺隆对马铃薯、向日葵、玉米、荞麦和大豆 5 种后茬作物安全，对春油菜具药害。鉴此，在胡麻苗期施用噻吩磺隆，后茬可以安排种植马铃薯、向日葵、玉米、荞麦和大豆，不宜安排种植油菜。

（4）小麦、玉米和马铃薯田常用除草剂对后茬胡麻的安全性。小麦田常用除草剂 15% 唑草酮 WP 20g/667m^2、30g/L 甲基二磺隆 OD 35ml/667m^2、48% 麦草畏 AS 30ml/667m^2、10% 双氟磺草胺 WP 10g/667m^2、10% 氟唑磺隆 SC 30ml/667m^2 和 10% 苯磺隆 WP 20g/667m^2，玉米田常用除草剂 40g/L 烟嘧磺隆 SC 100ml/667m^2、15% 噻吩磺隆 WP 30g/667m^2、10% 硝磺草酮 OD 20ml/667m^2 和 90% 莠去津 WG 100g/667m^2，马铃薯田常用除草剂 50% 利谷隆 WP 350g/667m^2、33% 二甲戊灵 EC 300ml/667m^2、70% 嗪草酮 WP 80g/667m^2 和 25% 砜嘧磺隆 WG 8g/667m^2 苗期茎叶喷雾或播后苗前土壤处理，后茬胡麻（红胡麻、陇亚 10 号）的出苗率、叶色、长势、株高、鲜重和产量与 CK 相近或无显著差异，表明对后茬胡麻安全。鉴此，按推荐剂量上限使用上述除草剂的小麦、玉米和马铃薯田，后茬可以种植胡麻（红胡麻，如种植白胡麻需做安全性评估）。

（5）高效氟吡甲禾灵和精喹禾灵在胡麻籽中的残留量。108g/L 高效氟吡甲禾灵 EC 90ml/667m^2 或 10% 精喹禾灵 EC 90ml/667m^2 在胡麻苗期（株高 7 ~ 10cm）进行茎叶喷雾处理，高效氟吡甲禾灵在胡麻籽中的残留量为 0.10mg/kg，精喹禾灵未检测出。国标（GB 2763—2012）规定，植物油中氟吡甲禾灵和精喹禾灵最大残留限量为 1.0mg/kg 和 0.1mg/kg，由此可见，高效氟吡甲禾灵、精喹禾灵的残留符合国标规定的限量要求，表明在胡麻苗期施用高效氟吡甲禾灵或精喹禾灵防除胡麻田禾本科杂草对胡麻籽质量安全，是一项有效的无公害防控技术措施。

（6）2 甲 · 辛酰溴在胡麻籽中的残留量。40% 2 甲 · 辛酰溴 EC 100ml/667m^2、30% 辛酰溴苯腈 EC 100ml/667m^2 在胡麻苗期（株高 7 ~ 10cm）进行茎叶喷雾处理，胡麻籽中辛酰溴苯腈、二甲四氯和辛酰溴苯腈的残留量均未检出。表明在胡麻苗期施用 2 甲 · 辛酰溴或辛酰溴苯腈防除胡麻田阔叶杂草对胡麻籽质量安全，是一项有效的无公害防控技术措施。

（7）莠去津在胡麻籽中的残留量。莠去津在胡麻籽中的最终残留量小于 0.01mg/kg，符合国际规定的标准（最高残留限量 MRL 为 0.01mg/kg）。表明在胡麻播种后出苗前施用 90% 莠去津 WG（90g/667m^2）或其混剂如乙 · 莠、甲 · 乙 · 莠等进行播后苗前土壤处理对胡麻籽质量安全，是一项有效的无公害防控技术措施。

（8）辛酰溴苯腈和二甲四氯在胡麻田土壤中的残留消解动态。二甲四氯在土壤中残留量施药后 0d 为 0.156mg/kg，3d 为 0.127mg/kg，5d 为 0.067mg/kg，消解率达到 57.1%；施药后 60d 仍有微量，<0.01mg/kg。辛酰溴苯腈在土壤中残留量施药后 0d 为 0.677mg/kg，施药后 3d 为 0.013mg/kg，消解率达到 98.1%，施药后 45d 后未检出，表明辛酰溴苯腈在土壤中降解很快。辛酰溴苯腈和二甲四氯在土壤中的残留消解规律与一级动力学方程皆不拟合，故无法计算出半衰期。

（9）莠去津在胡麻田土壤中的残留消解动态。莠去津在胡麻田土壤中的残留消解规律符合动力学一级方程 $y=0.8583e^{-0.036x}$，决定系数为 0.871，半衰期为 19d。莠去津在胡麻田土壤中残留量施药后 5d 达到最大值 0.918mg/kg，施药后 21d 残留量为 0.407mg/ kg，消解率达到 55.7%，施药后 90d 残留量为 0.0168mg/ kg，消解率达到 98.2%，表明莠去津在胡麻田土壤中降解速率表现为前期降解较快、后期降解较慢。

5．除草剂施药器械研究

筛选出了电动喷雾器圆锥雾、扇形雾和双圆锥雾喷头与用药量、用水量和农药喷雾助剂的最佳组合，连杆多喷头（9 喷头）静电喷雾器与用药量、用水量和农药喷雾助剂的最佳组合，与背负式手动喷雾器比较，新型施药器械具有提高工效和防效、有效降低用药量（20% ~ 30%）和用水量（33% ~ 67%）之优点，是取代背负式手动喷雾器的理想施药器械。植保无人机防除胡麻田杂草具有省工（2min/667m^2）、省药（降低用药量 50%）、省水（2L/667m^2）、安全、高效之优点，是防除胡麻田杂草之新型高效施药器械。

（1）使用圆锥雾喷头防除胡麻田藜、卷茎蓼等阔叶杂草的最佳组合。圆锥雾喷头 + 用水量 30kg/667m^2+40% 2 甲 · 辛酰溴 EC 用药量 70ml/667m^2+ 农药喷雾助剂有机硅（0.1% 喷液量）或烷基多糖苷（APG）（0.1% 喷液量）、甲酯化植物油（GY-Tmax）（0.2% 喷液量）、脂肪醇甲酯乙氧基化物（FMEE）0.025% 喷液量、十二烷基二甲基甜菜碱 0.05% 喷液量、青皮橘油 0.1% 喷液量。

（2）使用扇形雾喷头防除胡麻田藜、卷茎蓼等阔叶杂草的最佳组合。扇形雾喷头 + 用水量 30kg/667m^2+40% 2 甲・辛酰溴 EC 用药量 80ml/667m^2+ 农药喷雾助剂（上述 6 种喷雾助剂中的任意一种）。

（3）使用双圆锥雾喷头（F 型喷头）防除胡麻田藜、卷茎蓼等阔叶杂草的最佳组合。双圆锥雾喷头（F 型喷头）+40% 2 甲・辛酰溴 EC 用水量 45kg/667m^2+ 用药量 80ml/667m^2+ 农药喷雾助剂（上述 6 种喷雾助剂中的任意一种）。

（4）使用连杆多喷头（9 喷头）静电喷雾器防除胡麻田藜、卷茎蓼等阔叶杂草的最佳组合。

用水量 15kg/667m^2+48% 灭草松 AS 用药量 200ml/667m^2+ 农药喷雾助剂（上述 6 种喷雾助剂中的任意一种）。

（5）植保无人机喷施除草剂防除胡麻田杂草的最佳作业参数。飞行高度 1.5m（距离地面）、飞行速度 3.5m/s、喷液量 2kg/667m^2、常规用量 50% 用药量、飞防专用助剂“迈飛”1.5% 喷液量。

二、胡麻田杂草综合防控技术

（一）农业防除

1．加强植物检疫

按照国务院发布的《植物检疫条例》执行，加强植物检疫执法，凭植物检疫证书方可调入胡麻种子，以防止外来杂草入侵。

2. 精选种子

杂草种子混杂在作物种子中，随播种进入田间，成为农田杂草的来源之一，也是杂草传播扩散的主要途径之一。要在加强杂草种子检疫基础上，着力抓好播前选种。精选胡麻种子、提高种子纯度，是减少田间杂草发生量的一项重要措施。

3. 减少秸秆还田时杂草种子传播

秸秆还田是加重农田草害的因素之一。大量采用秸秆还田或收获时留高茬（低矮的杂草继续繁衍），可将大量的杂草种子留在田间。在不需要作物秸秆作燃料的地方，应提倡将秸秆切割堆制腐熟，再施入田间，既可肥田，又能减少田间杂草种子基数。

4. 土壤深翻

播种前土壤深翻30cm左右，是防除多年生杂草的有效方法。通过深翻可将土壤表层的杂草种子埋入深层，将大量根状茎杂草翻至地面干死、冻死，以减轻杂草危害。实行“间歇耕法”，即立足于免耕，隔几年进行一次深耕，是控制农田杂草的有效措施。持续免耕，杂草种子大量集中于土表，杂草发生早、密度高、危害重，但萌发整齐，利于防除杂草。多年生杂草较少的地块，采用浅旋耕灭茬；多年生杂草发生严重的地块，采用深耕灭茬。

5. 合理施肥

以施用腐熟有机肥为主，氮、磷、钾和微量元素合理搭配，避免氮肥过量施用，以减轻杂草危害。

6．合理间（套）作、轮作

间（套）作是利用不同作物的生育特性，有效占据土壤和生长空间，形成作物群体优势抑草，或是利用作物间互补的优势，提高对杂草的竞争能力，或利用植物间的化感作用，抑制杂草的生长发育，达到治草之目的。此外，还能充分利用光能和空间。沿黄灌区胡麻间（套）作玉米、向日葵、大豆、豌豆、蚕豆等作物，可减轻杂草危害，提高种植效益。胡麻与禾本科作物如小麦、玉米轮作可避免菟丝子的危害。大麦、裸燕麦、皮燕麦、糜子、荞麦、苦荞麦、油菜等作物茬口不宜种植胡麻，因为遗落在土壤中的作物种子出苗后会变成严重危害胡麻的杂草。胡麻与马铃薯、蔬菜、中药材、向日葵轮作，杂草发生较轻。

7．适期晚播

胡麻播期对杂草发生程度具有显著影响。为有效减少杂草的发生，可较正常播种时间推迟 7d 播种胡麻，对胡麻产量基本无影响。推迟播期减轻杂草发生的机理在于利用杂草抗逆性强、早春出苗较早的规律，在杂草出苗后通过旋耕、耙耱等农事操作过程致杂草死亡。

8．合理密植

胡麻密度低，杂草发生重；密度高，杂草发生轻。合理的种植密度既可促进胡麻的生长发育，又可减轻杂草的发生危害。

9．清除田边、沟边、地头杂草

清除田边、沟边、地头杂草，减少杂草传播扩散。浇水时水口设置过滤网，可阻隔野燕麦、大麦、裸燕麦、皮燕麦、荞麦、苦荞麦、无芒稗、巴天酸模、齿果酸模、三齿萼野豌豆等大粒种子随水进入胡麻田，从而减轻或避免其危害。

10．中耕除草

中耕除草是作物生长期间重要的人工除草措施。在劳动力充足的条件下，可结合胡麻苗期追肥开展此项工作。近年来，农作物中耕除草追肥机正在各地推广，与人工中耕除草比较，极大地提高了工效，降低了生产成本。

（二）**物理防除**

1．覆盖黑色地膜

黑色地膜覆盖对胡麻田杂草具有十分显著的防除效果，增产效果优于白色地膜，是一种有效的免用除草剂的物理防除措施。

2．推广一膜二年用种植模式

在甘肃省中部地区推广一膜二年用种植模式：第一年覆盖黑色地膜种植全膜双垄沟播玉米，第二年免耕种植胡麻，可有效减轻一年生杂草发生的危害。

（三）**化学防除**

1．一年生阔叶杂草的防除

（1）播后苗前土壤封闭处理。以藜、小藜、灰绿藜、刺藜、卷茎蓼、油菜、荠菜、反枝苋等一年生阔叶杂草为优势种群的地块，42% 甲·乙·莠 SC 100ml/667m^2+96% 精异丙甲草胺 EC 100ml/667m^2 或 40% 乙·莠 SC 100ml/667m^2+96% 精异丙甲草胺 EC 100ml/667m^2、80% 丙炔噁草酮 WP 10g/667m^2+90% 莠去津 WG 60g/667m^2、80% 丙炔噁草酮 WP 10g/667m^2+42% 甲·乙·莠 SC 100ml/667m^2、80% 丙炔噁草酮 WP 10g/667m^2+

40% 乙・莠 SC 100ml/667m^2，兑水 45 ~ 60kg/667m^2（人工背负式电动喷雾器双圆锥雾喷头），在胡麻播种后出苗前（播种当天或第二天施药效果最好）均匀喷施于土壤表面（不需混土处理）。

在新疆伊犁地区，50% 利谷隆 WP 250 ~ 300g/667m^2，兑水 45 ~ 60kg/667m^2，在胡麻播种后出苗前（播种当天或第二天施药效果最好）均匀喷施于土壤表面（不需混土处理）。车载喷雾机械兑水量为 20 ~ 30kg/667m^2。

（2）苗期茎叶喷雾。以藜、小藜、灰绿藜、刺藜、卷茎蓼、油菜、荠菜等一年生阔叶杂草为优势种群的地块，可选用 40%2 甲・辛酰溴 EC 100ml/667m^2 或 40% 2 甲・溴苯腈 EC 100ml/667m^2、30% 辛酰溴苯腈 EC 100ml/667m^2、80% 溴苯腈 SP 40 ~ 50g/667m^2、48% 灭草松 AS 250ml/667m^2，胡麻株高 7 ~ 10cm，兑水 30 ~ 45kg/667m^2（人工背负式电动喷雾器双圆锥雾喷头），进行茎叶均匀喷雾处理。

以反枝苋为优势种群的地块，可选用 40% 2 甲・辛酰溴 EC 50ml/667m^2+48% 灭草松 AS 150ml/667m^2、30% 辛酰溴苯腈 EC 50ml/667m^2+48% 灭草松 AS 150ml/667m^2、40% 2 甲・辛酰溴 EC 50ml/667m^2+30% 苯唑草酮 SC 12ml/667m^2、30% 辛酰溴苯腈 EC 50ml/667m^2+30% 苯唑草酮 SC 12ml/667m^2、48% 灭草松 AS 150 ~ 175ml/667m^2+30% 苯唑草酮 SC 12ml/667m^2，胡麻株高 7 ~ 10cm，兑水 30 ~ 45kg/667m^2（人工背负式电动喷雾器双圆锥雾喷头），进行茎叶均匀喷雾处理。

以荞麦或苦荞麦为优势种群的地块，可选用 80% 溴苯腈 SP 40 ~ 45g/667m^2，兑水 30 ~ 45kg/667m^2（人工背负式电动喷雾器双圆锥雾喷头），进行茎叶均匀喷雾处理，或定向喷洒24%氨氯吡啶酸AS 750～1 000倍液，施药时期为荞麦或苦荞麦2～4叶期。车载喷雾机械兑水量为20～30kg/667m^2。

在胡麻套种大豆、玉米、马铃薯、豌豆、蚕豆的地块，可在杂草2～4叶期喷洒48%灭草松AS 250ml/667m^{2}防除藜、卷茎蓼、苍耳、反枝苋、刺儿菜、苣荬菜、马齿苋等阔叶杂草。

在胡麻套种向日葵、甘蓝的地块，可在杂草2～4叶期于胡麻种植带喷洒30%辛酰溴苯腈EC 100ml/667m^2（选择无风天气施药，注意压低喷头，勿喷向日葵、甘蓝）防除藜、卷茎蓼、苍耳、荠菜、油菜等阔叶杂草。

2．多年生阔叶杂草的防除

（1）茎叶喷雾处理。菊科杂草如刺儿菜、大刺儿菜、苣荬菜、蒙山莴苣、蒲公英、艾蒿、山苦荬、黄花蒿、蒙古蒿、草地风毛菊等，以及一年生或越年生杂草如辣子草、一年蓬、苦苣菜、续断菊、鬼针草、飞廉等，或豆科杂草如紫花苜蓿、广布野豌豆、黄花草木樨、白花草木樨等，或蓼科杂草如卷茎蓼、西伯利亚蓼等，或车前科杂草如车前、平车前等发生严重的地块，在杂草全部出苗后，可选用30%二氯吡啶酸AS 100～120ml/667m^{2}或90%二氯吡啶酸钾盐SP 18～20g/667m^2，兑水30～45kg /667m^2（人工背负式电动喷雾器双圆锥雾喷头），进行茎叶均匀喷雾处理。车载喷雾机械兑水量为20～30kg/667m^2。

（2）定向喷雾处理。菊科、豆科、蓼科、伞形科、车前科、堇菜科、蔷薇科、萝藦科等多年生或越年生阔叶杂草发生严重的地块，在杂草全部出苗后，可定向喷洒 24% 氨氯吡啶酸 AS 750 ~ 1 000 倍液或 41% 草甘膦异丙胺盐 AS 175 ~ 200 倍液、200g/L 草铵膦 AS 50 ~ 75 倍液。注意勿将药液喷洒到胡麻上。

旋花科杂草，如田旋花、打碗花、篱打碗花和藤长苗发生严重的地块，在杂草全部出苗后，可定向喷洒 56% 2 甲 4 氯钠盐 SP 300 ~ 400 倍液或 24% 氨氯吡啶酸 AS 750 ~ 1 000 倍液、41% 草甘膦异丙胺盐 AS 175 ~ 200 倍液、200g/L 草铵膦 AS 50 ~ 75 倍液。注意勿将药液喷洒到胡麻上。

（3）涂心或滴心处理。多年生阔叶杂草发生较轻的地块，在杂草全部出苗后，可选用 24% 氨氯吡啶酸 AS 750 ~ 1 000 倍液或 41% 草甘膦异丙胺盐 AS 150 ~ 200 倍液、200g/L 草铵膦 AS 50 ~ 75 倍液进行涂心或滴心处理。具体方法是：将药液装在饮料瓶中，瓶口塞以海绵，挤压瓶体将药液涂抹在杂草心部；或在喷雾器中配好药液，取掉喷头，保持低压力，使药液呈滴状流出，滴在杂草心部。

（4）利用时间差防除杂草。干旱年份胡麻出苗时间推迟，而多年生阔叶杂草可正常出苗，可在胡麻出苗前，选用 41% 草甘膦异丙胺盐 AS 200 ~ 250ml/667m^2 或 200g/L 草铵膦 AS 600 ~ 700ml/667m^2，兑水 30 ~ 45kg/667m^2，进行茎叶均匀喷雾处理。车载喷雾机械兑水量为 15 ~ 20kg/667m^2。草甘膦异丙胺盐和草铵膦对胡麻出苗无影响。草铵膦的速效性介于百草枯（我国已禁用）与草甘膦之间，可用于防除对草甘膦产生抗性的杂草。本方法也适用于防除多年生禾本科杂草。

3．一年生禾本科杂草的防除

（1）无芒稗、狗尾草、野燕麦等杂草的防除

① 播前土壤封闭处理。以无芒稗、狗尾草、野燕麦、野糜子等一年生禾本科杂草为优势种群的地块，选用48%仲丁灵 EC 200～250ml/667m^2 或48%氟乐灵 EC 200～250ml/667m^2，兑水45～60kg /667m^2，在土壤表面进行均匀喷雾处理。施药后需进行浅耙混土处理，防止其挥发和光解，7～10d后方可播种胡麻。

② 播后苗前土壤封闭处理。以无芒稗、狗尾草、野燕麦、野糜子等一年生禾本科杂草为优势种群的地块，可选用72%异丙甲草胺 EC 200～250ml/667m^2 或96%精异丙甲草胺 EC 150～200ml/667m^2、50%敌草胺 WP 200～250g/667m^2，兑水45～60kg/667m^2，在胡麻播种后出苗前（播种当天或第2天施药效果最好）均匀喷施于土壤表面（不需混土处理）。

③ 苗期茎叶喷雾。以无芒稗、狗尾草、野燕麦、野糜子等一年生禾本科杂草为优势种群的地块，可选用10%精喹禾灵 EC 60～70ml/667m^2 或108g/ L高效氟吡甲禾灵 EC 70～80ml/667m^2、240g/L烯草酮 EC 80～90ml/667m^2、50g/L唑啉草酯 EC 90～100ml/667m^2、150g/L精吡氟禾草灵 EC 100～120ml/667m^2、15%炔草酯 WP 40～50g/667m^2、12.5%烯禾啶 EC 200～220ml/667m^2、69g/L精噁唑禾草灵 EC 60～70ml/667m^2，胡麻株高7～10cm，兑水30～45kg/667m^2，进行茎叶均匀喷雾处理。

（2）大麦的防除

以大麦为优势种群的地块，可选用108g/L高效氟吡甲禾

灵 EC 80～90ml/667m^2 或 150g/L 精吡氟禾草灵 EC 110～120ml/667m^2、240g/L 烯草酮 EC 90～100ml/667m^2、10% 精喹禾灵 EC 60～70ml/667m^2，大麦 3～5 叶期，兑水 30～45kg/667m^2，进行茎叶均匀喷雾处理。

（3）裸燕麦（莜麦）的防除

以裸燕麦（莜麦）为优势种群的地块，可选用 50g/L 唑啉草酯 EC 90～100ml/667m^2 或 108g/L 高效氟吡甲禾灵 EC 80～90ml/667m^2、150g/L 精吡氟禾草灵 EC 110～120ml/667m^2、240g/L 烯草酮 EC 90～100ml/667m^2、10% 精喹禾灵 EC 70～80ml/667m^2，裸燕麦 3～5 叶期，兑水 30～45kg/667m^2，进行茎叶均匀喷雾处理。车载喷雾机械兑水量为 20～30kg/667m^2。

（4）皮燕麦的防除

以皮燕麦为优势种群的地块，可选用 50g/L 唑啉草酯 EC 90～100ml/667m^2 或 108g/L 高效氟吡甲禾灵 EC 80～90ml/667m^2、150g/L 精吡氟禾草灵 EC 110～120ml/667m^2、12.5% 烯禾啶 EC 180～200ml/667m^2、10% 精喹禾灵 EC 70～80ml/667m^2、15% 炔草酯 WP 50～60g/667m^2，皮燕麦 3～5 叶期，兑水 30～45kg/667m^2，进行茎叶均匀喷雾处理。车载喷雾机械兑水量为 20～30kg/667m^2。

4．多年生禾本科杂草的防除

（1）芦苇的防除。芦苇株高 20cm 左右，选用 108g/L 高效氟吡甲禾灵 EC 100～120ml/667m^2，兑水 30～45kg/667m^2，进行茎叶均匀喷雾处理。胡麻收获后，可选用 41% 草甘膦异丙胺盐 AS 250～300ml/667m^2 或 200g/L 草铵膦 AS

600～700ml/667m^2，兑水30～45kg/667m^2，进行茎叶均匀喷雾处理。

（2）赖草、白草、白茅、狗牙根的防除。胡麻收获后，可选用41%草甘膦异丙胺盐AS 250～300ml/667m^{2}或200g/L草铵膦AS 600～700ml/667m^2，兑水30～45kg/667m^2，进行茎叶均匀喷雾处理。车载喷雾机械兑水量为20～30kg/667m^2。

（3）利用时间差防除杂草。同（三）中2．多年生阔叶杂草中的（4）利用时间差防除杂草。

5．一年生阔叶杂草与禾本科杂草的兼防

（1）播后苗前土壤封闭处理。同（三）中的1．一年生阔叶杂草的防除中的（1）播后苗前土壤封闭处理。

（2）苗期茎叶喷雾。一年生阔叶杂草与禾本科杂草均发生严重的地块，可以将防除一年生阔叶杂草的除草剂如40%2甲·辛酰溴EC等与防除一年生禾本科杂草的除草剂如10%精喹禾灵EC等按各自剂量混用，胡麻株高7～10cm，兑水30～45kg/667m^2，进行茎叶均匀喷雾处理，一次用药兼防阔叶杂草与禾本科杂草。各地生态条件不同，宜进行小区试验确定最佳混配剂量、明确是否有药害产生后再行示范推广。

6．菟丝子的防除

在菟丝子发生严重的地块，可选用48%仲丁灵EC 275～300ml/667m^{2}或40%野麦畏EC 250～270ml/667m^2，兑水45～60kg/667m^2，在胡麻播种后当天或第二天进行播后苗前土壤封闭处理。施药后需浅耙混土，防止药剂挥发和光解，确保防效。

第六章　胡麻综合利用与加工

第一节　胡麻加工产业研发概况

一、高品质胡麻油研究概况

由于我国胡麻主产区有食用胡麻油的习惯，而且我国是油脂消费大国，但国产油料供给不足，60%以上依赖进口，因此胡麻加工主要集中在如何获取油脂上。我国现有的胡麻油脂制取技术主要以小型榨坊土榨法和“蒸炒—热榨—五脱精炼”为主，前者采用95型榨机，油脂经过简单自然沉淀处理，虽然油脂具有浓郁的特有风味，且维生素E、植物醇、多酚等活性成分损失较少，但卫生指标不达标，不能满足我国现有胡麻油的食用标准；后者是我国工业化生产食用油脂的主要工艺技术，但由于在生产过程中经过了200℃以上的高温处理且经反复精炼，尽管油脂能较好地满足现有标准，但油脂中的微量营养素损失严重，且有产生反式脂肪酸的风险。同时，胡麻油在加工和储藏过程中易产生苦味。

国家特色油料产业技术体系（原国家胡麻产业技术体系）启动之后（2008年），胡麻质量安全与营养品质评价岗位专家黄庆德研究员带领团队成员，针对以上技术难题，结合产业需求，以获得高品质的胡麻油为目的，开展了以下研究。

（一）完成了胡麻加工品质特性研究

收集来自胡麻主产区的胡麻籽 30 份，全面测定其表观形态、理化特性、生物活性成分（木酚素、总酚、总黄酮、植物甾醇、脂溶性维生素）、抗营养因子（生氰糖苷和植酸）和抗氧化活性（DPPH、FRAP）等，为分类高值化加工技术研究提供了可靠、科学的基础数据。

（二）阐明了不同预处理方法对胡麻油品质和风味的影响

主要研究了不同温度蒸炒预处理或者采用微波预处理所产生的影响。结果表明，经过微波处理后通过微膨化效应，可以促进微量营养素的释放，增加油脂中多酚、维生素 E 等活性成分的含量，从而增加油脂的氧化稳定性，还能使胡麻油产生令人愉悦的风味。采用蒸炒处理，适当温度蒸炒有利于提高胡麻油风味，增加微量营养成分含量，但温度不宜超过 140℃。

（三）针对压榨胡麻油易产生沉淀、口感变苦等质量问题，建立了冷榨胡麻油适度精炼技术

采用冷榨胡麻油在 5℃条件下固相吸附剂吸附、4℃冷冻过夜沉降、离心分离工艺，所生产的胡麻油经检测完全符合国标 GB/T 8235—2008《亚麻籽油》一级质量标准，充氮密封 35℃保存 6 个月，无沉淀产生，风味芳香，苦味物质脱除 70%以上。工艺相对于水化脱胶、碱炼脱酸、吸附脱色、真空脱臭、冷冻脱蜡的全精炼工艺，极大地降低了生产消耗，同时还能很好地保留了胡麻油中微量营养物质成分，其中维生素 E、植物甾醇、多酚及磷脂含量分别增加 67%、135%、14% 和 43%，提高了胡麻产品的营养价值。

（四）揭示了不同工艺对胡麻油功能活性的影响

以高脂大鼠模型为研究对象，通过测定其血脂指标和抗氧化指标，结果表明，与热榨精炼胡麻油相比，冷榨适度精炼胡麻油具有更显著的降脂活性和抗氧化活性。目前以上技术和研究成果在我国部分胡麻加工企业得到了推广应用。

二、胡麻籽中功能成分高值化利用

胡麻籽富含α–亚麻酸、木酚素、亚麻胶、蛋白质和膳食纤维等多种具有不同生物活性的功能成分，对其进行高值化利用也是我国胡麻加工的重要内容。在中国农业科学院油料作物研究所和我国其他科研单位、胡麻加工企业等共同努力下，目前主要取得了以下科研进展。

（一）高纯度α–亚麻酸的制备技术

以胡麻油为原料，主要采用饱和法制备得到了纯度80%以上的α–亚麻酸，可作为保健食品和医药产品原料，其市场价格达到1 000元/kg，极大地增加了胡麻籽的加工效益，但降低生产工艺成本、提高生产率和纯度是需要进一步解决的技术难题。

（二）α–亚麻酸甾醇酯的制备技术

由于高纯度α–亚麻酸氧化稳定性降低，以α–亚麻酸和植物甾醇为原料，建立了无溶剂直接酯化技术和酶法催化酯化技术，具有条件温和、催化效率高、绿色安全等特点，产品纯度能达到95%以上，符合植物甾醇酯新资源食品要求，产品经过功能评价表明，与市售甾醇酯相比，能更为显著地防治高血脂、动脉粥样硬化等心脑血管疾病，是一种具有巨大应用潜力的功能性原材料。

（三）亚麻胶制备技术和应用

目前亚麻胶已经列入 GB 2760《食品安全国家标准　食品添加剂使用标准》中，可添加到冰激凌、雪糕类、生干面制品、熟肉制品及饮料类等食品中。目前国内亚麻胶实现工业生产主要有 2 种方法：一种是以水为溶剂的湿提法，生产的亚麻胶纯度高、黏度高，但工艺生产能耗和成本都非常高；另一种是干法脱胶，采用胡麻籽或榨油后的胡麻籽饼粕进行粉碎后分离胡麻种皮，胡麻皮粉碎制成亚麻胶，这种胶黏度低，其中含大量的蛋白质和纤维类杂质。中国农业科学院油料作物研究所研发形成打磨脱胶生产亚麻胶技术，具有在低生产成本下增加胡麻籽加工产品品种应用、极大提高胡麻籽加工增值空间的优势，目前该项技术和装备还在进一步优化中。

（四）胡麻高附加值产品的研发

基于国内外对胡麻油及 α- 亚麻酸在防治心脑血管疾病、保护视力、改善记忆、降血糖等方面的作用和分子机制等大量研究成果，已获得国家食品药品监督管理局保健食品批文的以胡麻油为原料的产品涉及的功能有降血脂、改善记忆、缓解视疲劳、降血糖等，产品剂型以软胶囊为主。鉴于海洋 n-3 多不饱和脂肪酸资源的日益匮乏和海洋污染等安全因素，目前此类产品越来越受到消费者的欢迎，将对提高胡麻加工效益起到有力的推动作用。

第二节　胡麻综合利用

胡麻的种子和纤维有很高的经济价值，它的副产品也有很多用途。胡麻油是西北、华北一带居民的重要食用油。每天适量摄入胡麻油可以起到降低血脂、延缓血栓形成、抑制多种慢性病发展和增强记忆能力等作用，胡麻油被称为“草原上的深海鱼油”。胡麻油中含有较多的不饱和脂肪酸，碘值很高，与空气接触容易氧化而干燥，是一种很好的干性油，在油漆、油墨、涂料、皮革、橡胶等工业领域有广泛的用途。

胡麻胶是一种多糖物质，多糖是人体三大营养素之一，被誉为纯自然绿色食品添加剂，可广泛应用于食品、医药、化妆品等行业。

胡麻籽榨油后饼粕既可以作为牲畜的饲料，也是加工复合饲料的重要原料。胡麻饼粕含有氮、磷、钾三种营养成分，经过沤制发酵，是农作物的优质有机肥料。

油、纤兼用的胡麻品种，麻秆可生产纤维，一般出麻率为 12%～15%。胡麻纤维的坚韧性和抗腐性很强，可以作为纺织原料，制成高级亚麻布、帆布、传动带、麻袋等，也可用来制造绳索。加工纤维时剩下的麻屑，可以压制纤维板，代替木料。麻秆和乱麻是造纸的优质原料。

一、胡麻油

（一）营养保健用油

随着越来越多研究成果的支持，世界范围内胡麻功能食品和保健食品的开发正在飞速发展。胡麻籽的含油率为

36%～49%，其油脂组成：饱和脂肪酸占 9%～10%、不饱和脂肪酸达 80% 以上、油酸 13%～29%、亚油酸 15%～30%、α-亚麻酸在 45%～55%。α- 亚麻酸是构成人体组织细胞的重要成分之一，在体内参与磷脂的合成，能在体内代谢转化为具有更高营养功能活性的 DHA 和 EPA。因其不能自行合成，只能从人体外摄取，故是人体必需的不饱和脂肪酸。

胡麻籽中富含的 α- 亚麻酸具有以下功能：① α- 亚麻酸在人体内可以转化成 DHA、EPA，是人体必需的健脑物质，健康人食用适量的亚麻油，其血脂中 DHA、EPA 的含量会增加。② 亚麻酸可促进生物体脂肪酸的平衡。③亚麻酸可降血脂、降血糖，防止心血管病和糖尿病。④亚麻酸可以增加生物免疫功能，基于亚麻酸的功能特性，胡麻籽的新用途被开发利用，在加拿大、美国胡麻籽油作为营养保健品已深入千家万户。由内蒙古金宇集团生产的晶康牌胡麻油已进入国内保健品市场，具有良好的市场潜力。一些企业生产的胡麻油保健胶囊已走向国内外市场，深受消费者的欢迎。从胡麻籽中提取 α- 亚麻酸，制作治疗心血管疾病的药品已上市。

为了保证 α- 亚麻酸的功效，在食用冷榨胡麻油时，一定要避免高温。炝锅时温度最好不要超过 80℃，或采取直接淋入作为明油的方式食用。二是打开包装以后要在冰箱里储藏，并尽快用完。三是每天食用 10～20ml，达到推荐的食用量。

（二）工业用油

胡麻籽油相对密度 0.9260～0.9365，折光率 1.4785～1.4840，碘值 170～200，皂化值 188～195，不皂化物 1.5% 以下，凝固点 -27～18℃，黏度（EO20℃）约 7.4，是典型的干

性油，易发生氧化和聚合反应，在空气的作用下能迅速增稠，如果涂成薄膜，则形成具有弹性、坚固的氧化胡麻油膜，这种薄膜所覆盖的物品可免受空气、水分和机械损伤，故工业胡麻油大量应用于制造清漆、油墨及制造软皂等。

20 世纪 20 年代以前，使用的油漆主要是用胡麻油制造的油漆，它能够很好地保护木料，这一点可以从几百年前欧洲和美国的建筑上得到证实。20 世纪 40 年代，油漆制造工业开始大量推进化学、石油醚溶剂的油漆，虽然生产这类油漆价格低廉，但是持久性差。近年来，化工产品对环境带来的危害已受到越来越多的关注，胡麻油制造的油漆天然环保、品质优异，具有持久性和完美的渗透感，赋予其很强的装饰效果，同时，手感细腻、气味舒适、容易保养维护。胡麻籽工业用油市场需求量大，应用价值极高。国内目前已有多个加工企业在生产胡麻工业用油，但仍然无法满足市场需求，每年需从国外进口 3 万多吨。

（三）绿色洗涤剂

用胡麻油制作洗涤剂，是一种天然洗涤剂，属绿色日用品，产品在欧洲市场十分走俏，国内亟待开发，市场前景广阔。

二、胡麻胶

胡麻籽表皮含有约 9% 的胶质，其主要成分是 80% 的多糖类物质及 9% 的蛋白质，具有良好的保水、乳化、稳定、增稠功能。同时胡麻胶可有效地吸收紫外线，对农药重金属盐类有吸附作用，是目前世界上少数几种天然植物胶，可取代进口的琼脂、果胶，用于肉制品、面粉、方便面加工、化妆品、医药制品、饮料的制作。随着人们生活水平的提高，化学添加剂的限量使用，健康已成为生活的主题。诸如胡麻胶这样具有良好功能特性和营养保健作用的天然食品添加剂将会备受人们的青睐。目前胡麻果胶（富兰克胶）在我国已有生产，其提取方法主要有干法和湿法 2 种，产品已成功地应用到各个领域，受到市场青睐，应用前景十分广阔。

三、胡麻籽功能成分利用

（一）胡麻籽是木酚素的重要来源

木酚素是一种植物雌激素，植物雌激素能影响人体内荷尔蒙的代谢。胡麻籽中含量最高的木酚素是 SDG（开环异落叶松酚二葡萄糖苷）。SDG 在人体内可以转变成哺乳动物木酚素而发挥生物效应。木酚素之所以对人体具有保护效应是由于它的雌激素和抗雌激素效应。它对性激素有关的癌症如乳腺癌、结肠癌、子宫内膜癌和前列腺癌具有预防作用。木酚素 SDG 能降低体内组织的氧化胁迫，从而可以防止Ⅰ型和Ⅱ型糖尿病的发生和发展。SDG 是通过减少氧化胁迫和降低血浆中胆固醇和低密度脂蛋白（LDL）—胆固醇的水平，增加血浆中高密度脂蛋白（HDL）—胆固醇的水平而达到减少高胆固醇性动脉粥样硬化的发生。木酚素有助于减缓肾功能的衰退，有助于狼疮性肾炎的减轻和辅助治疗。

胡麻籽是木酚素含量最丰富的植物之一。胡麻种子中木酚素含量比其他 66 种含有木酚素的食品高出 75 ~ 800 倍。胡麻籽中的木酚素含量为 0.7% ~ 1.5%。常吃胡麻籽的人，其血、尿、大便中木酚素明显增多，因而胡麻籽是人类和其他哺乳动物摄取木酚素的最佳来源。

（二）胡麻籽是膳食纤维的重要来源

胡麻籽中包含 28% 左右的膳食纤维，可溶性与不溶性纤维的比例为 20∶80 到 40∶60 不等，其中不溶性膳食纤维碎片在预防和治疗便秘方面起重要作用。饮食中高含量的不溶性膳食纤维可为结肠产生一个健康的微生物环境，对预防结肠癌很有益处。胡麻籽中的可溶性膳食纤维碎片即黏胶，在降低血浆中胆固醇水平、预防心血管疾病方面很有好处。另外，可溶性膳食纤维能够缓解血糖和胰岛素的释放，对预防和治疗糖尿病很有帮助。

（三）胡麻籽是蛋白质的重要来源

胡麻籽含有约 25% 的蛋白，蛋白质中含有 18 种氨基酸、维生素 A、维生素 E、维生素 B 以及微量元素，与大豆蛋白质相比，胡麻籽中含有更多的天门冬氨酸、谷氨酸、亮氨酸和精氨酸及丰富的维生素 A、维生素 B、维生素 E 以及大量的微量元素，具有很高的营养价值，胡麻籽蛋白质吸水性强，能充分提高产品的切片性、弹性，有效防止淀粉返生，是食品加工的优质原料或添加剂。

（四）胡麻籽是动物饲料的新资源

在西方发达国家，胡麻籽在动物或者宠物饲料被广泛应用。

研究表明，胡麻籽富含必需脂肪酸，而且 n–6 和 n–3 比率适合，饲料喂食的宠物皮毛健康，大脑细胞发育健康，学习能力得到明显提高。近年来，在鸡饲料中添加胡麻籽，鸡蛋蛋黄

中富集 n–3 的脂肪酸可以比普通鸡蛋提高 7 ~ 10 倍，一个大鸡蛋几乎可以提供 α– 亚麻酸（ALA）日摄入需求的一半需要量。添加胡麻籽到肉鸡饲料中也增加了禽肉中 n–3 脂肪酸的含量，改变方式和鸡蛋蛋黄脂肪酸组成方式相似。在牛肉、猪肉、牛奶中，均可以得到相同的效果。例如，为肉牛补充一定比例的胡麻籽能够增加肉的价值，提高其功能特性，并促进健康。胡麻籽可以持续地增加肉牛食用组织中有益 n–3 脂肪酸的水平。研究表明，胡麻籽的 n–3 脂肪酸通过抑制某些炎性化合物而明显影响免疫响应，这些化合物破坏肺组织，损害动物的免疫力。通过沉默这些炎症反应过程，胡麻籽的 n–3 脂肪酸可以提高抗生素治疗的响应，并且导致更低的生产投入。

四、胡麻饼粕

过去胡麻饼主要用于做饲料。加拿大农业部农业中心从事食品增值加工技术的专家们研究发现，在胡麻饼中富含有“木酚素”，含量是其他蔬菜和植物的 75 ~ 800 倍，并成功地研究出了从胡麻饼中提取木酚素的专利技术。“木酚素”有抗癌和防癌的作用，特别是对前列腺癌、乳腺癌、结肠癌的疗效显著，目前“木酚素”的药用作用已进入临床试验。

五、胡麻秆

（一）胡麻纤维用作纸浆填料

兼用型胡麻品种出麻率为 12% ~ 17%，胡麻纤维的特点是细柔而强韧、耐磨、抗腐蚀。为了达到必要的强度，再利用纸加工过程中必须要在纸浆中加入 20% 的硬质天然木材，而胡麻纤维强度远高于天然木纤维，使用更少量的胡麻纤维即可代替天然木纤维，从而降低成本、节约资源。

（二）胡麻纤维制作隔离板

利用胡麻纤维制作隔离板，隔离性能与目前采用的玻璃纤维相类似，而且胡麻纤维隔离板易于分解，符合环保要求，所以目前西欧国家对用胡麻纤维做原料制作的隔离板的需求量以每年 40% 的速度增加。

（三）胡麻纤维制作塑料合成物

为了增加强度，减轻重量，许多日用塑料制品中含有玻璃纤维，胡麻纤维通常比玻璃纤维更轻、更便宜、弹性更好，而且易于分解或燃烧。在欧洲，塑料制品方面对胡麻纤维的需求正以每年高于 50% 的速度增长，在北美也出现了这样的趋势，最大的用户是汽车零部件制造商。

（四）胡麻纤维制作地膜

利用胡麻纤维制造可降解的地膜，目前在日本已经取得成功，它与废纸制作的纸地膜相比，又结实又轻还具有防虫效果，100m 的地膜重量只有 3kg，而其他材料 100m 地膜的重量在 10kg 以上。可降解地膜的使用可解决废地膜产生的白色污染，因而其市场前景广阔。

第三节　胡麻加工技术

胡麻作为一种油料作物，早期是胡麻主产区居民主要的食用油来源，胡麻籽是其主要收获物，其加工也主要是围绕如何制取胡麻油而展开。目前，随着人们对胡麻籽所具有的营养和功能物质进行关注，胡麻籽加工向综合加工利用方向发展。胡麻籽脱皮加工制取胡麻籽仁及胡麻籽磨成胡麻籽粉用于食品加工原料是近几年新发展起来的胡麻籽加工技术；胡麻籽油胶丸是以胡麻油为主要原料生产；胡麻籽胶则是以胡麻籽进行提胶，提取胡麻籽胶后的胡麻籽再用于榨油，也有以榨油后的饼提取胡麻籽胶产品；胡麻木酚素则是以压榨提油后的胡麻籽粕进行提取。

一、胡麻油加工技术

胡麻籽加工最主要的产品就是胡麻油。目前市场上的胡麻油品牌产品有：福来喜得牌纯正胡麻籽油、福来康泰牌冷榨胡麻籽油、“草原康神”牌冷榨胡麻油、晶康胡麻籽油、万利福胡麻油、广林子胡麻油、优素福胡麻油等品牌。

目前我国胡麻籽油生产采取的技术主要有：动力螺旋榨油机榨油技术（热榨和冷榨）、溶剂浸出制油技术（包括在大油料加工上普遍应用的 6# 溶剂浸出技术和新型 4# 临界流体溶剂浸出技术）、超临界 CO_2 萃取技术，以及通过以上技术提取油脂的相配套满足食用油要求的精制技术。

动力螺旋榨油机压榨制取胡麻籽油是应用最广泛的技术，无论是小型胡麻籽加工作坊还是大型胡麻加工企业，都会采取这一技术提取胡麻籽油；为了最大限度地提取胡麻籽中的胡麻油，在一些从事大油料加工兼营胡麻籽加工的规模化加工企业采用 $6^{\#}$ 溶剂浸出；由于现今消费者对无污染食用油的高度关注，一些企业采用超临界 CO_2 萃取技术生产胡麻油；随着 $4^{\#}$ 临界流体萃取胡麻油技术的推出，胡麻油的提取率高达 98% 以上，$4^{\#}$ 溶剂在胡麻油中不残留、更容易萃取出胡麻籽中的天然维生素 E 等微量油溶性营养物质并保留在胡麻籽油中，已经有企业开始采用这种技术生产胡麻籽油。

（一）压榨制油技术

压榨制取胡麻籽油，以胡麻籽进入榨油机的温度不同，分为热榨和冷榨，热榨油通常在产品标识上标注“压榨油”，而冷榨油在产品标识上标注“冷榨胡麻籽油”。

热榨技术在早期的油料加工中经常采用，出油率一般占到胡麻籽所含油脂的 88% ~ 92%。将胡麻籽轧制成胚片后用比较高的温度进行间接和直接蒸汽蒸炒可最大限度地提高出油率。胡麻籽胚片蒸炒后温度达到 120℃以上，这种高温条件严重地破坏了胡麻中的营养成分，特别是不饱和脂肪酸加热后可以变成饱和脂肪酸，长期食用，不但会引起肥胖，还会使胆固醇升高，引起动脉硬化、高血压和心血管病，对人体健康存在很大潜在危害。

相对于热榨，冷榨技术是目前比较热门的油料压榨技术，不经高温蒸炒，极大降低了对胡麻营养成分的破坏，确保了各种维生素、矿物质和不饱和脂肪酸的完整保留，从而最大限度地保证胡麻油的营养成分和天然风味，目前采用冷榨技术生产胡麻籽油的加工企业在全国占 30% 以上。冷榨技术的核心是不超过 80℃条件下进行油料压榨，因为高度关注和强调冷榨油的营养和绿色天然特性，因而几乎拒绝采用溶剂浸出胡麻饼中的残油，因为溶剂本身是一种化学物质，会带来溶剂残留及污染的风险，当然还有一个原因是因为冷榨饼结构过于致密，用溶剂浸出制油的消耗会极大上升，浸出生产胡麻籽油变得无利可图。对冷榨工艺而言，在工艺上控制胡麻加热温度在这个温度之下确实也是相当容易，采用热水加热、太阳能加热都可以方便实现工艺要求，传统的加热方式当然更不是问题。

（二）浸出制油技术

浸出法是依据萃取原理，用溶剂将油脂原料经过充分浸泡后进行高温（260℃）提取，经过“六脱”工艺（即脱脂、脱胶、脱水、脱色、脱臭、脱酸）抽提出油脂的一种方法。浸出制油一般安排在胡麻籽预压榨之后进行，也有直接采用胡麻籽破碎后直接浸出制油得到低温下的浸出胡麻油。目前已经得到工业应用的浸出溶剂有 6# 溶剂（主要 C_6 饱和烷烃）、4# 临界流体溶剂（C_4 饱和烷烃，需要在一定的压力和温度下形成临界流体）。

（三）预榨浸出制油技术

预榨是相对于热榨提出的改进措施，对胡麻籽而言，不要求通过压榨最大限度地获取胡麻籽油，适当降低胡麻籽进压榨机的温度，采用不轧坯让完整胡麻籽经过热处理后进榨油机，使压榨油的品质得到明显提升，压榨油的色泽得到显著改善、过氧化物值保证在产品质量控制指标以内，这对后续压榨油的精炼创造了良好的条件，从而可以通过比较简便的办法实现油脂的精炼来满足产品质量指标的要求，压榨油中的微量脂溶性营养成分可以最大限度地保留。经过预榨得到的胡麻籽饼是一种多孔的疏松物料，适合采用溶剂浸出其中残留的胡麻籽油。预榨浸出工艺可以得到压榨油和浸出油两种品质完全不一样的胡麻籽油，基本上可以将98%以上的胡麻籽油提取出来。目前这一加工技术正在胡麻加工行业推广和普及。

（四）超临界 CO_2 萃取技术

超临界 CO_2 是一种绿色洁净的流体，我们每天都在不断和 CO_2 打交道，它是一种基本上对人体无毒的物质（当然人在高浓度的 CO_2 气体中会窒息），在高压和一定温度下形成一种流体，这种流体对油脂具有较好的溶解能力，而一旦失去压力就会成为气体而与所接触的物料分离，利用这一性质就可以萃取出胡麻油，这种胡麻油具有绿色纯天然的最高品质。由于要保持 CO_2 为超临界流体状态所需压力太高，一般在8MPa以上，目前还不能实现大规模的工业生产，而且采用这一技术的生产投资相当之高，生产运行费用也很高，真正实际投入胡麻籽加工的目前还是非常少见的，这一技术在科研领域研究比较多。

（五）胡麻油精炼技术

目前除了超临界 CO_2 萃取的油脂不需要精炼直接用于食用外，其他无论是冷榨油、热榨油还是溶剂浸出油都含有许多杂质，通常称之为毛油，主要是含有游离脂肪酸、磷脂、色素、黏质及油脂氧化形成的过氧化物等物质，这些物质都影响胡麻籽油的质量，有的是加速油脂的氧化酸败而导致油脂具有非常不良的风味，如哈喇味，这些氧化产生的物质本身具有一定的毒性，食用后会对健康造成损害；有的使油脂产生浑浊和沉淀，影响产品的外观，容易导致消费者对产品质量的质疑，因此都需要经过精炼，以达到国家及消费者认可的产品质量标准。

油脂精炼包括4个步骤：脱胶、碱炼脱酸、吸附脱色和真空脱臭。

二、胡麻胶加工技术

胡麻胶是目前我国除胡麻油外实现工业生产的又一个胡麻加工产品，围绕胡麻胶生产，我国有大量的研究报道，在所有提取胡麻胶技术中，根据是否用水作溶剂提取胡麻胶进行分类，可分为需要水为溶剂的湿法提胶和不需要水的干法提胶两大类。

（一）湿法提取胡麻胶

在湿法提取胡麻胶技术中，以水为主要提取溶剂，也有添加酶或辅助化学试剂，对于借助酸碱等辅助化学试剂的湿法提取胡麻胶技术，尽管胡麻胶得率较高，一般可达10%以上，但存在环境污染或降低胡麻胶产品黏度等问题，在实际生产中未得到应用。目前投入实际生产的主要是直接用软化水浸泡胡麻籽提取胡麻胶，然后经过精制、浓缩、乙醇沉淀，最后干燥得到成品胡麻胶产品，采用这种水溶提胶技术获得的胡麻胶黏度为8 000～10 000mPa·s，甚至超过10 000mPa·s。

采用水提取胡麻胶，其产品纯度高、胶黏度很高、产品质量好，这是湿法提胶的最大优点。但存在的最大问题是生产过程消耗特别大，从水提胶到制成干燥的胶粉要脱除98%以上的水分，采用乙醇脱水，虽然减少脱水的能耗，但是却增加了乙醇的消耗，这个消耗也是相当之大。此外，由于采用胡麻籽直接浸泡提胶，提胶完后，胡麻籽需要干燥用于加工，这个干燥过程的能耗也是巨大的。这也就注定了湿法提取胡麻胶产品的高成本。当然产品质量好，售价也高。

（二）干法提取胡麻胶

有专利报道采用粉碎机粉碎提取油脂后的胡麻籽粕，利用胡麻胶主要附着在种皮上的这一特性，筛分出胡麻籽皮，再粉碎胡麻籽皮就获得胡麻胶，胡麻胶得率高达 25%，但是这种产品含有大量的胡麻籽饼粉，胶的纯度不高，实测产品胶黏度不超过 2 000mPa · s。相类似的专利是直接将胡麻籽粉碎，分离出胡麻籽种皮，将胡麻籽种皮粉碎就得到胡麻籽胶粉。这个技术实现起来很容易，产品生产也不会消耗大量的能源，相对其很低的生产成本，其售价尽管远远低于湿法胡麻胶，但仍有很好的利润。

三、胡麻籽功能成分提取技术

胡麻籽含有大量功能性成分和活性物质，由外至内分别是：存在于种皮外的胶质薄膜胡麻胶、存在于种皮中的胡麻木酚素和膳食纤维，以及存在于胚乳和子叶中的 α- 亚麻酸和蛋白质等。

（一）胡麻籽脱皮技术

要对胡麻籽进行精深加工，就需要解决胡麻籽脱皮问题。目前，山西省农业科学院农产品综合利用研究所生产的胡麻籽脱皮分离设备，采用搓擦式脱皮、机械和静电分离的技术实现了胡麻籽脱皮分离，为胡麻籽综合开发利用解决了关键性问题。脱皮后，用胡麻籽皮可高效地生产胡麻胶、木酚素和膳食性纤维；用籽仁可生产高档胡麻仁油、胡麻仁酱、胡麻蛋白等系列产品，还可以有效解决胡麻油低温压榨和脱色问题，同时能提高饼粕中蛋白质的含量。该设备胡麻籽脱皮分离效果达到了仁中含皮率＜ 20%、皮中含仁率＜ 1%，为胡麻籽精深加工打下了坚实基础。

（二）胡麻蛋白

1892 年 Osborne 第一次分离得到胡麻蛋白。分离胡麻蛋白的方法主要有碱提酸沉、膜分离、离子交换等。基本工序：原料前处理—脱溶—浸泡—磨浆—分离—浓缩—干燥—胡麻籽分离蛋白粉。

Smith 等在 1946 年用碱提酸沉的方法分离提取到胡麻蛋白；Wanasundara 等在 1996 年应用响应面法优化了用六偏磷酸钠水溶液提取胡麻子蛋白工艺条件；Green 等发明了一种从胡麻和胡麻籽饼粕中提取分离水溶性蛋白的方法，蛋白质含量不低于 90%；马存林等公开了一种胡麻蛋白粉的生产方法，主要过程是将脱脂后的胡麻饼粕分离出胡麻皮得到胡麻仁，再将胡麻仁用研磨、震动粉碎、分筛等方法将部分纤维色素和碳水化合物分离出去，得到蛋白含量为 40% ~ 50% 的胡麻蛋白粉。

（三）α- 亚麻酸

胡麻籽油的不饱和脂肪酸含量高，在我国的传统烹饪中，主要的功能成分都遭到很大程度的破坏，因此，将胡麻籽油从食用油加工提升为功能食品是很有意义的。从胡麻籽油中分离其中的主要功能成分 α- 亚麻酸，将改善我国油脂摄取失衡的状况。α-亚麻酸易氧化分解，主要的分离富集方法有：①利用脂肪酸凝固点差异的低温结晶法（主要用于原料的预提处理）；②根据脂肪酸分子量大小不同的分子真空蒸馏法和超临界流体萃取法；③利用脂肪酸不饱和双键特性的尿素包合法和银离子络合法；④根据脂肪酸极性差异的柱层析色谱法等。在实际生产中为了得到高纯度的α-亚麻酸，通常会将这些方法按照一定的组合联用。

（四）木酚素

将胡麻籽榨油后的干饼粉碎后用乙醇提取，得提取液；浓缩提取液，得浓缩液；将浓缩液室温静置12h，进行沉降；过滤，收集沉淀，得沉淀膏；按沉淀膏：酒精的重量比为约（0.8～1.2）：2加入高浓度酒精，搅拌约20min，进行二脱脂，得脱脂物；取脱脂物，加入约4.5～5.5mol/L氢氧化钠溶液，搅拌待完全溶解，静置水解约2h；再加入约1.5～2.5mol/L盐酸溶液，调节pH值为5.8～6.2，然后将溶液缓缓注入大孔树脂柱中，用纯化水洗除水溶性杂质，然后用约40%的酒精继续洗脱；收集3倍柱体积酒精解析液，再用高浓度酒精洗去脂溶性杂质；浓缩后用喷雾法干燥浓缩物料，即得喷雾干粉。可低成本工业化生产胡麻木酚素，且产品含量高。

四、其他胡麻产品加工

（一）普通食品

1．胡麻籽或胡麻籽粉经过蒸、煮、烘、炒后直接食用

由于胡麻籽中存在生氰糖苷，胡麻籽被咀嚼后，其组织结构遭到破坏，在适宜的条件下（有水存在，pH值为5左右，

温度 40～50℃），生氰糖苷经过与其共存的水解酶的作用，水解产生氢氰酸（HCN）而引起人畜中毒。但胡麻籽经蒸煮或烘炒后，其中的胡麻籽氰苷转化成 HCN 并得以释放，从而达到脱毒的目的，因此蒸煮或烘炒后的胡麻籽可以直接食用。

2．把胡麻籽或胡麻籽粉作为食品的配料，与粮食中的任何一种或多种相混合，制备成食品食用

胡麻籽常与各种谷物及香味料混合制作各种风味面包、麦片粥等食品。在我国胡麻产区，很多农村地区常用胡麻粉制作胡麻酱，也把胡麻粉作为月饼、花卷的配料。随着欧美胡麻籽强化食品的流行，我国已研究开发出胡麻饼干、胡麻粉肉馅、胡麻籽营养米粉、胡麻籽营养面包和胡麻籽蛋糕等。除此之外，现在市场上也出现了很多其他与胡麻有关的产品，例如胡麻籽酱、胡麻籽饮料、胡麻籽软胶囊、α- 亚麻酸软胶囊、胡麻蛋白粉等。

（二）保健食品

1976 年，联合国国际粮食安全大会上国际社会有关部门讨论宣布人类必须食用足够的富含 α- 亚麻酸的食品，其中公布了亚麻籽的 α- 亚麻酸含量最高。德国和日本关于亚麻生物活性物质作为保健食品的研究已经申请了若干专利，用来预防脑血栓、高脂血症、高血压、心肌梗死、气喘、过敏性疾病、癌症等多种疾病。目前，美国、加拿大、澳大利亚等国家开发的保健食品有 20 余种，已经在市场上推广，在各种医药超市随时可见。

在中国，富含 α- 亚麻酸的胡麻油在医药保健品方面的应用范围也在不断拓展。中国农业科学院油料研究所以低温

压榨得到的富含 α- 亚麻酸的油脂、天然维生素 E 等为主要功效成分，研究开发出了调节血脂功能的胶囊产品；黄凤洪等发明了一种有效成分为胡麻籽油（60%～85%）的可缓解视疲劳的保健食品；宋亚娟等报道了一种可增强智力、提高记忆力、保护视力、降低血脂和血压作用、适合处于亚健康状态的青少年和中老年人群使用的 α- 亚麻酸软胶囊；罗正年等报道了一种可阻止胆固醇在血管内壁的沉积并清除部分沉淀物、改善脂肪的吸收和利用，同时补充 *n*-3 不饱和脂肪酸的不足、预防心血管疾病的胡麻胶囊；商宇等报道了一种以蜂胶、灵芝孢子粉、胡麻籽油为原料制备而成的蜂保健品，该保健品能显著降低血液中血清总胆固醇、甘油三酯和高密度脂蛋白胆固醇的含量和调节血糖作用，适合于高血压、高血脂的老年人食用；韩冰等报道了一种具有补骨填髓、增强免疫功能的牦牛骨髓粉保健品的制备方法，是以骨髓提取物、莲子提取物、茯苓、胡麻油为原料制备而成的，该保健品含有丰富的肽类、氨基酸和多种营养成分，对人体具有较好的营养保健作用，能促进人体对钙磷的吸收，具有调节人体微生态平衡、增强免疫功能、延年益寿的作用，适用于各年龄段需要补钙的人群服用；Arne 等利用胡麻籽胶研制出一种减肥产品，可以增加饱腹感，抑制食欲。

（三）医药产品

公元 1578 年，李时珍在《本草纲目》中就记载了胡麻籽具有生肌、长肉、止痛，消痈肿，防眩晕、便秘，补皮裂，解热毒、食毒、虫毒，杀诸虫蝼蚁等药用价值。1981 年，内蒙古药品检验所在蒙药材品种整理初报中报道了亚麻籽也是蒙药材，蒙古语名为“玛令古”，可预防高血压、高血脂、高血糖、冠心病、动脉硬化、肿瘤、眩晕等慢性病。近年来，中国、澳大利亚、美国、日本、加拿大等国家开发了大量的胡麻籽保健产品。

Affetone 发明注册了一种以胡麻籽油为主要成分的治疗炎症的营养补充剂；Adlercreutz 研究表明胡麻籽和纯的胡麻籽木酚素具有明显的抗癌作用，是一种有效的抗癌剂；Melpo 研究出一种利用胡麻木酚素的抗癌功能医治慢性肺病、肺癌的方法；北京万博力科技发展有限公司申请了一项“生产富含 α- 亚麻酸、卵磷脂、三价铬的降糖冲剂的方法”的专利，该方法通过对产蛋高峰期的鸡有规律地喂饲添加 α- 亚麻酸、三价铬的饲料，得到富含 α- 亚麻酸、三价铬的鸡蛋，再以鸡蛋为原料制备降糖冲剂；龙井民康生物制品厂与中国医学科学院药物研究所共同申请了“胡麻根提取物在制备预防和治疗肝炎药物中的应用”的专利，进一步肯定了胡麻根的医药价值。此外，胡麻油还可以作为治疗病毒性肝炎、肝硬化症、淋巴结、乳腺纤维瘤、表面和深度创伤以及烧伤、止血去疤药物的原料。

（四）化妆品

目前，欧美等一些发达国家已成功将胡麻籽油及胡麻籽活性成分开发成为化妆品功能性原料，而且在各类化妆品中都加入这种原料，例如：洗护用品、脸部护理用品，还有身体护理用品等一系列的产品。这主要得益于胡麻籽油中 α- 亚麻酸的含量极高，是一种天然的植物油，其具有的渗透性和延展性都是化妆品用油中所需要的。美国 BATORY A. M. 公司将其作为保湿和护肤护发功效成分添加到护肤和护发产品中，开发出商标为 QLIFE®LINSEED 的皮肤和头发系列护理产品；我国杨发震等用乳化法制备了一种稳定性较好，且具有一定减缓皮肤衰老和保护肌肤作用的胡麻籽油软膏（W/O 型）；黄风洪等发明了一种天然、无刺激、无损伤、对面部皮肤细胞还具有一定护理保健作用的含胡麻籽油的洗面膏。

参考文献

安泽山，严兴初，党占海，等，2014. 利用 SRAP 标记分析胡麻资源遗传多样性［J］. 西南农业学报，27（2）: 530–534.

薄天岳，杨建春，任云英，等，2006. 亚麻品种资源对枯萎病的抗性评价［J］. 中国油料作物学报，28（4）: 470–475.

薄天岳，叶华智，王世全，等，2002. 亚麻抗锈病基因 *M4* 的特异分子标记［J］. 遗传学报，29（10）: 922–927.

曹秀霞，张炜，万海霞，2012. 胡麻化学除草剂药效试验［J］. 陕西农业科学（2）: 58–61.

曹彦，贾海滨，叶朝晖，等，2019. 胡麻苗期不同配方除草剂茎叶喷雾防除阔叶杂草效果的研究［J］. 北方农业学报，47（1）: 85–90.

陈海华，2004. 亚麻籽的营养成分及开发利用［J］. 中国油脂（6）: 72– 75.

陈鸿山，1995. 我国胡麻育种进展及利用［J］. 中国油料，17（1）: 78–80.

陈晶，许时婴，2007. 亚麻籽油的水酶法提取工艺的研究［J］. 食品工业科技（2）: 151–153.

陈乐清，林文，丁朝中，等，2013. 分子蒸馏纯化胡麻籽油中 α– 亚麻酸的研究［J］. 食品工业科学（4）: 216–219.

陈元，杨基础，2001. 超临界 CO_2 萃取亚麻籽油的研究［J］. 天然产物研究与开发（3）: 14–18.

崔宝玉，刘玉，阚侃，等，2010. 亚麻木酚素提取与纯化的研究进展［J］. 食品研究与开发（7）: 181–184.

崔翠，周清元，2016. 亚麻种质主要农艺性状主成分分析与综合评价［J］. 西南大学学报，36（12）: 11–17.

崔红艳，方子森，2014. 胡麻栽培技术的研究进展［J］. 中国农学通报，30（18）：8–13.

崔红艳，胡发龙，方子森，等，2015. 灌溉量和灌溉时期对胡麻需水特性和产量的影响［J］. 核农学报，29（4）：812–819.

崔振坤，杨国龙，毕艳兰，2007. α– 亚麻酸的纯化［J］. 油脂工程（12）：83–85.

崔政军，吴兵，令鹏，等，2016. 氮磷配施对旱地油用亚麻氮素积累分配及产量的影响［J］. 甘肃农业大学学报，50（5）：68–74.

党占海，宋军生，张建平，等，2015. 油用亚麻品种资源农艺性状的主成分及聚类分析［J］. 西南农业学报，28（2）：492–497.

党占海，张建平，佘新成，等，2002. 温敏型雄性不育亚麻的研究［J］. 作物学报，28（6）：861–864.

党占海，赵利，胡冠芳，2009. 胡麻技术 100 问［M］. 北京：中国农业出版社.

党占海，赵蓉英，王敏，等，2010. 国际视野下胡麻研究的可视化分析［J］. 中国麻业科学，32（6）：305–313.

邓乾春，禹晓，许继取，等，2012. 加工工艺对亚麻籽油降脂活性的影响［J］. 中国粮油学报（3）：48–52.

邓欣，陈信波，邱财生，2015. 我国亚麻种质资源研究与利用概述［J］. 中国麻业科学，37（6）：322–328.

邓欣，邱财生，陈信波，等，2014. 亚麻农艺性状与产量形成关系的多重分析［J］. 西南农业学报，27（2）：535–540.

邓欣，2013. 亚麻分子标记的开发及产量相关性状的关联分析［D］. 北京：中国农业科学院.

狄济乐，2002. 亚麻籽作为一种功能食品来源的研究［J］. 中国油脂（4）：55–57.

丁逸，2015. 胡麻高产栽培技术措施［J］. 农业与技术，35（10）：96.

董娟娥，马柏林，张康健，等，2002. 杜仲籽油中 α– 亚麻酸的含量及其生理功能［J］. 西北林学院学报，17（2）：73–75.

杜光辉. 基于田间观测和ISSR标记技术对亚麻种质资源的分析评价［D］. 昆明：云南大学，2008.

樊玉珍. 胡麻高产栽培技术［J］. 农业技术与装备，2018（4）：74–75.

高凤云，张辉，贾霄云，等，2011. 亚麻显性核不育相关基因的克隆及序列分析［J］. 华北农学报（5）：57–60.

高凤云，张辉，贾霄云，等，2014. 不同播种期对亚麻产量和品质的影响［J］. 中国麻业科学，36（3）：146–150.

高凤云，张辉，斯钦巴特尔，2006. 亚麻分子标记技术研究进展［J］. 内蒙古农业科技（2）：30–31.

高凤云，张辉，斯钦巴特尔，2007. 亚麻显性雄性核不育基因的RAPD标记［J］. 华北农学报，22（1）：129–131.

巩亮军，王瑞华，2008. 胡麻田化学除草技术［J］. 现代农业（10）：41.

关虎，王振华，曹禹，等，2011. 亚麻品种主要农艺性状遗传多样性分析［J］. 新疆农业科学，48（11）：2035–2040.

郭景旭，李子钦，张辉，等，2011. 胡麻枯萎病生防放线菌的抗菌活性研究［J］. 华北农学报（4）：144–149.

郭景旭，张辉，李子钦，等，2011. 胡麻枯萎病生防芽孢杆菌筛选及抑菌效果研究［J］. 中国油料作物学报（6）：70–74.

郭娜，马建富，刘栋，等，2019. 几种除草剂对旱地胡麻田阔叶杂草的防除效果［J］. 农学学报，9（5）：24–27.

郭永利，范丽，2007. 亚麻籽的保健功效和药用价值［J］. 中国麻业科学，29（3）：147–149.

郭予元，吴孔明，陈万权，2015. 中国农作物病虫害［M］. 3版. 北京：中国农业出版社.

国家胡麻产业技术体系，2016. 中国现代农业产业可持续发展战略研究胡麻分册［M］. 北京：中国农业出版社.

郝冬梅，邱财生，于文静，等，2011. 亚麻 RAPD 标记分子身份证体系的构建与遗传多样性分析［J］. 中国农学通报，27（5）：168–174.

何建群，陈贵荟，2006. 白粉病对亚麻原茎和种子产量、质量的影响［J］. 中国麻业科学，28（6）：317–321.

何建群，杨学芬，2002. 纤用型亚麻白粉病综合防治技术［J］. 云南农业（10）：15.

何建群，杨学芬，2003. 纤用型亚麻白粉病综合防治技术初报［J］. 中国麻业，25（3）：128–129.

洪兵，2010. 木酚素防治糖尿病的研究进展［J］. 医药导报，29（8）：1039–1042.

侯保俊，何太，2011. 大同市胡麻高产栽培技术［J］. 中国农技推广（4）：33–34.

胡冠芳，牛树君，赵峰，等，2018. 除草剂混用苗期茎叶喷雾防除胡麻田杂草与大面积应用示范［J］. 中国农学通报，34（30）：140–147.

胡晓军，郭忠贤，赵毅，2002. 亚麻籽综合利用及开发前景浅析［J］. 中国麻业（5）：40–41.

黄凤洪，邓乾春，黄庆德，等，2010–07–07. 一种具有缓解视疲劳作用的保健食品及其制备方法. CN101766307A［P］.

黄凤洪，夏伏建，王江薇，等，2002. 亚麻油粉末油脂制备的研究［J］. 中国油料作物学报（4）：65–68.

黄凤洪，杨金娥，黄庆德，等，2011–04–06. 一种含亚麻籽油的洗面膏及其制备方法. CN102000009A［P］.

黄文功，2011. 应用 RAPD 分析亚麻种质资源遗传多样性研究［J］. 安徽农业科学，39（20）：12016–12017.

黄玉兰，杨焕民，2005. 亚麻籽的营养成分及其在家禽日粮中的应用［J］. 黑龙江畜牧兽医（10）: 23- 25.

贾永，刘桂枝，2004. 胡麻田杂草综合防治技术［J］. 现代农业（5）: 11.

姜才，伊六喜，高凤云，等，2015. 亚麻花蕾发育相关基因的表达研究［J］. 华北农学报，30（5）: 104–107.

金晓蕾，张辉，贾霄云，等，2014. 我国胡麻品质育种现状及展望［J］. 内蒙古农业科技（1）: 117–119.

亢鲁毅，张辉，贾霄云，等，2009. 我国亚麻种质资源研究进展［J］. 内蒙古农业科技（2）: 83–84，105.

雷艳红，2014. 定西市安定区胡麻栽培技术［J］. 现代农业科技（15）: 46–48.

李爱荣，胡冠芳，马建富，等，2012. 高效氟吡甲禾灵乳油对胡麻田芦苇的防效研究初报［J］. 中国麻业科学，34（5）: 213–215.

李爱荣，刘栋，马建富，等，2015. 冀西北油用亚麻田杂草调查及化学防控技术研究［J］. 中国麻业科学（5）: 250–253.

李丹丹，2015. 部分胡麻种质资源主要农艺性状和 AFLP 分子标记的遗传多样性分析［D］. 呼和浩特：内蒙古农业大学 .

李典模，高增祥，2001. 21 世纪昆虫学面临的挑战和机遇［J］. 昆虫知识（1）: 1–3.

李冬梅，2009. 部分亚麻属植物遗传多样性及分子进化研究［D］. 哈尔滨：东北农业大学 .

李广阔，王剑，王锁牢，等，2006. 新疆伊犁地区亚麻田杂草调查［J］. 中国麻业（6）: 91–93.

李广阔，王锁牢，2007. 新疆亚麻白粉病的初步研究［J］. 新疆农业科学，44（5）: 591–594.

李建鑫，2012. 旱地胡麻高产栽培技术［J］. 青海农技推广（4）: 6–7.

李建增，杨若菡，吴学英，等，2017. 外引油用亚麻品种资源鉴定与评价［J］. 西南农业学报，30（10）: 2210–2217.

李进京，王云涛，2015. 甘肃中部地区胡麻栽培技术［J］. 甘肃农业科技（9）：95–96.

李明，2011. 亚麻种质资源遗传多样性与亲缘关系的 AFLP 分析［J］. 作物学报，37（4）：635–640.

李南，2001. 亚麻籽在食品开发中的远景［J］. 食品研究与开发，21：16–18.

李强，张辉，斯钦巴特尔，等，2008. 植物雄性育性相关基因的克隆方法［J］. 内蒙古农业科技（3）：21–24.

李秋芝，姜颖，鲁振家，等，2017. 300 份亚麻种质资源主要农艺性状的鉴定及评价［J］. 中国麻业科学，39（4）：172–179.

李秋芝，宋鑫玲，曹洪勋，等，2015. 100 份亚麻种质资源遗传多样性及亲缘关系的 RAPD 分析［J］. 现代农业科技（24）：65–67.

李文兵，朱媛，2016. 晋中市胡麻栽培技术［J］. 农业技术与装备（5）：52–53.

李英霞，武继彪，钟方晓，2001. α– 亚麻酸的研究进展［J］. 中草药，32（7）：667–669.

李玉奇，刘敏艳，胡冠芳，等，2012. 甘肃省景泰县胡麻田杂草发生消长规律研究［J］. 江西农业学报（5）：47–49.

李玉奇，牛树君，刘敏艳，等，2014. 除草剂对胡麻田大麦、稷（糜子）的防除效果［J］. 植物保护，40（1）：196–199.

李增炜，1989. 胡麻田化学除草［J］. 植物保护（3）：11.

梁慧峰，2010. 胡麻油的营养成分及其保健作用［J］. 企业导报（2）：243–244.

刘宝森，马铭，魏野畴，1990. 藜、反枝苋田间发生密度对胡麻产量损失估测及防治方法的研究［J］. 杂草学报，4（1）：35–37.

刘冬，石山，杨玉梅，1992. 植物油来源的 X– 3 脂肪酸——α– 亚麻酸［J］. 中草药，23（9）：495– 496.

刘栋，崔政军，高玉红，等，2018. 不同轮作序列对旱地胡麻土壤有机碳稳定性的影响［J］. 草业学报，161（12）: 48–60.

刘洪举，2008–10–01. 一种亚麻籽油的低温冷榨生产方法 . 中国专利：ZL200710091264. 2［P］.

刘丽青，王海滨，2017. 平鲁区胡麻高产高效标准化栽培技术［J］. 农业技术与装备（5）: 40–41.

刘敏艳，牛树君，胡冠芳，等，2016. 4 种除草剂对胡麻田油菜、荞麦和苦荞麦的防除效果［J］. 中国农学通报，32（30）: 176–181.

刘晓华，马玉鹏，2015. 旱地有机胡麻栽培技术［J］. 宁夏农林科技，56（1）: 17.

柳建伟，岳德成，王宗胜，等，2019. 几种除草剂对恶性杂草野艾蒿的防除效果及对胡麻生长发育的影响［J］. 植物保护，45（1）: 206–211.

鹿保鑫，杨健，刘婷婷，2007. 亚麻胶提取工艺的研究［J］. 黑龙江农业科学（3）: 101–103.

路颖，关凤芝，王玉富，等，2002. 国内外亚麻种质资源的综合评价［J］. 中国麻业，24（4）: 5–7.

路颖，张辉，2000. 中国亚麻种质资源研究的回顾与展望［J］. 中国麻业，22（1）: 42–43.

路颖，2005. 亚麻种质资源聚类分析及核心品种抽取方法［J］. 中国麻业，27（2）: 66–69.

罗俊杰，欧巧明，叶春雷，等，2014. 重要胡麻栽培品种的抗旱性综合评价及指标筛选［J］. 作物学报，40（7）: 1259–1273.

罗素玉，李德芳，2009. 麻类所麻类育种五十年［J］. 中国麻业科学，31: 82–92.

吕秋实，张辉，斯钦巴特尔，等，2011. 人工诱导雄性不育的研究进展［J］. 内蒙古农业科技（3）: 109–112，118.

吕运一，2004–03–17. 治疗病毒性肝炎、肝硬化症的药物 . 中国专利：

ZL2003135478. 5［P］.

马建富，李爱荣，郭娜，等，2013. 7 种除草剂对冀北地区胡麻田莜麦的防除效果［J］. 河北农业科学（3）：43–45.

毛国杰，刘建华，任勇，等，2000. 亚麻抗锈病的分子基础［J］. 植物病理学报，30（3）：200–206.

米君，李爱荣，钱合顺，等，2008. 亚麻种间杂交技术研究初报［J］. 中国麻业科学，30（3）：136–140.

内蒙古自治区农业科学研究所经济作物室，1978. 胡麻丰产栽培技术［M］. 呼和浩特：内蒙古人民出版社.

倪培德，2007. 油脂加工技术［M］. 2 版. 北京：化学工业出版社.

牛保山，2012. 高寒山区胡麻栽培技术［J］. 农业技术与装备（7）：79–80.

牛树君，胡冠芳，刘敏艳，等，2011. 几种除草剂对胡麻田野燕麦的防除效果［J］. 江苏农业科学（4）：136–138.

牛树君，胡冠芳，张新瑞，等，2017. 2 种除草剂对胡麻田禾本科杂草的防除及其在胡麻籽中的残留测定［J］. 农学学报，7（1）：27–31.

牛树君，刘敏艳，李玉奇，等，2015. 几种除草剂对胡麻田裸燕麦（莜麦）、皮燕麦的防除效果［J］. 植物保护，41（2）：220–225.

欧巧明，叶春雷，李进京，等，2017. 油用亚麻品种资源主要性状的鉴定与评价［J］. 中国油料作物学报，39（5）：623–633.

彭晓勇，2008. 亚麻特征特性及高产栽培技术［J］. 现代农业科技（16）：197–199.

祁旭升，王兴荣，许军，等，2010. 胡麻种质资源成株期抗旱性评价［J］. 中国农业科学，43（15）：3076–3087.

任果香，文飞，2015. 我国胡麻栽培技术综述［J］. 农业科技通讯（5）：7–9.

任海伟，2010. 精炼工艺对浸出亚麻籽油的理化特性和营养成分的影响（英文）［J］. 食品科学（16）：122–127.

施树，赵国华，2011. 胡麻分离蛋白的提取工艺研究［J］. 粮食与油脂（1）：23–26.

史建军，2017. 吕梁市胡麻优质高产高效栽培技术［J］. 种植技术（3）：60–61.

史兆辉，2014. 定西市胡麻高产栽培技术要点［J］. 农业科技与信息（14）：14–16.

斯钦巴特尔，李强，张辉，等，2009. 显性核不育亚麻可育、不育花蕾 mRNA 差异表达研究及差异片段分析［J］. 生物技术通报（8）：67–70.

斯钦巴特尔，张辉，哈斯阿古拉，等，2008. 亚麻雄性不育基因同源序列 MS2–F 的克隆和表达分析［J］. 植物生理学通讯，44（5）：897–902.

孙爱景，刘玮，2015. 亚麻籽功能成分提取及其应用［J］. 粮食科技与经济，35（1）：44–50.

孙传经，孙云鹏，孙明华，等，2001–01–24. 药用植物油的超临界二氧化碳反向提取工艺 . ZL200123804. 3［P］.

孙东伟，吕兰高，2008–07–30. 一种使用传统榨油设备生产低温压榨亚麻籽油的方法 . ZL200710115997. 5［P］.

孙小花，谢亚萍，牛俊义，等，2015. 不同供钾水平对胡麻花后干物质转运分配及钾肥利用效率的影响［J］. 核农学报，29（1）：192–201.

孙勇，江贤君，庹斌，2002. 亚麻胶的应用研究［J］. 食品工业（2）：20–22.

陶国琴，李晨，2000. α– 亚麻酸的保健功效及应用［J］. 食品科学（12）：140–143.

田彩平，党占海，张建平，2008. 外引亚麻品种资源的聚类分析及评价［J］. 西北农业学报，17（5）：200–203.

田彩平，廖世奇，2010. 亚麻籽木酚素抗肿瘤作用研究进展［J］. 广东农业科学（10）：131–133.

王金凤，鲍欣，2011. 旱地胡麻丰产栽培技术［J］. 内蒙古农业科技（4）：107.

王克胜，胡冠芳，李玉奇，等，2009. 8. 8% 精喹禾灵乳油对胡麻田野燕麦的防效［J］. 甘肃农业科技（10）: 30–31.

王利华，2002. 胡麻籽脂肪酸在蛋黄中的沉积效果［J］. 中国饲料（12）: 8–9.

王利民，党占海，张建平，等 . 胡麻农艺性状与品质性状的相关性分析［J］. 中国农学通报，2013，29（27）: 88–92.

王明霞，2007. α– 亚麻酸的纯化和改性的研究［D］. 北京：中国农业科学院 .

王维义，2008–02–13. 一种健脑食品及其制备方法 . ZL2007100706679［P］.

王维泽，2019. 甘肃沿黄灌区胡麻丰产栽培技术［J］. 农艺农技（2）: 23–25.

王小静，李敏权，2007. 甘肃中部地区亚麻枯萎病病原菌及其致病性差异研究［J］. 中国麻业科学，29（4）: 207–211.

王映强，赖炳森，1998. 胡麻籽油中脂肪酸组成分析［J］. 药物分析杂志（3）: 176–180.

王永胜，杨建春，2011. 胡麻综合高产栽培技术［J］. 内蒙古农业科技（3）: 98.

王玉富，粟建光，2006. 亚麻种质资源描述规范和数据标准［M］. 北京：中国农业出版社 .

王玉灵，胡冠芳，余海涛，等，2017. 胡麻不同生长时期施用除草剂对杂草的防效及胡麻的增产效果［J］. 安徽农业科学，45（34）: 152–154，159.

王玉灵，牛树君，胡冠芳，等，2018. 2 种除草剂对胡麻田阔叶杂草的示范效果及其在胡麻籽中的残留量检测［J］. 安徽农业科学，46（28）: 132–136.

王增平，马瑞，薛风华，2011. 地下害虫无公害防治技术规程［J］. 植物保护（7）: 31.

吴兵，高玉红，高珍妮，等，2017. 氮磷配施对旱地胡麻干物质积累和籽粒产量的影响［J］. 水土保持研究，24（3）: 188–193.

吴兵，高玉红，谢亚萍，等，2017. 氮磷配施对旱地胡麻干物质积累和籽粒产量的影响［J］. 核农学报，31（5）: 996–1004.

吴建忠，黄文功，康庆华，等，2013. 亚麻遗传连锁图谱的构建［J］. 作物学报，39（6）：1134–1139.

吴美娟，李玉林，周大捷，等，2001–07–11. 生产富含 α– 亚麻酸、卵磷脂、三价铬的降糖冲剂的方法 . ZL2001120401. X［P］.

吴素萍，2010. 亚麻籽中 α– 亚麻酸的保健功能及提取技术［J］. 中国酿造（2）：7–11.

吴艳霞，1994. 亚麻籽及亚麻籽油［J］. 陕西粮油科技（2）：22–23.

谢海燕，2015. 亚麻胶的提取及应用研究进展［J］. 农业科技（5）：78–79.

谢亚萍，李爱荣，闫志利，等 . 不同供磷水平对胡麻磷素养分转运分配及其磷肥效率的影响［J］. 草业学报，2014，23（1）：158–166.

谢亚萍，牛俊义，剡斌，等，2017. 种植密度和钾肥用量对胡麻产量和钾肥利用率的影响［J］. 核农学报，31（9）：1856–1863.

谢亚萍，牛俊义，2017. 胡麻生长发育与氮营养规律［M］. 北京：中国农业科学技术出版 .

徐尚利，2015. 干旱山区胡麻高产栽培技术初探［J］. 科技创新与生产力（2）：11–13.

许维诚，李玉奇，牛树君，等，2015. 黑色地膜覆盖对胡麻田杂草的防除效果以及对胡麻的增产作用［J］. 安徽农业科学，43（24）：86，91.

薛希芳，2016. 旱地胡麻高产栽培技术［J］. 配套技术（5）：20–23.

燕鹏，崔红艳，方子森，等 . 补充灌溉对土壤水分和胡麻籽粒产量的影响［J］. 水土保持研究，2017，24（1）：328–333.

燕鹏 . 水氮耦合对胡麻干物质积累和水分有效利用的研究［D］. 兰州：甘肃农业大学，2016.

阳辉文，郭琴，胡金锋，等，2009–01–07. 一种 α– 亚麻酸的提取方法 . ZL20071001834 1.1［P］.

杨金娥，黄庆德，黄凤洪，等，2012. 冷榨亚麻籽油吸附精炼工艺研究［J］.

中国油脂（9）: 19–22.

杨金娥，黄庆德，郑畅，等，2011. 烤籽温度对压榨亚麻籽油品质的影响［J］. 中国油脂（6）: 28–31.

杨金娥，黄庆德，周琦，等，2013. 冷榨和热榨亚麻籽油挥发性成分比较［J］. 中国油料作物学报（3）: 321–325.

杨万荣，薄天岳，1994. 高抗枯萎病胡麻品种资源的筛选利用及抗病性遗传浅析［J］. 华北农学报（9）: 100–104.

杨学，关凤芝，李柱刚，等，2011. 亚麻种质创新的研究现状［J］. 黑龙江农业科学（3）: 8–11.

杨学，李柱刚，关凤芝，等，2007. 亚麻白粉病发生规律研究［J］. 中国麻业科学，29（2）: 86–89.

杨学，赵云，等，2008. 亚麻品系 9801- 1 对白粉病的抗性遗传分析［J］. 植物病理学报，38（6）: 656–658.

杨学，2004. 亚麻派斯莫病发生特点及防治技术研究［J］. 中国麻业科学，26（4）: 170–172

姚虹，马建军，2011. 不同种植方式对胡麻产量构成因素的影响［J］. 安徽农业科学，39（30）: 18460–18462.

伊六喜，斯钦巴特尔，高凤云，等，2014. 亚麻染色体核型分析［J］. 内蒙古农业科技（6）: 9–10.

伊六喜，斯钦巴特尔，贾霄云，等，2017. 胡麻种质资源、育种及遗传研究进展［J］. 中国麻业科学，39（2）: 81–87.

伊六喜，斯钦巴特尔，张辉，等，2017. 胡麻核心种质资源表型变异及 SRAP 分析［J］. 中国油料作物学报，39（6）: 794–804.

伊六喜，斯钦巴特尔，张辉，等，2020. 胡麻木酚素含量的全基因组关联分析［J］. 分子植物育种，18（3）: 765–771

伊六喜，斯钦巴特尔，张辉，等，2017. 胡麻种质资源、育种及遗传研究进展

[J]. 中国麻业科学, 39 (2): 81–87.

伊六喜, 斯钦巴特尔, 张辉, 等, 2017. 胡麻种质资源遗传多样性及亲缘关系的SRAP分析 [J]. 西北植物学报, 37 (10): 1941–1950.

伊六喜, 斯钦巴特尔, 张辉, 等, 2018. 内蒙古胡麻地方品种资源遗传多样性分析 [J]. 作物杂志 (6): 53–57.

伊六喜, 斯钦巴特尔, 张辉, 等, 2011. 雄性不育和可育亚麻的生殖期形态学与细胞学比较 [J]. 内蒙古农业科技 (6): 21–25.

伊六喜, 斯钦巴特尔, 张辉, 等, 2016. 亚麻花蕾发育中 *MS2-F* 基因的原位杂交 [J]. 中国麻业科学, 38 (6): 263–267.

伊六喜, 张辉, 斯钦巴特尔, 等, 2018. 胡麻种子产量与主要农艺性状的多重分析 [J]. 安徽农业科学, 46 (6): 33–36.

于文静, 陈信波, 邱财生, 等, 2010. 利用 SSR 标记分析亚麻栽培种的遗传多样性 [J]. 湖北农业科学, 49 (11): 2632–2635.

余红, 牛树君, 胡冠芳, 等, 2016. 播种密度对胡麻田杂草发生及胡麻产量的影响 [J]. 安徽农业科学, 44 (27): 240–241.

苑琳, 李子钦, 张辉, 等, 2011. 胡麻专化型尖孢镰刀菌 ISSR–PCR 最佳反应体系的建立 [J]. 生物技术通报 (7): 211–215.

苑琳, 李子钦, 张辉, 等, 2012. 尖孢镰刀菌胡麻专化型 (*Fusarium oxysporum* f. sp. *lini*) ISSR 标记聚类分析 [J]. 中国油料作物学报 (2): 75–82.

岳德成, 史广亮, 韩菊红, 等, 2016. 全膜双垄沟播玉米田覆盖化学除草地膜对后茬亚麻生长发育的影响 [J]. 作物杂志 (6): 148–153.

张炳炎, 1983. 燕麦敌 1 号防除亚麻田菟丝子 [J]. 植物保护, 9 (5): 33–34.

张炳炎, 1990. 野麦畏与燕麦敌防除亚麻田欧洲菟丝子的研究 [J]. 杂草学报 (4): 39–42.

张海满, 刘福祯, 张志强, 2004-07-24. 胡麻籽油中 α- 亚麻酸的分离纯化方法 . ZL031309003 [P].

张辉，陈鸿山，王宜林，1993. 显性核不育亚麻的雄性不育性研究［J］. 北京农业大学学报，19: 144–146.

张辉，丁维，王宜林，等，1996. 显性核不育亚麻在育种上的应用研究初报［J］. 华北农学报，11（2）: 38–42.

张辉，贾霄云，2009. 我国亚麻种质资源研究进展［J］. 内蒙古农业科技（2）: 83–84.

张辉，贾霄云，任龙梅，等，2012. 丰产、优质、抗病油用亚麻品种“轮选一号”的选育［J］. 中国麻业科学（2）: 3–5,26.

张辉，贾霄云，任龙梅，等，2012. 亚麻加工专用品种内亚六号的选育［J］. 农业科技通讯（5）: 196–198.

张辉，贾霄云，任龙梅，等，2012. 优质、高产、抗病胡麻新品种“轮选 2 号”的选育及其应用［J］. 内蒙古农业科技（1）: 109–110,138.

张辉，贾霄云，张立华，等，2009. 我国油用亚麻产业现状及发展对策［J］. 内蒙古农业科技（4）: 6–8.

张辉，曲文祥，李书田，2010. 内蒙古特色作物［M］. 北京：中国农业科学技术出版社 .

张辉，斯钦巴特尔，亢鲁毅，等，2012. 显性核不育亚麻种质资源聚类分析及核心种质库的建立［J］. 华北农学报（4）: 122–126.

张辉，张慧敏，丁维，等，1997. 核不育亚麻不育性与标记性状的遗传观察［J］. 华北农学报，12（3）: 73–76.

张建平，党占海，2004. 亚麻品种资源的聚类分析及评价［J］. 中国油料作物学报，26（3）: 24–28.

张立华，张辉，贾霄云，等，2010. 内蒙古胡麻加工企业现状及分析［J］. 内蒙古农业科技（1）: 25–26.

张丽丽，百韦，米君，等，2012. 栽培亚麻 × 野生亚麻种间杂交种的真实性鉴定［J］. 华北农学报，27: 57–60.

张丽丽，刘晶晶，乔海明，等，2017. 从俄罗斯引进亚麻种质资源的农艺性状评价［J］. 中国油料作物学报，39（5）: 698–703.

张丽丽，米君，李世芳，等，2014. 胡麻种间杂交种主要农艺性状与产量的关系研究［J］. 河北农业科学，18（3）: 76–78.

张倩，姜恭好，杨学，等，2014. 利用 SSR 标记分析 17 个亚麻品种的遗传关系［J］. 中国农学通报，30（21）: 211–216.

张炜，曹秀霞，杨崇庆，等，2017. 旱地胡麻主要农艺性状综合评价［J］. 宁夏农林科技（3）: 7–9.

张泽生，张兰，徐慧，等，2010. 亚麻粕中亚麻胶提取与纯化［J］. 食品研究与开发（9）: 234–23.

张志铭，1994. 亚麻枯萎病菌鉴定［J］. 河北农业大学学报，17（2）: 40–41.

张志强，冯双青，王宁峰，等，2008. 胡麻籽油超临界 CO_2 萃取条件的优化［J］. 青海大学学报（3）: 55–56.

赵峰，胡冠芳，牛树君，等，2018. 除草剂苗期茎叶喷雾防除胡麻田阔叶杂草与大面积应用示范［J］. 安徽农业科学，46（2）: 115–119.

赵峰，胡冠芳，牛树君，等，2018. 胡麻苗期阔叶杂草藜高效防除药剂田间筛选［J］. 中国麻业科学，40（3）: 131–136.

赵峰，牛树君，胡冠芳，等，2016. 杂草伴生时间对胡麻产量的影响［J］. 安徽农业科学，44（27）: 147，150.

赵利，党占海，2006. 甘肃胡麻地方种质资源品质特性研究［J］. 西北植学报，26（12）: 2453–2457.

赵利，党占海，胡延萍，2006. 亚麻籽的保健功能和开发利用［J］. 中国油脂（3）: 29–32.

赵利，党占海，张建平，等，2006. 甘肃胡麻地方品种种质资源品质分析［J］. 中国油料作物学报，28（3）: 282–286.

赵利，党占海，张建平，等，2008. 不同类型胡麻品种资源品质特性及其相关性研究［J］. 干旱地区农业研究, 26（5）: 6–9.

赵利, 胡冠芳, 王利民, 等, 2010. 兰州地区胡麻田杂草消长规律及群落生态位研究［J］. 草业学报, 19（6）: 18–24.

赵利, 牛俊义, 李长江, 等, 2010. 地肤水浸提液对胡麻化感效应的研究［J］. 草业学报, 19（2）: 190–195.

赵志兰, 2019. 胡麻高产栽培技术研究［J］. 山西农经（7）: 114–115.

郑殿升, 杨庆文, 刘旭, 等, 2011. 中国作物种质资源多样性［J］. 植物遗传资源学报, 12（4）: 497–500, 506.

中国农业百科全书编辑部, 1994. 中国农业百科全书农业工程卷［M］. 北京: 农业出版社.

中国农业年鉴编辑委员会, 2012. 中国农业年鉴［M］. 北京: 中国农业出版社.

周宇, 张辉, 贾霄云, 等, 2018. 油用亚麻新品种"内亚十号"的选育［J］. 中国麻业科学, 40（2）: 53–55.

周宇, 张辉, 叶春雷, 等, 2015. 甘肃省胡麻白粉病发生规律研究［J］. 中国麻业科学, 37（1）: 26–29.

朱钦龙, 2002. 胡麻籽的开发与应用［J］. 广东饲料（5）: 13–14.

CHANDRAWATI, MAURYA R, SINGH P K, et al, 2014. Diversity analysis in Indian genotypes of linseed (*Linum usitatissimum* L.) using AFLP markers［J］. Gene, 549(1): 171–178.

CLOUTIER S, RAGUPATHY R, MIRANDA E, et al, 2012. Integrated consensus genetic and physical maps of flax (*Linum usitatissimum* L.)［J］. Theoretical and Applied Genetics, 125(8): 1783–1795.

CLOUTIER S, RAGUPATHY R, NIU Z, et al, 2011. SSR-based linkage map of flax (*Linum usitatissimum* L.) and mapping of QTLs underlying fatty acid composition traits［J］. Molecular Breeding, 28(4): 437–451.

COLHOUN J, MUSKETT A E, 1943. 'Pasmo' disease of flax［J］. Nature, 151:

223–224.

DIEDERICHSEN A, FU Y B, 2006. Phenotypic and molecular (RAPD) differentiation of four infras–pecific groups of cultivated flax (*Linum usitatissimum* L.) [J]. Genetic Resources and Crop Evolution, 53: 77–90.

EL–NASR T H S A, MAHFOUZE H A, 2013. Genetic variability of golden flax (*Linum usitatissimum* L.) using RAPD markers [J]. World Applied Sciences Journal, 26 (7): 851–856.

FLOR H H, 1965. Inheritance of smooth–spore–wall and pathogenicity in *Melampsora lini* [J]. Phytopathology, 55: 724–727.

FLOR H H, 1956. The complementary genic systems in flax and flax rust [J]. Adv. Gen., 8: 29–54.

HENRY, 1930. Inheritance of immunity from flax rust [J]. Phytopathology, 20: 707–721.

HUANG X, WEI X, SANG T, et al, 2010. Genome–wide association studies of 14agronomic traits in rice landraces [J]. Nature Genetics, 42 (11): 961.

HUANG X, ZHAO Y, WEI X, et al, 2011. Genome–wide association study of flowering time and Grain yield traits in a worldwide collection of rice germplasm [J]. Nature Genetics, 44 (1): 32.

KALE S M, PARDESHI V C, KADOO N Y, et al, 2012. Development of genomic simple sequence repeat markers for linseed using next–generation sequencing technology [J]. Molecular Breeding, 30: 597–606.

RACHINSKAYA O A, LEMESH V A, MURAVENKO O V, et al, 2011. Genetic polymorphism of flax *Linum usitatissimum* based on the use of molecular cytogenetic markers [J]. Russian Journal of Genetics, 47: 56–65.

RAGUPATHY R, RATHINAVELU R, CLOUTIER S, 2011. Physical mapping and BAC–end sequence analysis provide initial insights into the flax (*Linum usitatissimum* L.) genome [J]. BMC Genomics, 12: 217.

SCHEWE L C, SAWHNEY V K, DAVIS A R, 2011. Ontogeny of floral organs in flax (*Linum sitatissimum*; Linaceae) [J]. American Journal of Botany, 98: 1077–1085.

SOTO-CERDA B J, DUGUID S, BOOKER H, et al, 2014. Association mapping of seed quality traits using the Canadian flax (*Linum usitatissimum* L.) core collection [J]. Theor Appl Genet, 127: 881–896.

SPIELMEYER W, GREEN A, BITTISNICH D, et al, 1998. Identification of quantitative trait loci contributing to Fusarium wilt resistance on an AFLP linkage map of flax (*Linum usitatissimum* L.) [J]. Theoretical and Applied Genetics, 97 (4): 633–641.

YI L X, GAO F Y, BATEER SIQIN, et al, 2017. Construction of an SNP-based high density linkage map for flax (*Linum usitatissimum* L.) sing specific length amplified fragment sequencing (SLAF-seq) technology [J]. Plos One, 12 (12): e0189785.

YUAN L, MI N, LIU S S, et al, 2013. Genetic diversity and structure of the *Fusarium oxysporum* f. sp. *lini* populations on linseed (*Linum usitatissimum*) in China [J]. Phytoparasitica, 41: 391–401.